即戦力になるための

ディープラーニング開発実践ハンズオン

井上大樹・佐藤峻［著］
Daiki Inoue　Takashi Sato

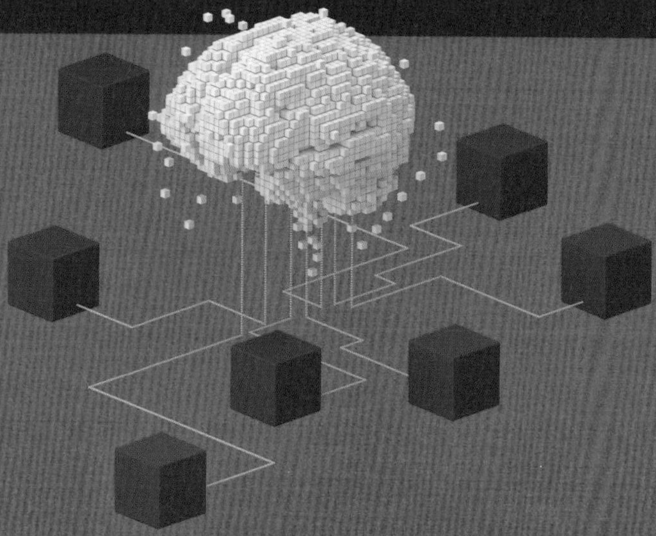

技術評論社

■ご注意

・本書に記載された内容は、情報の提供のみを目的としています。したがって、本書を用いた運用は、必ずお客様自身の責任と判断によって行ってください。ソフトウェアの操作や掲載されているプログラム等の実行結果および運用結果について、技術評論社および著者ははいかなる責任も負いません。

・本書記載の情報は、2021年3月現在のものを掲載しており、ご利用時には変更されている場合があります。ソフトウェア等はバージョンアップされる場合があり、本書での説明とは機能内容や画面図などが異なってしまうこともあり得ます。本書ご購入の前に、必ずバージョン番号をご確認ください。

・本書の内容は、以下の環境で原稿を執筆、動作を検証しています。

- Windows 10 Home
- macOS Mojave
- Python 3.7.3
- OpenCV 4.3.0.36
- NumPy 1.19.0
- TensorFlow 1.15.3
- Keras 2.4.3

・本書記載の情報の修正・訂正・補足については、下記の本書サポートWebページで行います。

- https://gihyo.jp/book/2021/978-4-297-11942-3

以上の注意事項をご承諾いただいたうえで、本書をご利用願います。これらの注意事項をお読みいただかずにお問い合わせいただいても、技術評論社および著者は対処しかねます。あらかじめ、ご承知おきください。

はじめに

近年「ディープラーニング」という言葉をよく耳にするようになりました。私はこの技術が、ありとあらゆる場所で当然のように用いられる時代が来ると信じています。

本書は、ある程度の経験を積んだプログラマを読者として想定しています。新たなスキルとしてディープラーニングを学びたいが、0から作りたいわけではなく、活用して何かソリューションを作りたいといった方向けの書籍です。具体的には、この技術を活用する上で必要な基礎理論、プロジェクトの注意点とPDCAの回し方、OSSの活用方法をやさしく解説しています。

読者の皆様の手によって、世の中でディープラーニングが活用され、世界や日本を便利にする手助けとなれば幸いです。

2021年3月　井上 大樹

本書を手にとっていただきありがとうございます。

近年のIT業界では、内部のみならず顧客等外部からも、当たり前のようにAIという言葉や深層学習という言葉が出てくるようになったと感じます。そして、今後もこれらの言葉が当たり前のように使われるようになると思います。つまり、これからITエンジニアは、AIや深層学習といった知識が必須になるであろうと私は考えています。

そういった背景から、現在IT業界でエンジニアをしている方の次のステップへの手助けや、エンジニアとしてのスキル拡大に貢献できれば良いという思いで本書を執筆いたしました。また、本書の内容を理解し、実行し、自分のスキルにできるそんな方々と我々は一緒に働きたいという思いも込めました。

本書によって、読者の皆様のエンジニアとしての世界を広げていただければ幸いです。

2021年3月　佐藤 峻

本書について

本書の概要

本書では、これからディープラーニングを学ぶプログラマに向けて、仕事で扱う上で必要になる基礎理論と精度を向上していく方法をまとめています。理論への深い理解よりも、精度を改善する工夫に焦点を当てています。

1章における基礎理論は、改善していく上で必要となるような知識を、フルカラーの図版とともに解説しています。通常の開発では触れないような、幾重にも入れ子になった配列を取り扱うため、より直感的に理解できるようにしています。

3章以降のハンズオンでは、より実践的なスキルを身に付けられるよう、サンプルのソースコードと共に解説をします。実際の仕事で使うような実装を行いながら、ディープラーニングの具体的な活用方法を学びます。

また、各章の後半では、学習がうまくいかない場合を想定してトラブルシューティングを行います。一筋縄では行かないディープラーニングの学習で、いかにハードルを乗り越えていくかを学びます。

各章の内容紹介

第1章　機械学習／ディープラーニングの基礎知識

ディープラーニングの基礎理論と画像処理のハンズオンを行います。章の前半では、基本的な動作原理と用語について解説します。3章以降の学習や精度向上における工夫が、なぜ有効なのかを理解する助けとなるでしょう。さらに、ディープラーニングがどのように活用されているかも紹介します。この活用方法が、ディープラーニングを仕事で生かすきっかけとなれば幸いです。章の後半では、本書で画像データを取り扱うため、画像処理の実装についてハンズオン形式で解説します。

第2章　ディープラーニングプロジェクトの進め方

ディープラーニングを活用するシステムの開発プロジェクトでは、特殊なステップと注意すべき点があります。こうしたプロジェクトの流れや取り巻く環境について学び、仕事としての進め方を身に付けます。

第3章　VGGによる画像分類

画像を分類するAIを構築します。論文と照らし合わせながら実装を進めることで、研究成果を実社会へ適用する方法を学びます。そして、AIの評価方法と複数の学習方法を実装します。これにより、学習したAIを多面的に評価し、学習の違いによる評価への効果を学びます。

第4章　AutoEncoderによる正常・異常検知

画像で異常を検知するAIを、学習がうまくいかない原因の特定方法に焦点を当てて、構築します。さらに、AIと画像処理を組み合わせて精度の向上を目指します。とくにこの章では、データを事前に加工する前処理について学びます。

第5章　SSDによる物体検出

物体を検出するAIを構築します。大規模な実装にあたり、OSS（オープンソースソフトウェア）を活用する方法とその注意点を学びます。さらに、学習に欠かせない教師データの作成方法についても解説しています。章の後半では、AIから得たデータを加工する後処理による精度向上の工夫について学びます。

第6章　U-Netによる画像からの領域検出［実装〜データの準備〜学習］

画像から物体の領域を検出するAIを構築します。オープンデータセットを活用し、大規模な学習の方法について学びます。この章では、モデルの実装から学習までを解説しています。モデルの実装では、学習がうまくいかないネットワークの修正や工夫についても実践します。

第7章　U-Netによる画像からの領域検出［評価〜性能向上〜まとめ］

第6章に引き続き、領域検出AIを構築します。この章では、評価と精度向上について解説します。いくつかの観点でのモデルの評価を実践します。また、画像処理を用いてデータを増やす方法、学習方法の工夫によって精度を改善する方法についても学びます。

第4章 AutoEncoderによる正常・異常検知

第5章 SSDによる物体検出

第6章 U-Netによる画像からの領域検出［実装～データの準備～学習］

第7章 U-Netによる画像からの領域検出［評価～性能向上～まとめ］

Column

サンプルについて

本書の解説で利用するソースコード、学習用データなどのサンプルファイルは、下記URLのサポートページからダウンロードすることができます。章ごとのリンクを用意していますので、クリックしてダウンロードしてください(zip形式でアーカイブされています)。

https://gihyo.jp/book/2021/978-4-297-11942-3/support

本文・図中のマークについて

本文中の次の色が付いた箇所は、コマンドラインでの入力内容を表します。

> 実際に実行してみましょう。前回の推論と同じく`python predict_with_diff_calculation.py`で実行します。ただし、今回は全データで400近いため、コンソール出力をそのままコピー&ペーストするのは大変です。そこで、コンソールのコマンドを使用しましょう。LinuxまたはMacであれば`tee`というコマンドがあります。このコマンドをパイプで繋いで、`python predict_with_diff_calculation.py | tee predict_log.txt`と実行します[注4.9]。

本文中の次の色が付いた箇所は、Excelのセルに入力する数式を表しています。

> この時、C3セルには`=COUNTIFS(vgg16_online_predicts!$C:$C,$B3,vgg16_online_predicts!$D:$D,C$2)`と入力しています。入力したセルをコピーして、ほかのセルを埋めましょう。
> これで人に関するConfusion Matrixが完成です。Excelを活用することで、手軽に素早く

次の図は、ソースコードや設定ファイルを表します。解説中で行を参照するために、左側に行番号が付いている場合がありますが、入力する必要はありません。また、ソースコードが長く1ページに収まらない場合は、次のページへ続くことを表すマークを入れています。

リスト 6.3.2　データジェネレータクラス(utils/segmentation_data_generator.py)

```
import os
import glob
import cv2
import random

import numpy as np
from PIL import Image
```

次ページへ続く

第 1 章

機械学習／ディープラーニングの基礎知識

深層学習（ディープラーニング）に関する基礎的な知識を学びましょう。

1.1 機械学習と深層学習(ディープラーニング)

まずは機械学習と深層学習の知識を整理しましょう。

機械学習

機械学習（マシンラーニング）とは、わかりやすく言えば「機械に物事のパターンを覚えさせること」です。特定の課題を解決するための直接的な指示を与えるのではなく、パターンを覚えさせて結果を推測させます。

図1.1.1　機械学習の分類

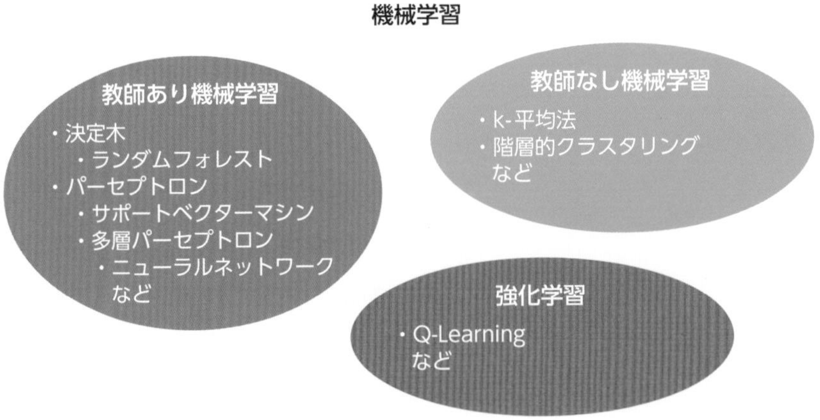

機械学習にはさまざまな手法がありますが、大別すると「教師あり」と「教師なし」に分けることができます（図1.1.1）。

「教師あり」学習は、名前の通り**教師**と呼ばれる正解のデータを与えて学習を行います。主に分類や回帰といった問題を解くために使われます。有名な手法として、決定木・ランダムフォレスト・パーセプトロンやサポートベクターマシン（SVM）・ニューラルネットワーク等があります。一方「教師なし」学習は、教師データを与えずに学習を行うもので、主にクラスタリングのために使用されます。有名な手法としてk-平均法（k-means）があります。k-平均法は決められたあるルールに従ってグループ分けを繰り返していき、指定した数のグループに固定化されたら学習を終了する手法です。

そして最近、注目されているのが**強化学習**と呼ばれるものです。強化学習は、環境を観測しその中での行動の最適化を学び、機械が環境に合わせて進化していく手法です。有名な手法としては、Q-Learningがあります。これは、行動を選択する行動主（エージェント）が環境内でその行動を繰り返し試行することで、そこでの価値（Q値）を最大にするような学習手法です。近年では、このQ-Learningの一部にニューラルネットワークを使用してQ値の近似等を行う手法も出てきています。

深層学習(ディープラーニング)

機械学習の中でも近年とくに注目され、さまざまな分野で使われている手法が**深層学習（ディープラーニング）**です。手法としては、パーセプトロン系からの進化であるディープニューラルネットワークを使用したもので、教師あり機械学習に分類されます。2012年のILSVRC（ImageNet Large Scale Visual Recognition Challenge）という画像認識コンペティションで、ディープラーニングを用いたチームが他のチームを大きく引き離し、さらにそれまでの記録も大きく更新して優勝しました。そして2015年には、人間が画像を振り分けた際のエラー率5.1%をディープラーニングでのエラー率が下回ったことで「機械が人間を超えた」と注目され、人工知能ブームが始まりました。

ディープラーニングの特徴は、機械が自らデータのパターン（特徴）を学習していくところです。とくに画像処理の分野では、特徴を定量的に設計するのが難しく職人技とも言える技術が必要であったため、非常に画期的なことでした。

パーセプトロン

パーセプトロンとは、視覚と脳の機能を数式化したものです。外からの刺激達を入力とし、その合計が一定の値（閾値）を超えたら反応（活性化）を行います（**図1.1.2**）。

外からの刺激（A, B, C）を受け、それを合計した値（X）が決められた閾値（th）を超えた場合は活性（1）、超えなかった場合は非活性（0）を返します。ただし、刺激はすべてが平等に重要な情報ではないため、それぞれを足し合わせる際にこの重要度合い（W）を掛けて調整します。この重要度合いを、重み（weight）と呼びます。

図1.1.2 パーセプトロン

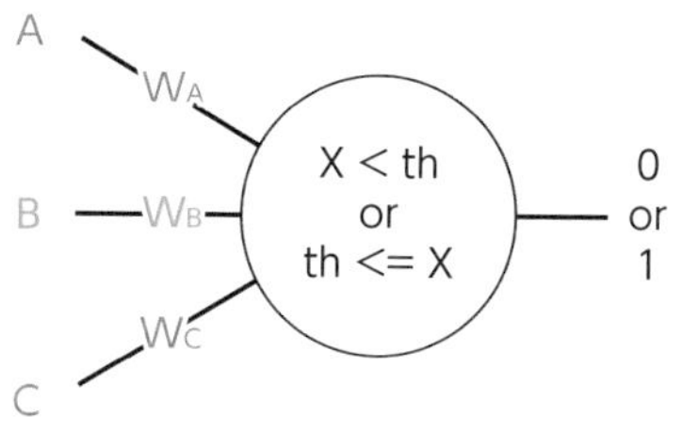

多層パーセプトロン

多層パーセプトロンとは、1つのパーセプトロンを複数繋げる方法です。**図1.1.3**のように、いくつかのパーセプトロンが外からの刺激を受け取り反応を行い、その結果を次の層が受け取って反応を行います。

図1.1.3　多層パーセプトロン

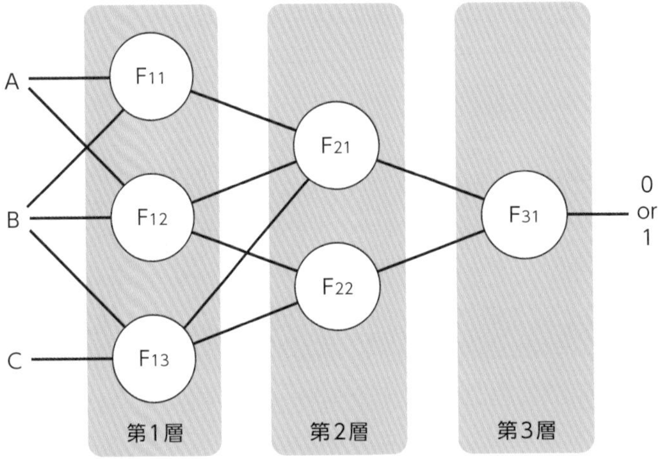

$$F_{ij} = \begin{cases} X_{ij} < th_{ij} : 0 \\ th_{ij} <= X_{ij} : 1 \end{cases}$$

層とは、縦に並んだパーセプトロンの1つのまとまりのことです。この層が複数存在するので、多層パーセプトロンと呼びます。

ニューラルネットワーク

人間はある事柄を認識する際に「○○でない」「○○である」といった二値での表現だけでなく、「○○っぽい」や「多分○○である」といった微妙な度合いを表現することができます。多層パーセプトロンによって反応範囲は広がりましたが、最終的な反応は活性または非活性の二値でした。そこで、最終的に出力する値を度合いが測れるものにしようとして生まれたのが、**ニューラルネットワーク**です。

今までのパーセプトロン・多層パーセプトロンでは、刺激の合計が閾値を「超えるか超えないか」の0、1で出力していたところを、閾値に対する反応の距離を0〜1や-1〜1など一定の範囲の値で出力するようにしました。このような反応を制御する関数を、**活性化関数**と呼びます。

ニューラルネットワークにおいて外から刺激を受け取る層を入力層と呼び、最後に反応を行う層を出力層と呼びます。また、入力層と出力層の間で外から隠れている層を隠れ層と呼びます(図1.1.4)。

図1.1.4 ニューラルネットワーク

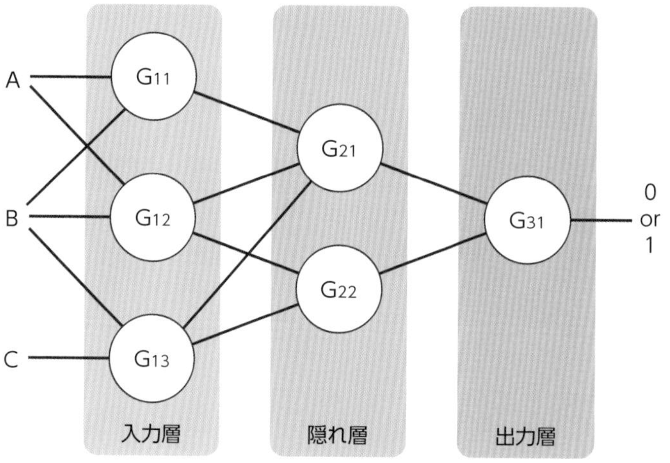

G_{ij} = さまざまな活性化関数

活性化関数にはさまざまなものが存在し、これを工夫する研究もよく行われています。現在、主に使われているのは、ReLU(ランプ関数)やSigmoidです(図1.1.5)。

図1.1.5 さまざまな活性化関数

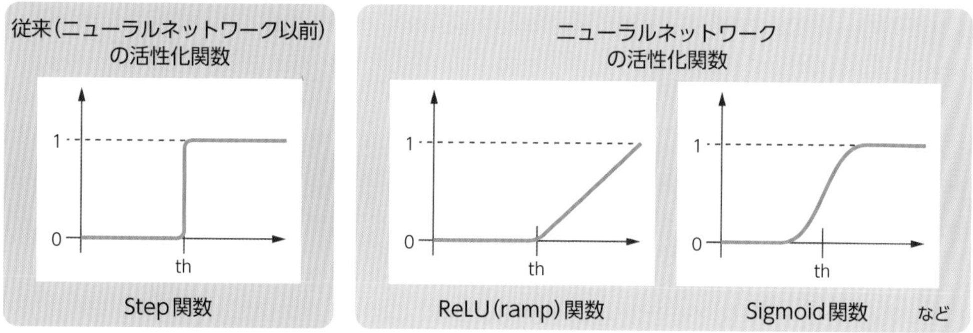

ディープニューラルネットワーク

ニューラルネットワークの活性化関数の変更により、表現が広がり複雑な反応ができるようになりました。そして、さらに表現力を上げてより複雑な反応ができるように進化したのが**ディープニュー**

ラルネットワークです。

ニューラルネットワークとの違いは隠れ層にあります。表現力の中核である隠れ層をニューラルネットワークからさらに増やすことで、より複雑な反応ができるようになりました。一般的に、隠れ層が3層以上のものをディープニューラルネットワークと呼びます。近年では、数十〜数百の隠れ層を持つものもあります（図1.1.6）。

図1.1.6　ディープニューラルネットワーク

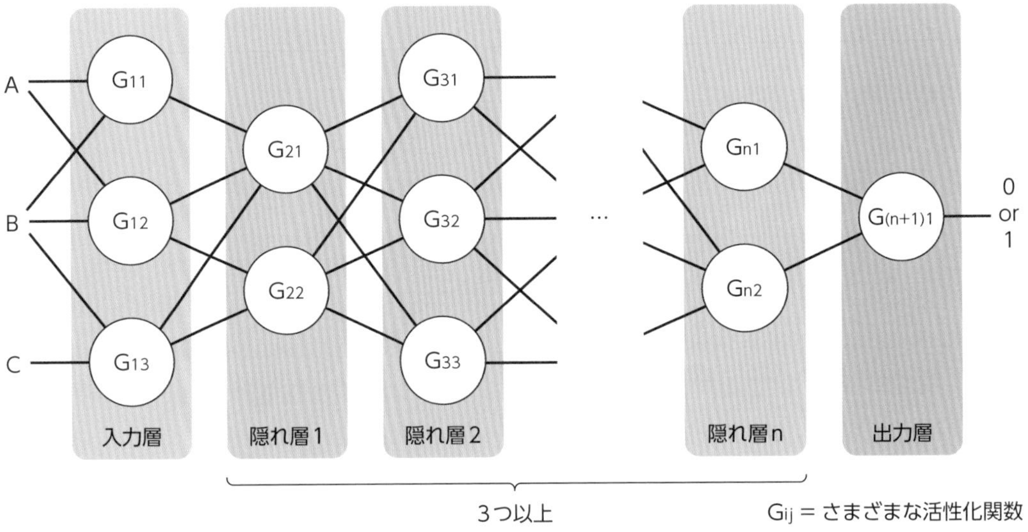

このようなディープニューラルネットワークを学習することを、ディープラーニングと呼びます。ただし最近では、ニューラルネットワークとディープニューラルネットワークをそこまで明確に分けておらず、どちらもニューラルネットワークと呼ぶことが多いです。本書でも両者をニューラルネットワークとまとめて呼ぶことにします。

1.2 ニューラルネットワークの学習

□ ニューラルネットワークの学習がどのように行われるかを理解しましょう。

学習の流れ

ニューラルネットワークで行う学習の目標は、思い通りの反応ができるようになることです。人間が問題（入力データ）と答え（教師データ）を与えると、ニューラルネットワークは刺激の重要度合いである重み（weight）の最適な値を自ら学習します。答えと自分（ニューラルネットワーク）の解答（出力データ）を比べて学習するので、教師あり機械学習に分類されます。

学習は、図1.2.1のような流れで行われます。この流れを理解するには、試験に向けて問題集で勉強する流れを想像するとわかりやすいでしょう。

図1.2.1　ニューラルネットワークの学習の流れ

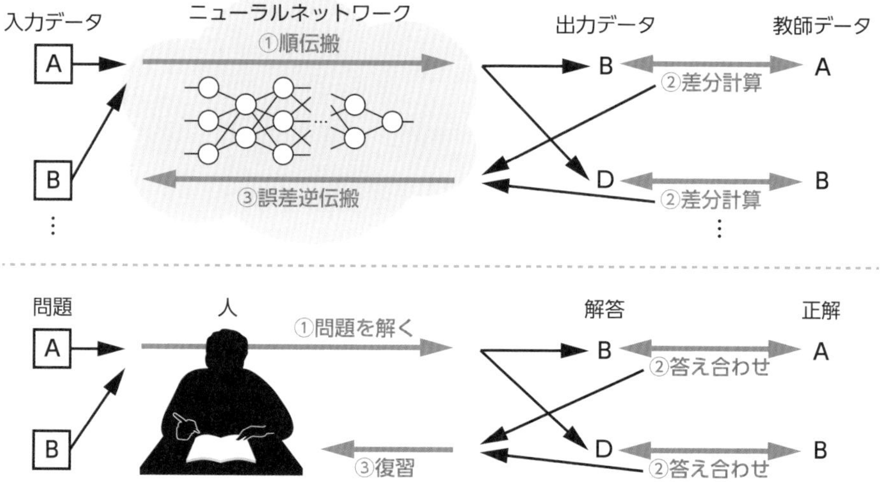

最初に用意されたニューラルネットワークの重みは、（主に）ランダムな値になっています。まず初めに、問題（入力データ）を1つニューラルネットワークに通します。これが図1.2.1で示す①の動きです。入力側から出力側にデータを流すので、**順伝搬**（Forward Propagation）と呼ばれます。

順伝搬により、解答（出力データ）が得られます。しかし、ここで得られた解答はランダムな重みによって適当に出された解答のため、大体は実際の答え（教師データ）とかけ離れたものになっています。そこで次に、回答（出力データ）と答え（教師データ）を比べて出力データが教師データに対してどれだけ離れているかを計算します。図で示す②であり、問題を解いたあとに答え合わせをする行為に似ています。この「どれだけ離れているか」を**損失（Loss）**と呼び、この損失を決める関数を**損失関数**（Loss関数）と呼びます。損失関数は、単純な差である二乗誤差や分類問題で使用されるクロスエントロピー等、さまざまなものがあり目的に合わせて設定します。

この損失の値（誤差）をニューラルネットワーク全体に伝えていきながら、損失をより小さくするように重みを変更していきます。これが図で示す③の動きであり、答えや解説を見て次は正答できるように覚えることに似ています。順伝搬とは反対に、出力側から入力側へと逆向きに誤差を伝えていくので**誤差逆伝搬**（Back Propagation）と呼びます。

あとは、この①順伝搬→②損失計算→③誤差逆伝播を用意した問題（入力データ）すべてに対して行うまで繰り返していきます。ただし、問題集で勉強する際を思い出してください。1つの問題を一度解いただけでは完全には覚えられないことがほとんどです。ニューラルネットワークも同様に、すべての入力データを1回学習するだけでは、すべてを覚えることはできません。そのため、用意した入力データすべてに対して、この①〜③をさらに繰り返し行います。この繰り返しにより、だんだんすべての入力データに対する損失が下がっていき、正答率（Accuracy）が上がっていきます。各繰り返しのタイミング（主に全データに対する繰り返し時）に、データ毎の損失の平均を計算し記録しておくことで、損失（の平均）の移り変わりをグラフとして描くことができます。そのグラフは曲線になることが多く、**損失曲線**（Loss曲線）と呼んだり、**学習曲線**と呼んだりします（**図1.2.2**）。曲線が0付近で十分に収束しきったら、ニューラルネットワークの学習は完了したと言えます。

図1.2.2　学習曲線

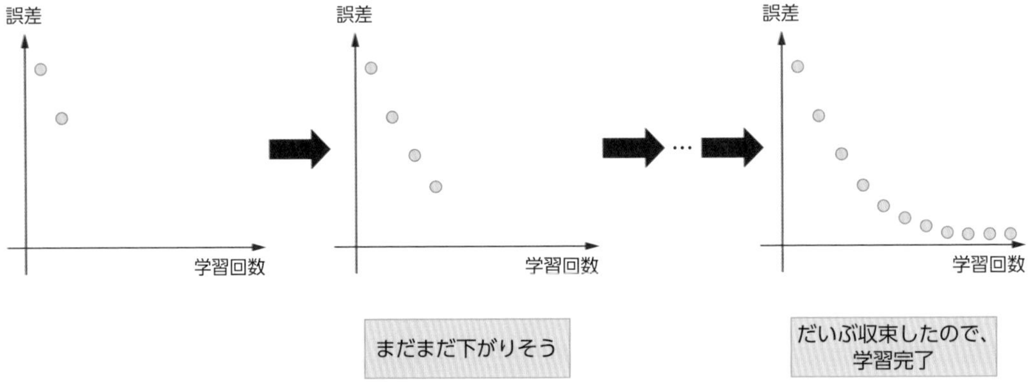

過学習

過学習とは、用意した学習用の入力データに対しては完璧に反応できるが、それ以外のデータに対しては正確な反応がまったくできない現象のことです。試験の勉強時に、問題集の答えは完璧に覚えているが正確な解き方は覚えておらず、少し数値が変わった問題や応用問題がまったく解けない状態を想像すると良いでしょう。そのため、通常ニューラルネットワークを学習させる際は、ある程度遊びをもたせて学習をします。ネットワーク構造によっては、わざと情報を忘れるような処理入れたりもします。このようにして、完全に学習データへの反応のみに固定（フィット）されてしまうことを避け、未知のデータへ反応できるように学習します。この「未知のデータへの反応」を行う性能を、**汎化性能**と呼びます。ニューラルネットワークの学習では、汎化性能を失わずにいかに正解率の高いモデルを作るかが大切です。

通常、学習時には入力データと教師データのペアである学習データを大量に用意します。またそれとは別に、同じく入力データと教師データのペアであり、学習に使用しない検証用データも用意します。学習を行うたびに検証用データを用いて推論することで、その時の正解率や誤差の状態を確認します。検証用データは、学習に使ったものと同じデータで、かつ直接的には関わっていないデータを選ばなければいけません。たとえば画像認識の場合、ある画像を学習用データとして使い、同時にその画像を回転させたものを検証用データとして使用する、ということはしてはいけません。もし使用した場合は、ある一定の性能（ここでいえば回転に対する性能）は測れることもありますが、汎化性能を測ることはできません。

検証用データには、用意した学習用データの一部を学習用データから外して検証用に使うことがよくあります。実際のプロジェクトでは、何を学習に使い、何を検証に使ったのかという情報が重要です。学習と検証にどのデータを使ったかがわかるように、事前に用意したデータを分割し整理しておきましょう。

学習時には、学習用データに対する学習曲線と、検証用データに対する学習曲線の両方を確認していく必要があります。通常うまくいっている学習では、両方の学習曲線は同じような形になります。しかし過学習が起きていた場合、学習用データに対する学習曲線は順調に下がっていきますが、検証用データに対する学習曲線はあるタイミングで上昇を始めます（図1.2.3）。

図1.2.3　学習曲線と過学習

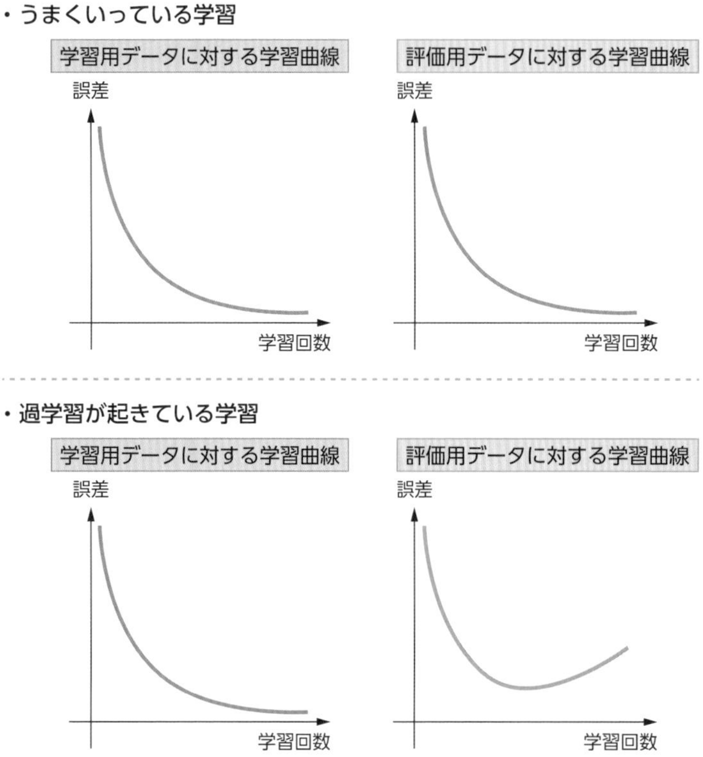

学習の方法

ニューラルネットワークの学習方法は、大きく分けて3種類あります。1つは、用意したデータ1つずつに対して図1.2.1の①～③を行っていく方法です。この方法を**オンライン学習**と呼びます。この方法では、データを随時追加しながら学習を行うことができます。

しかし、このオンライン学習はいくつか問題も抱えています。オンライン学習は、1つの入力データを学習しているときはその入力データ（正確には、そこから得られた損失）のみを考慮して、③でネットワークの重みを更新します。その重みの更新は、次の入力データにとってはマイナスな更新である可能性があります。その場合、次のデータの損失は下がるどころか逆に上がってしまうことになります。これが繰り返されることで、損失が上がったり下がったりを続け学習が不安定になります。また、最後の入力データに依存しやすいという問題も持っています。

このオンライン学習の問題に対処した学習方法が、**バッチ学習**です。バッチ学習は、用意した入力データすべてに対してまずは、①②のみ行います。その後に、全部の②で計算した損失を（主に）平均して、一括で③を行い重みを更新します。これにより、重みの更新にはすべての入力データから得られた損失が考慮されているので、安定して損失が減っていくことになります。

このバッチ学習には、もう1つのメリットも存在します。それは、他の学習方法と比較して学習時間が短いことです。ニューラルネットワークの学習において最も時間のかかる処理は、③での重みの更新の処理であり、8～9割はここにかかっていると言っても過言ではありません。バッチ学習は、用意した入力データすべてに対して1回だけしか③を行わないため学習時間が短くなります。

ただし、バッチ学習にも欠点は存在します。それは、使用するメモリが多いことです。オンライン学習は1データ分のみ使用するのに対して、バッチ学習は常に全データ分のメモリを要します。これは、学習するデータ数が少ない場合は大きな問題にはなりません。しかし、現在のニューラルネットワークに使われるデータは、膨大な量によって精度や汎化性能を持たせるために肥大化の傾向にあります。

そこで解決策として、オンライン学習とバッチ学習の折衷案である**ミニバッチ学習**が最近の主流としてあります。ミニバッチ学習は、メモリ使用量を現実的な量に収め、できる限り一括で学習する方法です。まずは、用意した入力データをいくつかのまとまりに分けます。このまとまりをミニバッチと呼び、ミニバッチ内のデータ数をバッチサイズと呼びます。処理の流れはバッチ学習と似ていて、ミニバッチ毎にミニバッチ内のすべての入力データに対して①②を行ったあと、一括で③を行って重みを更新します。この一連の処理を繰り返すことで学習します。

しかし、このミニバッチ学習はオンライン学習の問題を完全には解決しておらず、発生しづらくなっているだけということに注意してください。ミニバッチ内のデータに偏り、たとえば同種のデータのみが入っている場合、オンライン学習と同様の問題が発生します。そのため、入力データをランダムにシャッフルしてミニバッチに分けたり、ミニバッチ内にすべての種別が入るように分離したりします。

それぞれ学習方法をまとめると**表1.2.1**のようになります。

表1.2.1　学習方法毎のメリットとデメリット

学習方法	③を行うタイミング	メモリ使用量	学習の安定性	学習時間	データの追加の可否
オンライン学習	1データ毎	小	不安定	長い	可能
ミニバッチ学習	バッチサイズ分のデータ毎	バッチサイズに依存	不安定になる場合もある	バッチサイズに依存	不可能
バッチ学習	全データで一括	大	安定	短い	不可能

バッチ学習はすべての入力データを考慮して最短で損失が下がっていくため、**最急降下法**とも呼ばれます。また、オンライン学習は1データずつ学習し少しずつ確率で下がっていくので、**確率的勾配降下法**とも呼ばれます。

ニューラルネットワークの学習で、③の誤差逆伝播によってネットワークの重みを更新する処理を1回行うことを、1ステップと数えます。また、用意した学習用入力データ全体に対して学習を繰り返す回数を**エポック（Epoch）**と呼びます。用意した学習データがn個だったとき、オンライン学習では「1エポック=nステップ」、バッチ学習では「1エポック=1ステップ」、ミニバッチ学習では「1エポック=（n÷バッチサイズ）ステップ」になります。

勾配降下法

③における重みの更新には、**勾配降下法**という最適化手法を用います。ある1つの重みに注目した際、その重みが増加・減少するにつれてネットワークの出力が変化し、それにより損失が変化します。言い換えると、注目した重みを変数とする損失の関数を定義できます。このとき、関数の全体の外形は分からなくても、偏微分によって今の点における傾き（勾配）が分かります。

損失は誤差の大きさであるため、非負の値（0を含む正の値）をとります。正答の場合は0です。つまりこれは、下に凸な関数であると言えます。この重みは、自身の変化によって損失を最小にすることを目標にしています。下に凸な関数の最小は一番下の極値であり、極値の特徴は、その点における傾きが0であることが挙げられます。よって、注目した重みは現在の傾きから傾きが0に向かうように、今の傾きが正であれば小さく、負であれば大きくといったように自身を動かすと、損失は小さくなると考えられます。このように、傾き（勾配）を小さく（降下）していきます。これをニューラルネットワーク全体のすべての重みに対して行います（図1.2.4）。

図1.2.4　重みの更新

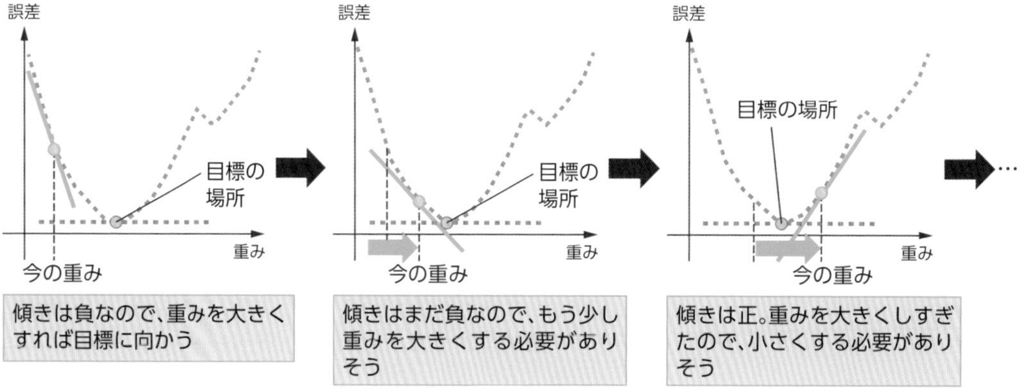

重みの更新の際、1回の更新時にどれくらい重みを動かすかを学習率によって制御します。通常、学習率は、0.001や0.0001といった小さな値を使用します。学習率が大きすぎる場合、損失が十分

に小さくならず、損失が大きい位置で傾きの値が振動します。逆に小さすぎる場合、本来落ちたい最下点ではなく、中間に存在する別の極値に落ちる可能性が高くなります。そのため、初期の学習の頃は学習率を大きくして素早く小さめの値に落とし、その後、学習率を小さくすることでさらに精度を上げていくといった工夫を行うことがあります。

教師なしディープラーニング

ディープラーニングにおいても、教師なし学習と呼ばれるものがあります。しかし、このような学習は学習させる側や使う側から見て明示的に教師がないというだけで、ニューラルネットワーク自体には何かしらの教師データが渡されています。教師なしディープラーニングとして、代表的な例であり4章で詳しく取り上げるAutoEncoderと呼ばれる手法も、教師データとして入力データそのものをニューラルネットワークに渡すことで学習します。ニューラルネットワークの特性上、その出力の目標となる教師データはなくてはならないものです。

1.3 畳み込みニューラルネットワーク(CNN：Convolutional Neural Network)

- ディープニューラルネットワークの中でも、とくに強力であるとして着目されている畳み込みニューラルネットワークに関する知識を深めましょう。

ニューラルネットワークの主要な層

ニューラルネットワークにおいて使用される層は、現在ではいくつかの処理特徴から固定化されたものが多く、それらの層を組み合わせることでさまざまな処理が行えるニューラルネットワークが作成されています(図1.3.1)。各層における入力と出力をそれぞれ**ノード**と呼びます。各層の動きは、その入力ノードと出力ノードをどのように繋ぐかで変わってきます。ほとんどのノード間の繋がりには重み(weight)があり、それがニューラルネットワークの学習対象になります。

図1.3.1　ニューラルネットワークの層

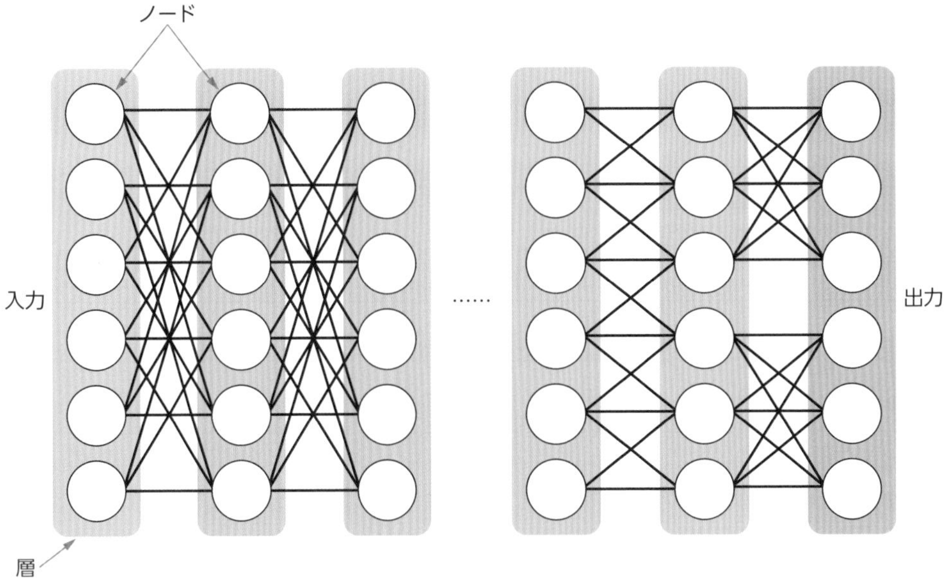

ここではとくに使用される主要な層として、いくつかを紹介します。

FullConnection層─全結合層

FullConnection層（全結合層）とは名前のとおり、すべての入力ノードがすべての出力ノードと結びつく最も基本的な形の層です。この層を用いてノードの数を変えることもできます。データが大きくなると爆発的に結びつき（計算量）が増えるので注意しましょう（図1.3.2）。

図1.3.2　FullConnection層

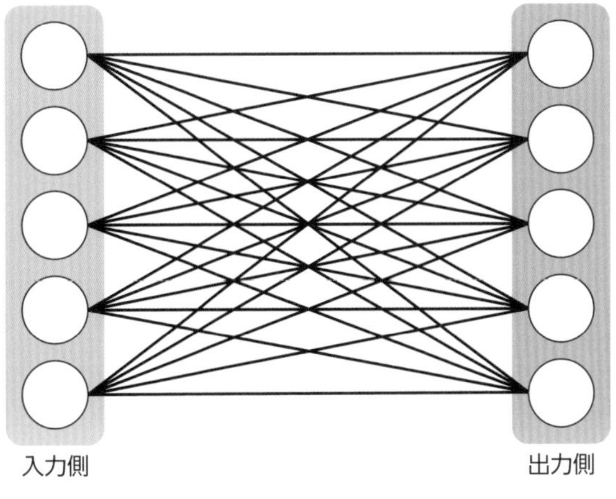

FullConnection層は、ネットワークの最後のノード数調整のために使用されることが多いです。もちろんFullConnection層のみで構成されるネットワークもあります。

Convolution層—畳み込み層

Convolution層（畳み込み層）は、入力ノードをいくつかのまとまりで圧縮し、特徴を抽出する層です。どのような処理が行われるかに関しては、3次元データや2次元データ（画像データのような形）で考えるとわかりやすくなります（**図1.3.3**）。

図1.3.3 Convolution層(2次元でのイメージ①)

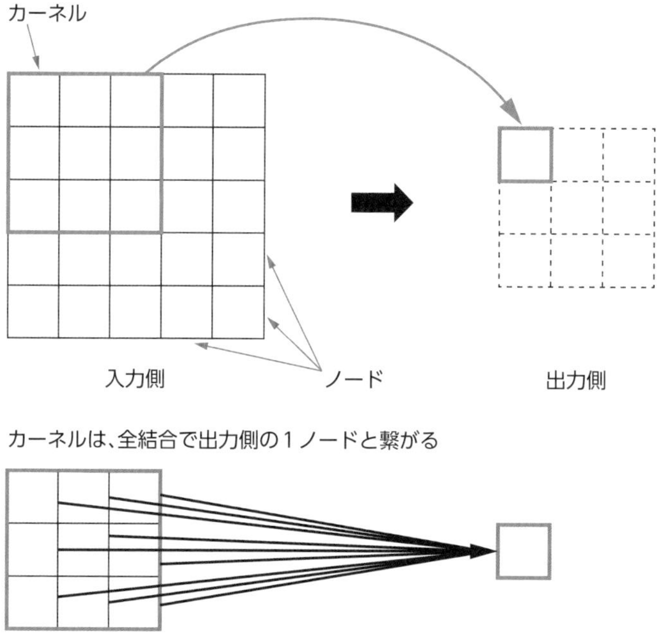

まず**図1.3.3**のように、入力側の左上の一部（左上から縦3個×横3個のノード）を出力側の左上のノードに結びつけます。この入力ノードの領域を**カーネル**と呼びます。そのサイズが決まっている場合はサイズを付けて呼ぶこともあります。今回のような形であれば、3×3カーネルと呼んだり、カーネルサイズ3×3と呼んだりします。また今回のように、縦横のサイズが同じようなカーネルを正方カーネルと呼びます。Convolution層においては、主に正方カーネルが使用されます。

次に、カーネルを右にずらします（**図1.3.4**）。図中では、1ノード分ずらしています。ずらした位置からカーネルのサイズ分のノードを、出力ノードの1つ右のノードに結びつけます。これを、カーネルの右端が入力ノードの右端に被るまで順番に続けていきます。

図1.3.4　Convolution層（2次元でのイメージ②）

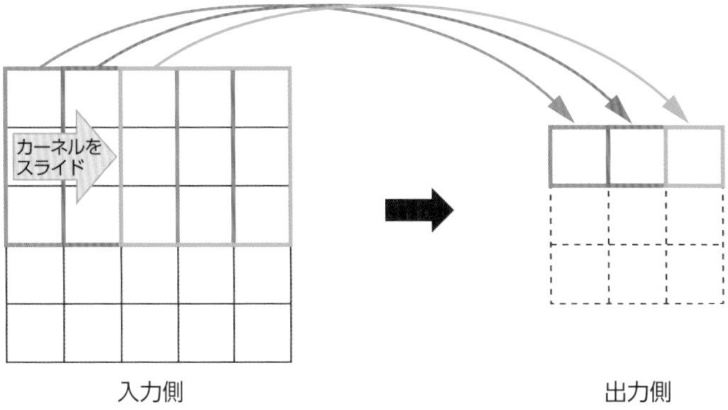

右端までずらしたらカーネルを一番左まで戻し、今度は下方向にずらします（図1.3.5）。図中では、1ノード分ずらしています。ずらした位置からカーネル分のノードを出力側の左上ノードの1つ下のノードに結びつけます。以降は同じように右にずらしていき、また右端まで処理が終わったら左端に戻って下方向に進めるという処理をすべての入力ノードが最低1回は処理されるまで続けます。カーネルをずらす大きさをストライドと呼びます。カーネルと同様、具体的なサイズを付けて、1×1ストライドやストライド1×1と呼ばれることもあります。

図1.3.5　Convolution層（2次元でのイメージ③）

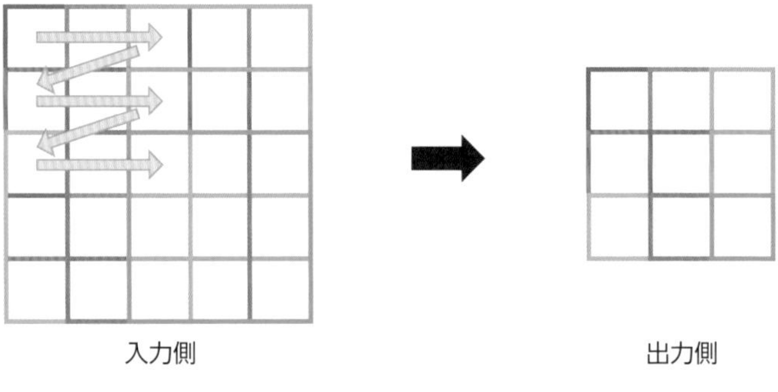

畳み込み後の入力データのサイズと出力データのサイズを比べると、出力データのサイズが、入力データのサイズより一回り小さくなっています。カーネル毎に情報を圧縮することでデータ全体を小さくしており、この処理を畳み込みといいます。データ全体でサイズを変えたくない場合は、図1.3.6のように入力データ全体の周囲に擬似的なノードを増やしてから畳み込みを開始します。この擬似的なノードをパディングと呼びます。これにより、入力側と出力側のサイズを揃えることができます。パディングは、カーネルとストライドから入力と出力のサイズが一致するように付けます。パディングの付け方には、0で埋める、周囲のデータをそのまま使う等の方法があります。

図1.3.6 Convolution層(2次元でのパディングのイメージ)

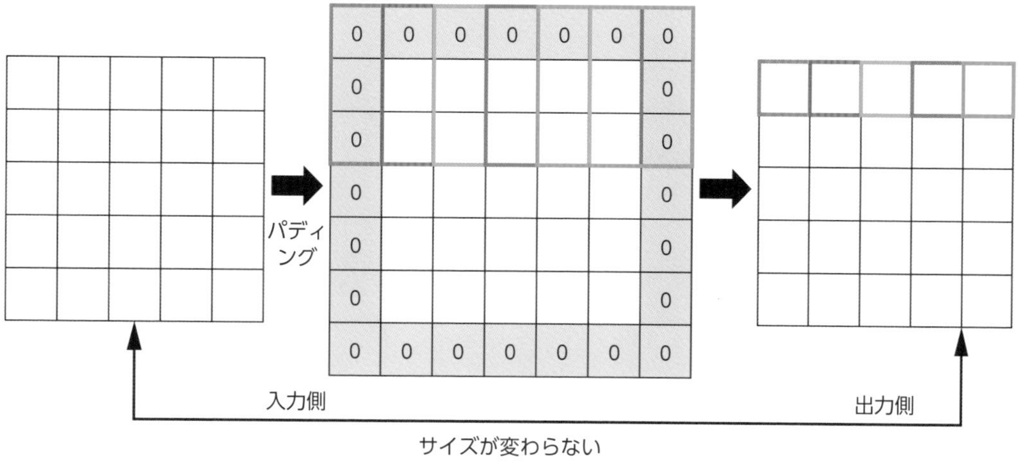

基本動作の理解のために2次元で説明してきましたが、実際は3次元データを扱うことがほとんどです。画像処理においても、画像データは縦・横・チャンネル(RGB等)の3次元であることが多いです。3次元データに対する畳み込みも、2次元データに対する畳み込みと大きくは変わりません。すべてのチャンネルにおける同じ位置(縦横)のノードを1つの出力ノードに結びつけます(**図1.3.7**)。

図1.3.7 Convolution層(3次元でのイメージ)

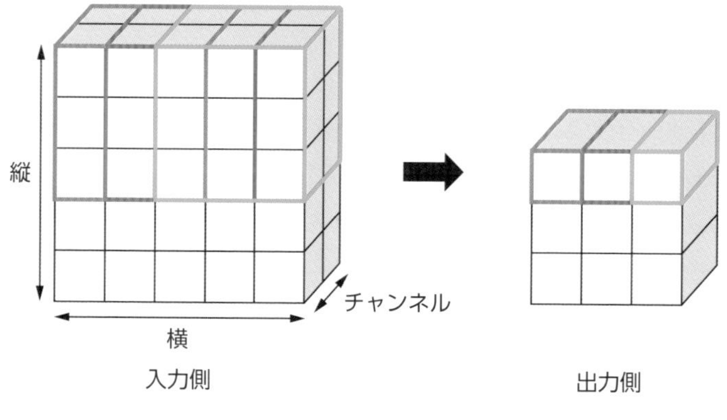

一般的に畳み込みでは、特徴を圧縮しデータサイズを小さくする代わりに、3次元方向(奥行き)を増やします。画像データとして捉えると、特徴を圧縮し、特徴毎の2次元マップを大量に作るイメージになります。出力される3次元データを2次元データの集まりと捉え、それぞれの2次元データを特徴マップ、出力側の3次元方向のサイズを特徴マップ数やフィルターサイズと呼びます(**図1.3.8**)。

図1.3.8　特徴マップ

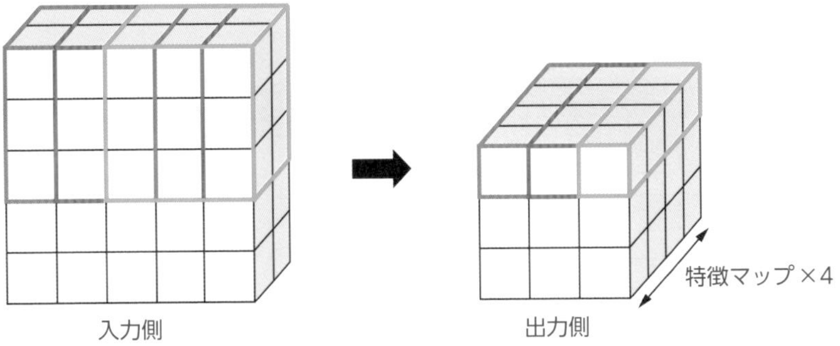

Convolution層はデータの特徴を捉えるのに長けているので、画像処理においては非常に重要な層です。最近では自然言語処理においても大きな貢献をしています。

MaxPooling層／AveragePooling層―最大プーリング層・平均プーリング層

MaxPooling層（最大プーリング層）と**AveragePooling層（平均プーリング層）**は、どちらも入力ノードをいくつかのまとまり毎に処理にかけて出力を行う層です。Convolution層で特徴を抽出した後にMaxPooling層で特徴を濃くしたり、AveragePooling層で特徴を平均化したりといった使われ方をします。

行うことはConvolution層に似ています。まず入力に対して、カーネルサイズ分のノードを取ってきます。MaxPooling層の場合は、そのカーネルの中で最大の値を出力ノードの値とします。AveragePooling層の場合は、カーネルの値を平均して出力ノードの値とします。カーネルをストライド分ずらして処理していき、すべての入力ノードが最低1回は処理されるまで続けます（図1.3.9）。これらの処理によって、基本的にデータのサイズは小さくなります。よく使われるのは2×2カーネルで2×2ストライドの設定です。この場合、高さと幅がそれぞれ半分になります。

図1.3.9　MaxPooling層（2次元でのイメージ）

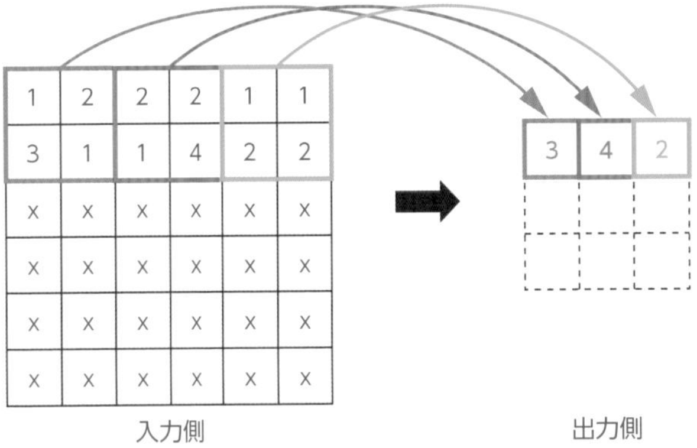

MaxPooling層とAveragePooling層は、固定的な処理を行う層のため学習する重みを持ちません。そのため、厳密には層ではないと言われることも多いのですが、層として扱ったほうが便利であり、層として実装しているフレームワークが多くあります。これらの層を合わせてPooling層と呼ぶこともあります。

UpSampling層—アップサンプリング層

UpSampling層（アップサンプリング層）は、入力ノードを拡大して出力データのサイズを大きくする層です。Convolution層で小さくしたデータを大きくし、元のデータサイズに戻す際などに使用されます。

行う処理は、MaxPooling層やAveragePooling層の逆をイメージするとわかりやすいでしょう。入力側の1つのノードを指定された縦横サイズ分拡大し、出力します。これを、入力ノードすべてに対して行います。よく使用される指定サイズは2×2です。この場合、高さと幅はそれぞれ2倍になります（**図1.3.10**）。

図1.3.10　UpSampling層(2次元のイメージ)

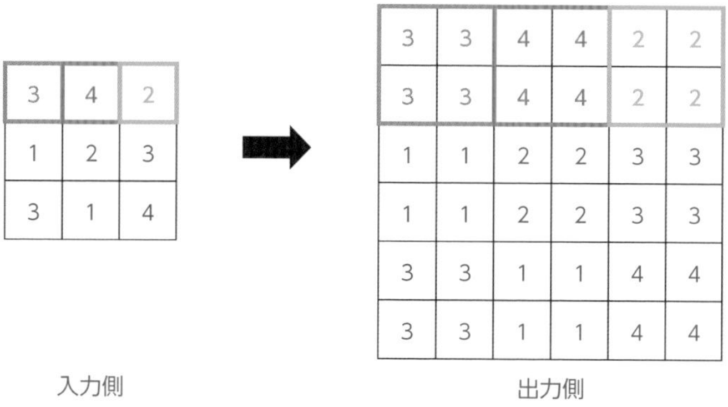

MaxPooling層やAveragePooling層と同様、固定的な処理を行う層のため学習する重みを持ちません。

UpSampling層は、ある入力から画像を生成する課題（タスク）などでよく使用されます。入力データを圧縮して特徴を抽出した後、特徴を画像データに復号していく際に使われます。

TransposedConvolution層、Deconvolution層—逆畳み込み層

TransposedConvolution層、Deconvolution層（逆畳み込み層）は、Convolution層の逆処理によって、特徴を畳み込みながらデータサイズを大きくする層です。この層はよく、UpSampling

層＋Convolution層の代わりに使用されます。

行う処理にはいくつかの方法があります。主に使われるのは、データ同士の間にパディングを行い0データで間引く方法です。間引いたデータに対して通常のConvolution層と同じような畳み込みを行うことで、元データを拡大した形で畳み込みを実現します（図1.3.11）。

図1.3.11　TransposedConvolution層（2次元のイメージ）

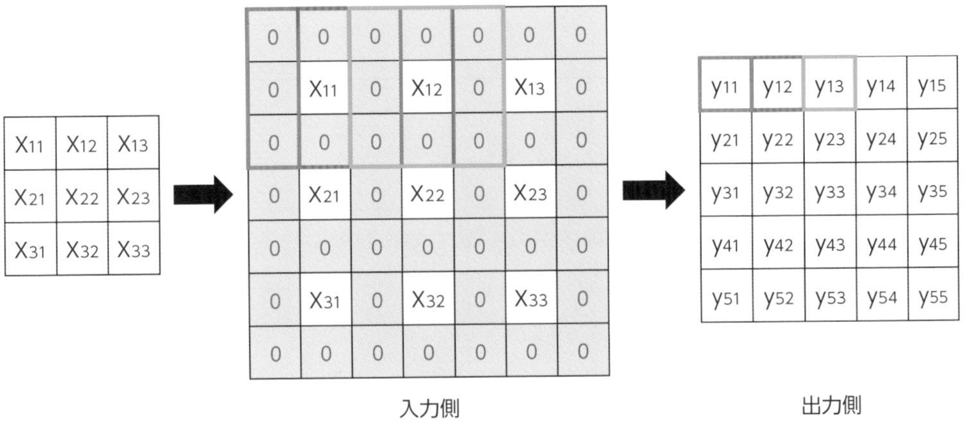

工夫のために使用される層

層が増えてネットワークが複雑になると、過学習が起きやすくなったり学習が不安定になったりします。そこでこれらの問題を解決するために考え出された層がいくつか存在します。その中でとくに有名な2つの層を紹介します。

Dropout層―ドロップアウト層

Dropout層（ドロップアウト層）は、過学習を防ぐ（軽減する）働きを持ちます。

過学習が起きてしまう原因の1つに、ネットワーク全体が学習したデータに完全にフィットしてしまい、遊び（余裕）がなくなってしまうことが挙げられます。そこでこのDropout層では、ランダムにノードを無効化（非活性）することで、強制的に遊びを作るようにします。無効化されたノードが関わる結びつきは学習されず、完全なフィットを防ぎます。また、無効化するノードは、この層を通るたびに一定の割合でランダムに決められます。各結びつきが学習されたりされなかったりを繰り返すため、学習データに完全フィットはしなくなります（図1.3.12）。

図1.3.12　Dropout層

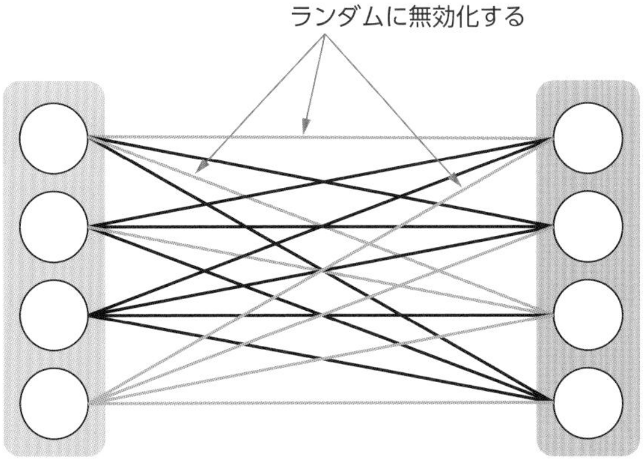

この層によって過学習を完全に防ぐことはできませんが、ある程度の発生を抑えることができるため、現在のネットワークではかなりの頻度で使用されています。

BatchNormalization層—バッチ正規化層

BatchNormalization層（バッチ正規化層）は、学習が不安定になる（振動する）のを防ぐ働きを持ちます。

入力ノードに近い層（浅い層）は、出力ノードに近い層（深い層）に比べて出力に与える影響が大きいです。層数の多いネットワークでは、浅い層の変化に深い層が振り回されることが起きます。BatchNormalization層は、バッチ単位で受け取った値を正規化することで変化を一定の範囲に落とし込み、学習を安定させます。またこの正規化により勾配消失・爆発も抑えられるため、学習係数を上げることが可能になり、結果的に学習時間を短くすることもできます（図1.3.13）。

図1.3.13　Batch Normalization層（2次元でのイメージ）

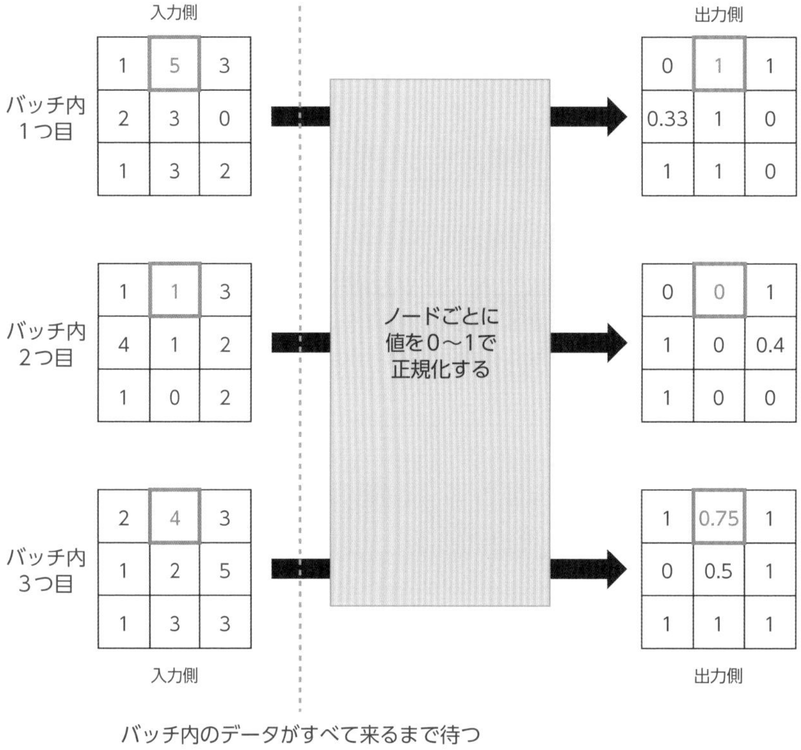

CNN

　ニューラルネットワークは、構造の特徴からいくつかの種類に分けられます。その中でも、とくに画像処理で非常に強力な力を発揮しているのが、**畳み込みニューラルネットワーク**（Convolutional Neural Network）です。CNNとは、ネットワーク構造にConvolution層を使用しているもの全般を指し、その詳細な構造は多岐に渡ります。基本となる構造は**図1.3.14**のように、Convolution層とPooling層を繰り返していき、最後に出力に合わせた変換を行う形です。

Column

勾配消失と勾配爆発

勾配とは、損失関数のある点における接線の傾きです。これを各ノードに逆伝搬することでニューラルネットワークを調整していきます。勾配消失とは、この勾配が逆伝搬の途中で文字通り消失してしまう現象で、勾配が0になることを指します。

出力側から入力側へ勾配を伝搬していく途中では、各ノードで活性化関数の微分式等が計算されて勾配を少しずつ緩やかにしていきます。この際に、小さい値がさらに小さくなっていき、最終的に0になってしまうことがあります。たとえば、シグモイド（Sigmoid）関数では、その微分は0の時に最大をとり、その値は0.25と非常に小さな値になります。これが乗算されていくのでどんどん小さくなっていくことがわかるでしょう。このように勾配が消失してしまうと、各ノードの調整幅がなくなり学習が進まなくなります。

次に、勾配爆発（勾配発散）とは、勾配が大きくなりすぎて発散してしまう現象を言います。こちらの原因も消失の方と同じように、勾配の伝搬時に重みと損失関数の微分を何度もかけ合わせていく点にあります。重みが非常に大きくなった場合、勾配が発散してしまうとそれ以降計算ができなくなってしまい、ニューラルネットワークの更新が行えなくなります。

このような問題をなるべく発生しないようにする方策として、活性化関数の変更やクリッピング、重みの初期値の設定、BatchNormalization層の使用等があります。

一般的には、Convolution層を2回入れた後Pooling層を1つ入れる構造が使用されます。この時、2つのConvolution層ではパディングを入れ、データサイズを落とさず特徴マップのみ増やします。その後、Pooling層でデータサイズを半分にします。Convolution層2回によって特徴を分離し、Pooling層によって特徴を濃くするイメージです。そのため、ここのPooling層はMaxPooling層を使うことが多いです。このようなConvolution層×2＋Pooling層を1つのブロックとして、**Convolutionブロック**と呼びます（**図1.3.15**）[注1.1]。

注1.1　畳み込みや畳み込み層と呼ばれている場合もあります。

図1.3.14　CNN

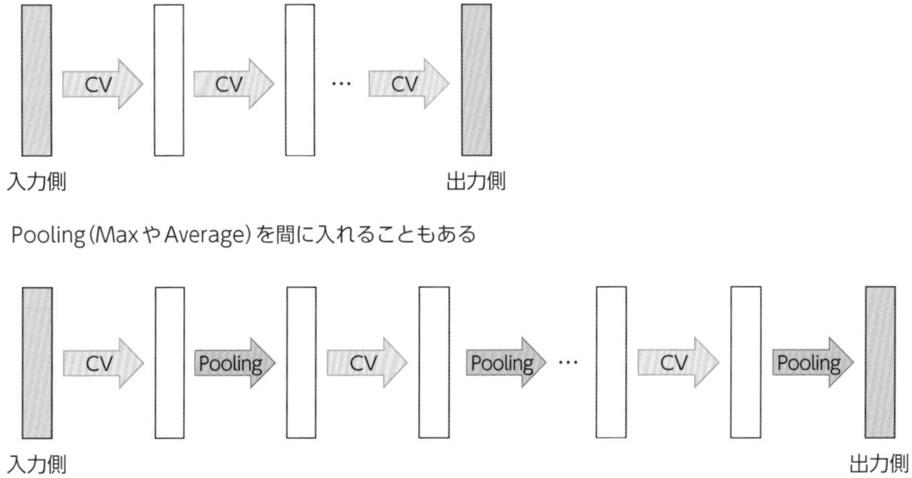

図1.3.15　CNN(Convolutionブロック)

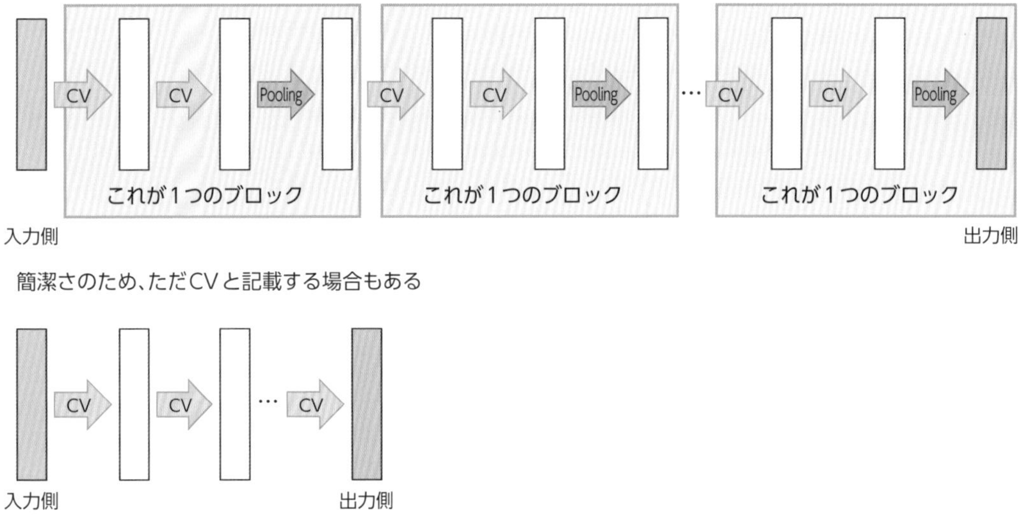

1.4 タスクとモデル

□ ディープラーニングを利用して実現できることを整理しましょう。

画像処理のさまざまなタスクと主要なモデル

ニューラルネットワークにおける、ネットワーク構造のことを**モデル**と呼びます。学習し終わった重みが適用されたニューラルネットワークを**学習済みモデル**と呼ぶことがあります。

ニューラルネットワークを用いた課題解決はさまざまな分野で研究されており、分野ごとに確立された手法やモデルが存在しています。それぞれのタスクに特化した手法やモデルを学び利用することで、ある程度簡単にタスクを解決できます。

タスクが複雑・難解で単純には転用できない場合でも、ベースとして利用することで対応できる場合が多くあります。そのため、過去に解決されたタスクと対応する手法・モデルを学ぶことは大切です。

ここでは近年注目されている画像処理タスクのうち、後半の章で実践する主要なタスクとそのモデルについて紹介します。

分類（Classification）

分類（Classification）は、対象物を決められた種類（クラス）に振り分けるタスクで、画像処理以外でもよく行われます（**図1.4.1**）。分類は最も基本的なタスクであり、使用されるモデルが多く存在します。画像を分類するために抽出した特徴は、他のタスクでも利用できることが多いため、分類モデルの構造や学習方法は他のタスクに応用されます。

図1.4.1　分類(Classification)

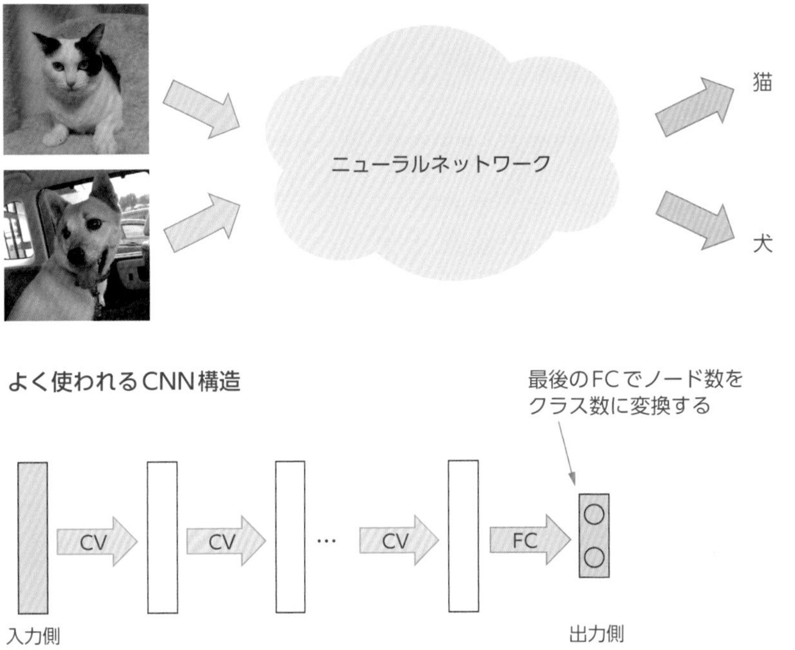

分類に使用されるネットワークモデルで有名なのは、**VGG**や**ResNet**です。VGGは最も基本的なネットワーク構造をしたモデルです。本書では3章で詳しく取り扱います。

ResNetは、2015年のILSVRCで1位となったモデルです。ResNet以前の優勝モデルは層の数が20層前後であったのに対し、ResNetは優勝時152層ありました。一般的にCNNにおいて、層を深くすればするほど、より複雑で高度な特徴を抽出できるようになると考えられています。しかし、層を深くすればするほど勾配消失問題などによって学習がうまく進まないというジレンマが発生していました。ResNetは、そのジレンマを**残差ブロック**(Residual Block)というブロックを追加することで解決しました。Residual Blockを使用したネットワークなのでResidual Networkと呼び、その略称からResNetと呼ばれます。

Residual Blockは、畳み込みとSkip Connection(またはShortcut Connection)の2つから成ります。このブロックではまず、受け取ったデータを2ルートに分けます。一方は、通常の畳み込みを2回行うルートで、もう一方は、何も変換を行わずに入力データをそのまま返す恒等変換のルートです。その後、両ルートからのデータを結合して、ブロックの出力とします。後者のルートは、2つ前の層の出力を1つ飛ばして繋げるため、Skip ConnectionまたはShortcut Connectionと呼びます。最適な出力そのものではなく入力との残差のみを学習することで、勾配消失問題を抑えます(**図1.4.2**)。

図1.4.2　Residual Block

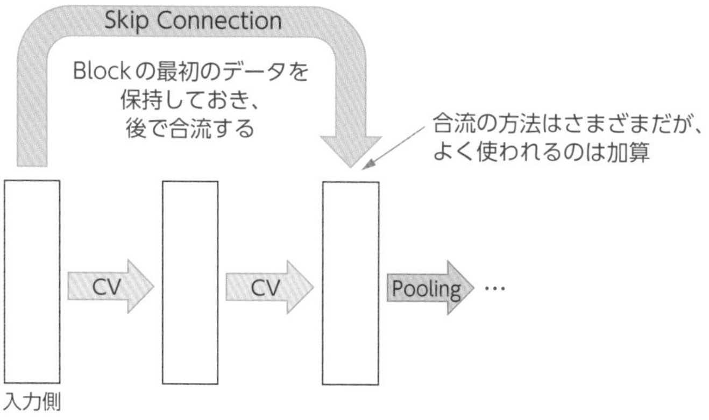

このSkip ConnectionひいてはResidual Blockは、近年CNNでよく使われる構造の1つです。またResNetは、画像系モデルのベースネットワーク（Backborn Networkとも呼ぶ）としてVGGとともによく使用される基本のネットワークの1つです。

異常検知（Anomaly Detection）

異常検知（Anomaly Detection）は、対象物が異常な状態かどうかを判定するタスクです。正常な状態を学習し、推論時にその正常からズレている点が多い場合に異常と判断します。異常検知も画像処理以外でよく行われます。正常な状態のみを学習する手法なため、異常データを集めづらい対象物に対しても使用することができるのが利点です（図1.4.3）。

図1.4.3　異常検知（Anomaly Detection）

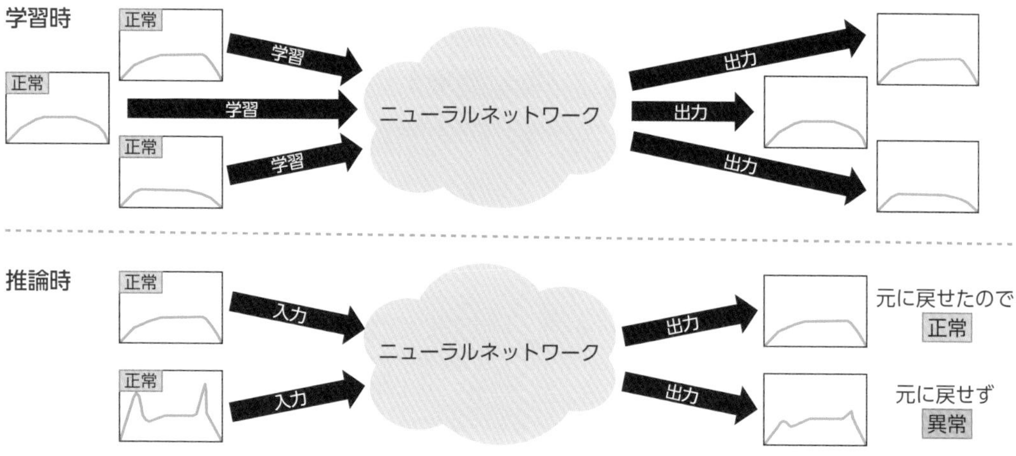

異常検知に使用されるネットワークモデルで有名なものには、**AutoEncoder**、**AnoGAN**があります。AutoEncoderは、入力を小さな次元に圧縮（エンコード）した後、入力と同じになるよう復元（デコード）するような構造を持つモデルです。本書では4章で詳しく取り扱います。

AnoGANは、Anomaly Detection with Generative Adversarial Networksの略称で、GANという技術を使った異常検知用モデルです。GANとは、**敵対的生成ネットワーク**（Generative Adversarial Network）の略称です。GANでは、偽物の画像を生成する生成器（Generator）と、偽物の画像か本物の画像かを見分ける弁別器（Discriminator）の2つのネットワークを用意します。Generatorは、Discriminatorを騙す偽物を作ろうとします。それに対しDiscriminatorは、Generatorに騙されないように本物と偽物を仕分けます。このGeneratorとDiscriminatorという2つのネットワークを競い合わせることで、より本物に近い画像を生成させようというモデルです（**図1.4.4**）。ちなみにGeneratorはランダムな値であるノイズを擬似的な入力として偽物画像を生成します。

図1.4.4　GAN（Generative Adversarial Network）

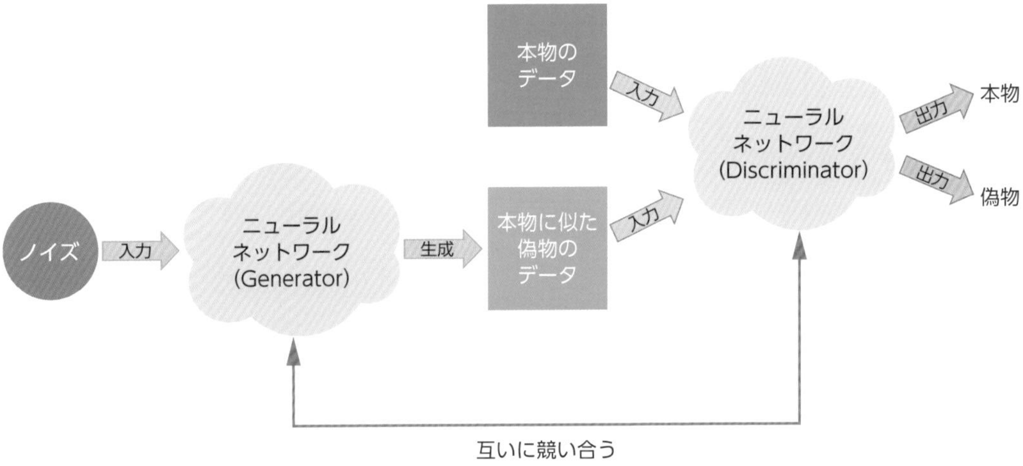

AnoGANによる異常検知では正常な画像のみで十分学習させたGANと、正常か異常か判定したい画像を用意します。Generatorは、正常なデータだけ生成するように学習しているので、異常なデータは出力できません。

AnoGANは、その点を生かして異常検出を行います。判定したい画像が正常の場合、最適なノイズの値を見つけると、その画像に酷似した画像がGeneratorから生成されます。逆に判定したい画像が異常の場合、Generatorは異常画像を生成しないので、どのようなノイズからも酷似した画像は得られません。

最適な画像を生成するノイズを見つけても、判定したい画像とGeneratorによって生成された画像との差分が大きくでます。判定したい画像とGeneratorによって生成された画像の差分の大きさを用いて、異常があるかどうかを判定します。

ノイズの最適値を探索するのに、ニューラルネットで学習を行う際の手法を利用します。通常Generatorに渡すノイズをFullConnection層に渡し、FullConnection層の出力をGeneratorに渡します。こうすることで、Generatorから見れば、FullConnection層の出力が通常貰うはずのノイズとなります（**図1.4.5**）。

図1.4.5　AnoGAN（Anomaly Detection with Generative Adversarial Networks）

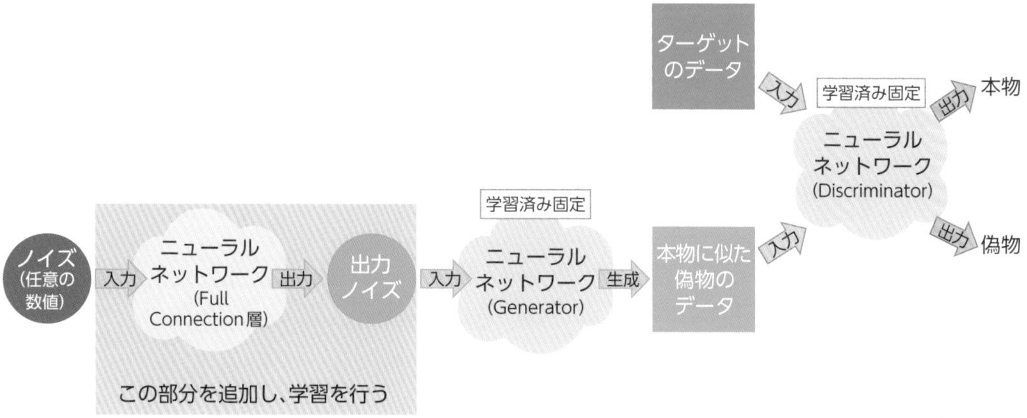

そして、このFullConnection層にGeneratorを追加したネットワークを学習します。この際、Generator部分のweightは固定で学習しません。

出力画像と判定したい画像の差分をLossとして学習を進めます。つまり十分に学習ができれば、ノイズをFullConnection層に通して得られた値が最適なノイズになります。そしてこのときのLossが、判定したい画像とGeneratorによって生成された画像との差分になるので、この値をもって正常・異常の判断を行います。Lossがどのくらいであれば正常でどれぐらいになると異常なのかの閾値は、いくつかの場合で実験し、適切に決める必要があります。近年GANを用いて異常検知を行うモデルは研究や事例が増えており、AnoGANの他にも数多く存在します。

物体検出（Object Detection）

物体検出（Object Detection）は、画像内のどの位置にどのような物体が存在するかを検出するタスクです。物体検知とも言います。検出できた物体を四角で囲み、そこに物体の種類（クラス）を書いた形で表示されることがよくあります。物体検出は画像処理特有のタスクであり、ディープラーニングでの画像処理の中でもとくに広く知られています（**図1.4.6**）。

図1.4.6　物体検出（Object Detection）

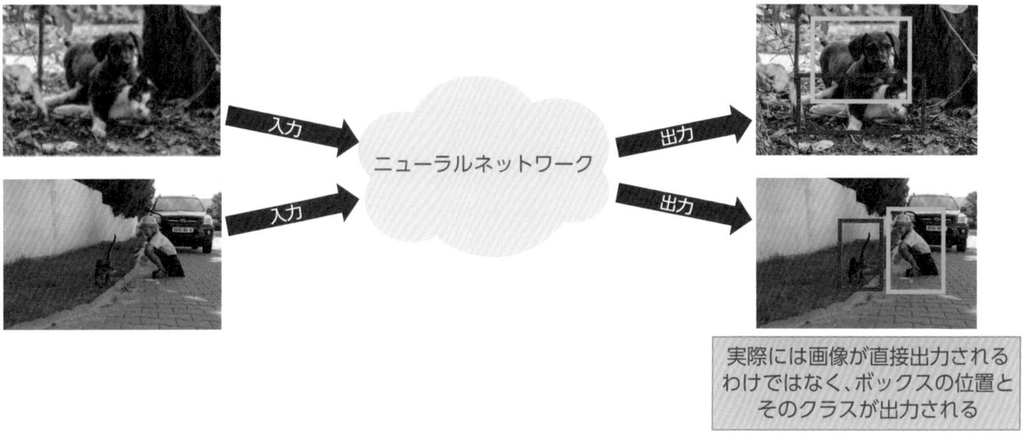

物体検出に使用されるネットワークモデルで有名なものには、**SSD**、**Faster R-CNN**、**YOLO**などがあります。物体検出のモデルには、Sliding Window系、Region Proposal系、Single Shot系といった系統があり、近年はSingle Shot系が主流になっています。SSDは、Single Shot系で最も有名なモデルの1つであり、本書では5章で詳しく取り扱います。

Faster R-CNN

Faster R-CNNは、2015年に発表されて以来、物体検出モデルとして長く使われています。その構造は、画像からベースの特徴を抽出するBackbone部分、物体が存在しそうな領域を提案するRegion Proposal Network (RPN) 部分、提案された領域に何が写っているかを認識するHead部分に分けられます（**図1.4.7**）。

図1.4.7　Faster R-CNN

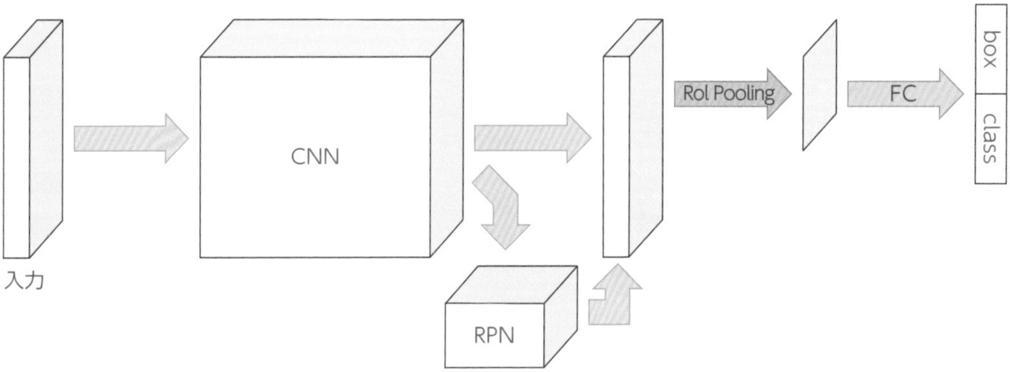

Backbone部分は、通常のCNN部分で、ResNetやVGG等のネットワークの最終層（最後のFullConnection層）を取り除いた部分を流用することが多くあります。RPN部分は、物体の位置を提案する、Faster R-CNNの中核となる部分です。Backbone部分で抽出した特徴を受け取り、元画像の各基準点にそこを中心とした一定の領域が物体らしいか背景らしいかを認識します。この点を中心とした領域の形をアンカーといいます。アンカーは、さまざまなサイズでさまざまなアスペクト比のものを用意します。主に使われるアンカーは、サイズが「128×128、256×256、512×512」、アスペクト比が「1:1、1:2、2:1」です。ただし、実際の物体（らしきもの）はこのアンカーに収まらないことがほとんどなので、このアンカーをベースにして覆うような形（バウンディングボックス）を提案します。つまりRPN部分の出力は、各基準点のアンカー毎の物体らしさの確率とバウンディングボックスの情報（補正情報）となります（**図1.4.8**）。ちなみに、ここでいう物体とは対象物のうちのどれかであり、背景とは対象物が存在しない場所のことを指します。

図1.4.8　Faster R CNN(Anchors)

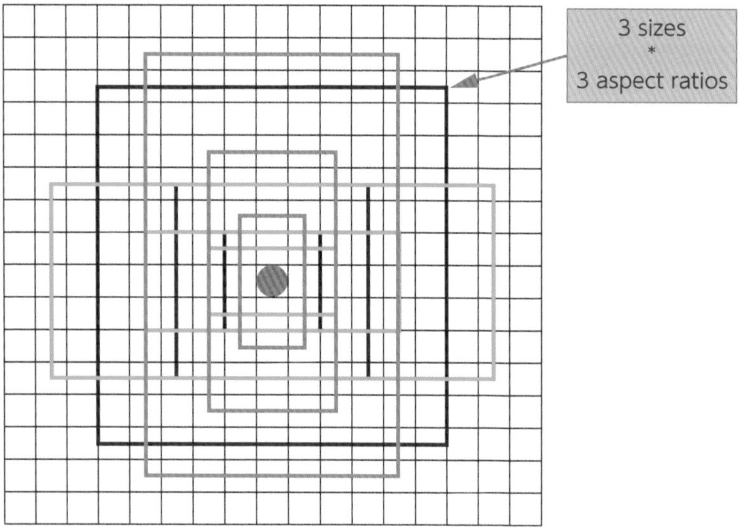

最後のHead部分はさらに、RoI (Region of Interest) Pooling部分、Classification部分、Box Regression部分の3つで構成されます。

まずは、Backbone部分の出力である特徴マップと、PRN部分の出力である各点での物体らしきバウンディングボックスの情報をRoI Pooling部分で受け取ります。このRoI Pooling部分は、特徴マップと提案されたバウンディングボックスとのズレを吸収しながら、特徴マップをPoolingします。提案されたバウンディングボックスは、元画像での位置で計算されているので、CNNにかけられ画像サイズが小さくなっている特徴マップ上に当てはめると、ピクセル上でズレが生じます。そこで、小さくなった特徴マップ上の一番近いピクセル位置に修正しながらPooling処理を行います。実際の処理としては、提案されたバウンディングボックスに一番近い外接矩形を求めた後、その矩形を出力サイズ数に分解し、分解された範囲毎に関わるピクセルを用いてPoolingを行います。そうしてRoI Poolingされた特徴マップを全結合した後、Classification部分とBox Regression部分の両方に渡します（図1.4.9）。

図1.4.9　RoI Pooling

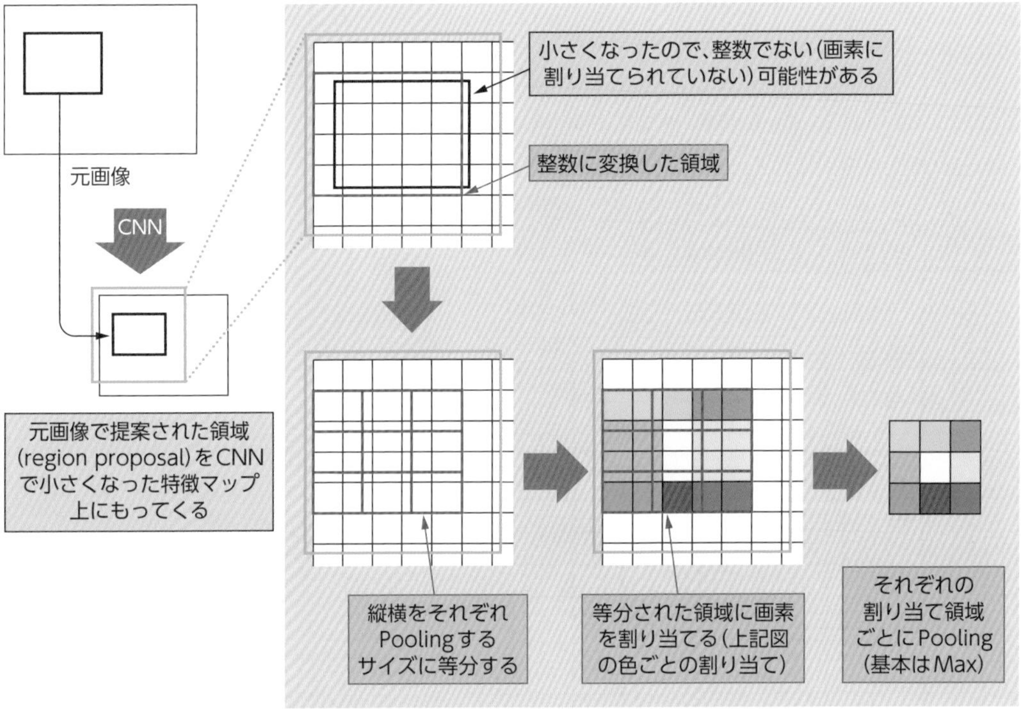

Classification部分はその名の通り、バウンディングボックスの特徴マップ情報から、そこに写っている物体が何であるかの分類を行います。Box Regression部分は、バウンディングボックスの位置とサイズの調整を行います。これによりFaster R-CNNは、どこに何があるかを認識します。ちなみにFaster R-CNNは、R-CNNから進化してきた系譜のモデルであり、直前のFast R-CNNより速いため、この名前が付けられています。

YOLO

YOLOとは、You Only Look Onceの略で、物体らしい位置を提案しそれを認識するモデルと違い、画像全体から一括で物体検出をしようとするモデルです。

まずは、入力画像を正方サイズに整形し、決められたサイズのグリッド領域に分割します。次にグリッド領域毎に、決められた一定の値分のバウンディングボックスを推定し、位置・大きさ・物体である信頼度を出します。バウンディングボックスはグリッド内に収まっている必要はなく、グリッド内のどこかを含む形のバウンディングボックスです。グリッドが物体だった場合は、そのグリッドがどのクラスに所属するのかの確率も出します。これらの情報を合わせることで、認識対象物が入ったバウンディングボックスが得られます。

ただし、ここで得られるバウンディングボックスは、同じ対象物に対して複数個出てきます。そこで、NMS（Non-Maximum Suppression）をかけることで、1つのバウンディングボックスに絞ることができます。オリジナルのYOLOモデルでは、グリッド数は7×7、グリッド毎のバウンディングボックスの数は2です。

YOLOの長所としては、まず他の物体検出手法に比べて速いという点が挙げられます。1枚の画像に対する処理は、Faster R-CNN前までのモデルでは数秒、Faster R-CNNでも数100ミリ秒でしたが、YOLOでは約22ミリ秒です。そのため、動画に対してのリアルタイム検出が可能になります。また、画像全体から検出を行うため全体のコンテキストを考慮でき、背景の誤認識が減るという特徴もあります。

一方短所としては、グリッド毎に認識できる物体の種類が1つ、数が2つなどの決まった数になってしまう点が挙げられます。つまり、複数の物体やいろいろなものが密集している画像の認識は苦手です。

Column

NMS（Non-Maximum Suppression）

NMS（Non-Maximum Suppression）とは、重なっている領域を抑制するためのアルゴリズムです。

物体検出のニューラルネットワークでは、生の出力データは物体を囲った大量の領域情報になっています。その中には、同じ物体を囲った領域の情報が複数存在しています。そこで、同じ物体を囲っている領域をまとめて、1つの領域に絞る処理を行います。NMSでは、ある重なり具合を閾値として、閾値以上の領域を削除（抑制）することで領域を絞ります（図1.4.10）。

図1.4.10　NMS(Non Maximum Suppression)

NMSを使用せず領域を絞る方法としては、単純に重なっている領域を消す、または重なりあっている領域を囲うような新しい領域を作るというものが考えられそうです。しかし、この方法には問題があります。それは、同じ種類の別の物体を囲う領域が被っているような状態です。重なっている領域を消す場合は片方の領域が消えてしまいますし、重なっている領域を囲うような新しい領域を作る場合は1つの大きな領域になってしまうでしょう。NMSの場合は、一定の重なり具合以下であれば、多少重なっていても別々の領域とみなされるため、どちらも残ります（図1.4.11）。

図1.4.11　NMSと重なったものを囲う処理の違い

もちろん、閾値の設定とニューラルネットワークの出力の結果によっては、1つの物体を囲う領域が離れすぎていて、複数の領域が出てしまうこともあります。しかし、学習が十分に進んで物体をしっかりと認識できるようになれば、この問題はほぼ発生しなくなります。

領域検出（Segmentation）

領域検出（Segmentation）は、画像内の対象物の領域を検出するタスクです。セグメンテーションとカタカナで表記されることもあります。対象物の種類ごとに色を塗った形で表現されることが多いです。

領域検出も画像処理特有のタスクであり、物体検出と並んで画像処理系ディープラーニングのタスクとして広く知られています。**セマンティックセグメンテーション**（Semantic Segmentation）と**インスタンスセグメンテーション**（Instance Segmentation）に細分化されます（図1.4.12）。

図1.4.12　領域検出（Segmentation）

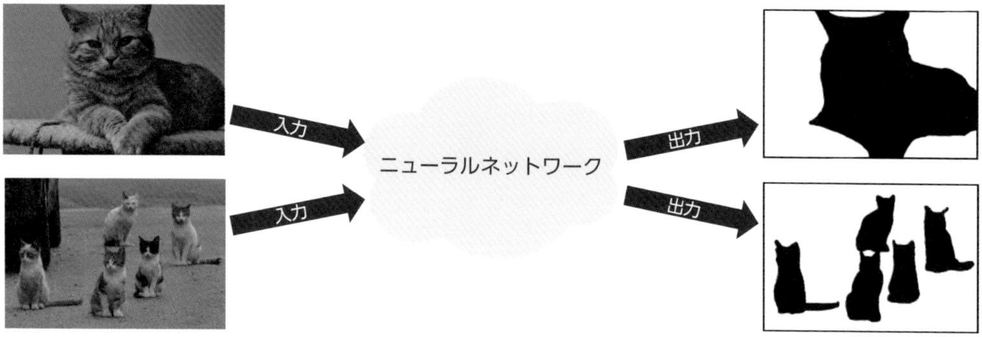

セマンティックセグメンテーションは、どの対象物クラスに属するかを画素ごとに分類します。よくある例として、ドライブレコーダーの画像から景色を物体毎に色分けするタスク（シーンセグメンテーション）があります。同一種の対象物が複数ある場合、それらは同じ色で塗られ、その中にいくつ存在しているかは認識しません。対してインスタンスセグメンテーションは、同一種の対象物が複数あった場合に、その1つ1つを個別に認識してセグメンテーションします。イメージとしては、物体検出＋セグメンテーションで、物体検出を行った後にそれぞれの物体に対して領域検出をします。この2種のセグメンテーションを混ぜた**パノプティックセグメンテーション**（Panoptic Segmentation）というものもあります。

領域検出に使用されるネットワークモデルで有名なものには、**U-Net**、**PSPNet**、**DeepLab**、**Mask R-CNN**があります。これらのうちU-Net、PSPNet、DeepLabは、セマンティックセグメンテーションに使用されます。Mask R-CNNは、インスタンスセグメンテーションに使用されます。

セマンティックセグメンテーションに使用されるネットワークモデル

U-Netは、U字型のネットワーク構造で表されるネットワークで、実装も比較的簡単です。本書では6章と7章で詳しく取り扱います。

PSPNetは、Pyramid Scene Parsing Networkの略で、ILSVRC2016のセマンティックセグメンテーションで1位を取ったネットワークモデルです。入力された画像をCNNに通して特徴抽出した後、いくつかの異なるサイズでPoolingを行います。その後、PoolingしたものをそれぞれUpSamplingし、結合（Concat）して出力します。いくつかの異なるサイズでPoolingを行うところで、複数のサイズの特徴マップができ、それらがピラミッド構造になります。このピラミッド構造により、グローバルな特徴を検出することができ他のネットワークでもよく流用されています。

DeepLabは、Googleが作成したセマンティックセグメンテーションモデルであり、オープンソースとして公開されています。効果的なデコーダモジュールにより、とくに物体の境界付近のセグメンテーション処理の精度を上げています。まずエンコーダでは、Atrous畳み込みという特殊な畳み込みによってピラミット構造のPoolingを行います。PoolingをConvolutionによって同サイズにした後、チャンネル方向に並べてまとめ、最後にConvolutionでチャンネル方向を圧縮します。

デコーダでは、エンコーダの最初にAtrous畳み込みを行ったものをConvolutionによってチャンネル方向を圧縮します。また、エンコーダの最終処理でできたデータにUpSamplingを掛けて同じサイズにします。これらをConcatによってチャンネル方向に並べた後、Convolutionにかけて出力することで、精度のよいセグメンテーションを行うことができます。

インスタンスセグメンテーションに使用されるネットワークモデル

Mask R-CNNは、前述の物体検出で紹介したFaster R-CNNの進化した形です（図1.4.13）。Faster R-CNNの構造をベースに、Head部分の構造を改造しています。改造点は、Poolingの方法を変更した点とPooling後にセグメンテーション用ルートを追加した点の2点です。

図1.4.13　Mask R-CNN

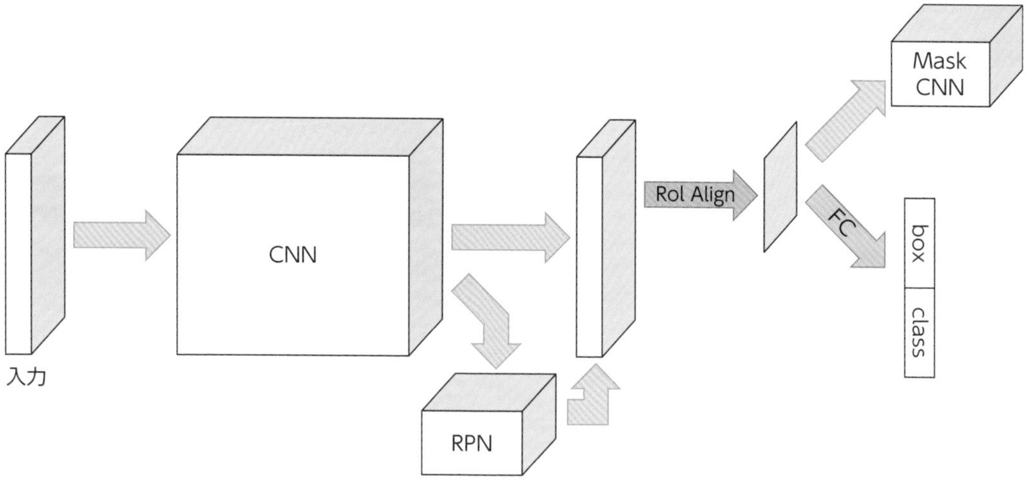

まずは、Pooling方法の変更について、RoI PoolingからRoI Alignという方法に変えています。RoI Alignでは、RoI Poolingと違いバウンディングボックスを囲う外接矩形を求めずに、バウンディングボックスそのものを出力する特徴マップサイズのグリッドに分割します。その後、グリッド内の点毎に、最近傍4点からバイリニア補間（Bilinear Interpolation）[注1.2]します。そして、それらの値からPoolingを行います（**図1.4.14**）。

次に、Pooling後に追加したセグメンテーション用ルートについて説明します。こちらはPoolingされた情報からConvolution層を繰り返し、セグメンテーション情報を出力します。実際の構造は、Convolution層を3回繰り返した後、Transposed Convolution層を通します。このように、バウンディングボックス毎の物体に対してセグメンテーションを行うことにより、インスタンス（つまり物体）1つ1つを個別に認識することができます。

注1.2　バイリニア補間は、周囲の4つの点を使って線形で補間する手法の1つです。

図1.4.14　RoI Align

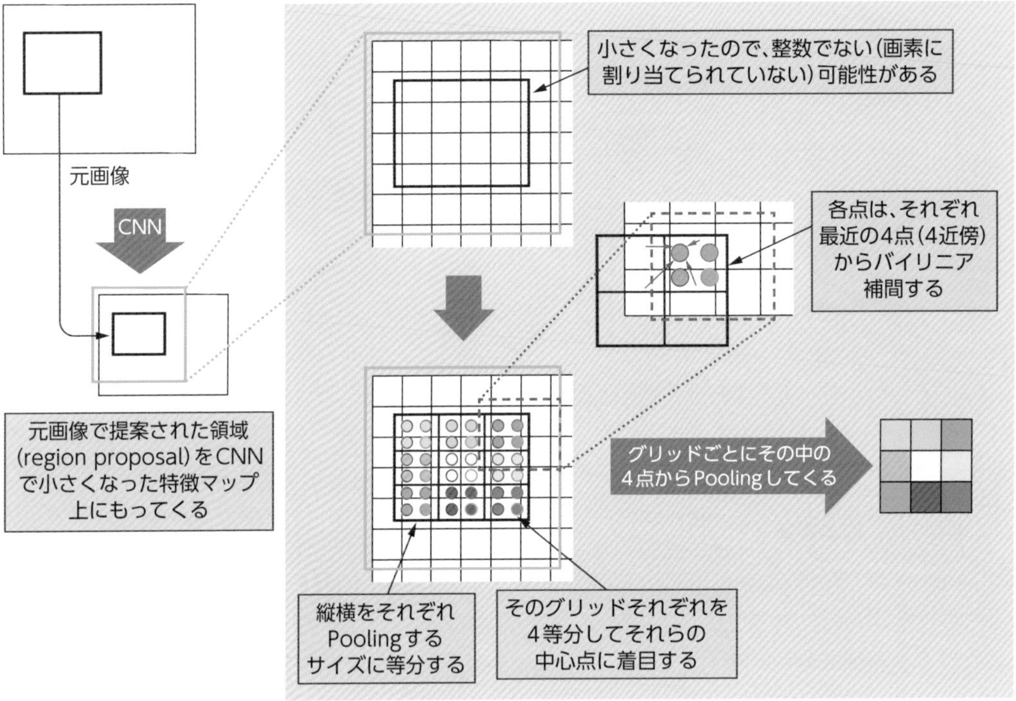

その他のタスク

上記に上げたタスク以外にも、よく行われるタスクや、注目のタスクが存在します。

画像生成

画像生成タスクは、その名の通り、画像を新しく生成するタスクです。このタスクで近年とくに使われるモデルは、GANをベースにしたモデルです。GANにもさまざまな種類が存在し、適当なノイズから決められた種類の画像を生成するモデルや、ノイズに意味をもたせることで生成する画像を制御するモデルや、画像から別の画像を生成するモデルがあります。エンターテインメント系では、ある種別・領域の画像から別種別・領域の画像を生成するタスクが盛り上がっています。このようなときの種別・領域のことをドメインと呼びます。モデルとしては**CycleGAN**が有名です。

CycleGANは、あるドメインXから別ドメインYに変換することを目標にして、2つのGANを組み合わせて使います。1つ目のGANは、ドメインYの画像を生成するGeneratorとそれを分別するDiscriminatorからなるGANです。もう1つが、ドメインXの画像を生成するGeneratorとそれを分別するDiscriminatorからなるGANです。この2つのGANを組み合わせることで、X→Y→X→Y→……と循環的な変換が可能になります。学習の際はこれを利用して、それぞれの

Generatorが生成した画像と、それを逆変換して比較することで得られるサイクルの一貫性の損失を使用します。

また通常のGANと同じく、本物の画像と生成された画像を見分けるDiscriminatorによる損失も使用して学習します。学習を進めることで、ドメインXからドメインYへの変換を行うモデルとドメインYからドメインXへの変換を行うモデルの2つが得られます。

CycleGANの特徴としては、学習に使用するドメインXの画像とドメインYの画像がペアになっている必要がない点が挙げられます。片方のドメインに存在しないものを生成できるため、過去の有名な画家の絵を風景写真から生成するといったことが可能になります。

画像生成というタスクのくくりは非常に大きく、前述したセグメンテーションも画像生成タスクの1つです。セグメンテーションは、入力された画像にマスクを描いた画像を生成します。

深度推定

深度推定とは、2Dである画像から深度（奥行き）を推定して擬似的に3Dにしたり、対象物の分離を行ったりするタスクです。深度（Depth）も含めたRGB-D画像が取得できるカメラや、センサー技術を合わせたARCore等を利用することでも推定できますが、過去の画像を利用する場合や低コストで運用したい場合は、深度推定モデルを利用します。

ポーズ推定

ポーズ推定とは、人間や動物の関節に注目し、関節とそのつながりを画像から予測することで対象物のポーズを認識するタスクです。姿勢や動きのチェック、日常での行動検知等に使われています。また、関節ではなく別の点に注目することで応用も可能です。たとえば、顔のパーツに注目することで顔の位置や向きを検出し居眠り検知を行うことができます。OpenPoseというモデルが有名です。

OCR

OCRとは、文字の認識を行うタスクです。Optical Character Recognition/Readerの略であり、日本語では光学的文字認識のことを指します。OCRは、ディープラーニングを用いることで精度を向上させています。これまでに紹介した分類や物体検出、場合によってはセグメンテーションを利用することもあります。

たとえば出現する文字列が決まっている場合は、文字を読み取らなくても分類で事足ります。また、出現する文字の種類が特定できる場合は、物体検出によって文字を見つけることで文字列を認識できるでしょう。とくにOCRでディープラーニングが有効なのは手書き文字の認識です。従来の画像処理では、手書き文字のような自由度の高いものへの適応は高度な調整が必要で難しいタスクでした。しかしディープラーニングは、このようなバリエーション問題に強く、手書き文字のOCRも比較的容易に実現できることがあります。

1.5 画像処理の基礎

画像処理についての基礎知識と実現方法を確認しましょう。

開発環境の構築

ここからは実装をしながら理解を深めていきます。プログラムを実行するための環境を整えましょう。まずはPythonをインストールします。本書ではPython 3.7を想定しています。Pythonのダウンロードページ注1.3から自身のOSにあったインストール手順に従ってPythonを導入しましょう。Windows版のPythonでは、複数のバージョンを利用することを考慮し、デフォルトではPythonランチャーであるpyコマンドがPathに通ります。

Pythonでは環境を個別に用意してモジュールを各環境に追加していく**仮想環境**という機能が用意されています。本書では標準で含まれるvenvを用いて実装を進めます。

まずはプロジェクトフォルダを作成し、CLIを起動します。venvモジュールを実行して、仮想環境用のフォルダ「venv」を作成します。プロジェクトフォルダ配下に「venv」というフォルダができているはずです。Pythonのバージョン確認から仮想環境の作成と有効化まで、以下のコマンドにて実行しましょう。

●Linux/Macの場合

```
$ python3 -V
$ python3 -m venv venv
$ source venv/bin/activate
```

●Windowsの場合

```
py -V
py -m venv venv
venv¥Scripts¥activate.bat
```

このコマンドによって仮想環境が利用できるようになりました。

注1.3　Pythonのダウンロードページ
https://www.python.org/downloads/release/python-378/

python -Vでバージョンを確認してみましょう。

python -VでPythonバージョンを確認してみましょう。
最後に、今回使用するモジュールを追加して準備は完了です（図1.5.1）。

図1.5.1　今回使用するモジュールの追加

```
$ pip install opencv-python==4.3.0.36 numpy==1.19.0 tensorflow==1.15.3 Keras==2.4.3
```

各モジュールについては、本書の中で順に説明していきます。そのほかに、実装するうえで必要になる画像データなどをダウンロードしておいてください（本書のP.16を参照してください）。

画像データの形式

まずは画像データの形式について学びましょう。画像データにはJPEGやPNG、GIF、BMPなどの形式があります。JPEGは複雑なロジックによって高度に圧縮されており、人間があまり気にしていない部分の表現をラフにすることでデータ容量を軽量化しています。一方でPNG、GIF、BMPはこうした圧縮はされておらず、容量が大きくなりやすい形式です。その代わり細かい部分もそのまま残るため、1ピクセルごとに扱いたい場合に最適です。

この圧縮を行わない形式は、基本的にピクセルごとにRGBそれぞれの光の強さを格納していますが、IndexedPNGだけは異なります。IndexedPNGは各ピクセルを番号で表現し、番号に紐づく色情報をパレットという形で保存します。そのためIndexedPNGファイルのデータの中にはパレットと画像本体が格納されています。これはディープラーニングで扱う際に便利な場面があるため、覚えておくと良いでしょう。

それでは実際に画像ファイルを開いてみましょう（リスト1.5.1）。

リスト1.5.1　画像を開く

```
import cv2

image = cv2.imread('face.jpg')
cv2.imshow('preview', image)
cv2.waitKey()
```

ここではOpenCVを利用して画像を読み込んでおり、データの形式の差はOpenCVによって自動的に調整されます。試しにPNGなどの他の形式の画像を表示すると、手を加えることなく表示されることが確認できます（図1.5.2）。最後のcv2.waitKey()は、キー入力を待つことで勝手にプログラムが終了してしまうことを防いでいます。

図1.5.2　画像の例

次に、具体的にどのような形式で格納されているかを確認してみましょう（リスト1.5.2、図1.5.3）。

リスト1.5.2　画像のデータ形式を確認する

```
import cv2

image = cv2.imread('face.jpg')
print(len(image))
print(len(image[0]))
print(len(image[0][0]))
print(image.shape)
```

図1.5.3　リスト1.5.2の出力例

```
500
500
3
(500, 500, 3)
```

`len()`はPythonの標準関数で、配列長を取得するための関数です。'image'は3次元配列になっていて、1次元目が縦方向、2次元目は横方向、3次元目が色情報です。プロパティのshapeは多次元配列における各次元の長さを表します。

画像は、3つの数値の組み合わせで表現される色を並べることで表現できます。OpenCVで読み込んだデータでは、順番にBlue、Green、Redの値を示しており、これを**BGR色空間**と呼びます（図1.5.4）。Red、Green、Blueだと**RGB色空間**となります。

図1.5.4 BGR色空間

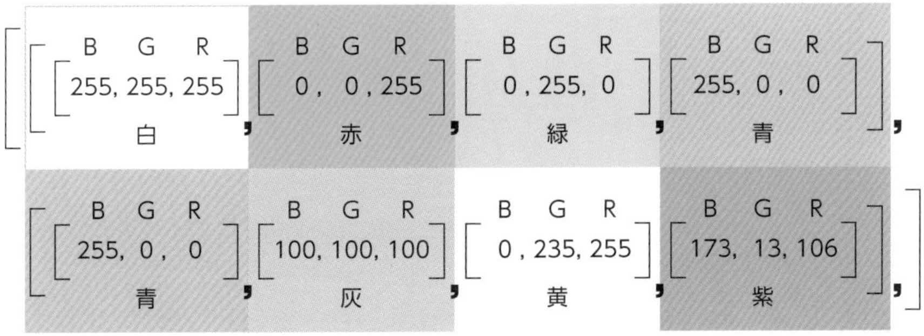

それではNumpyという数値計算用モジュールの機能を活用して、簡単な画像の加工を行ってみましょう。OpenCVはデータとしてNumpy配列を扱うため、`cv2.imread`はNumpy配列を返します。

左右反転

画像の左右を反転してみましょう。横方向は2次元目であるため、配列の2次元目を逆順に並び替えます（リスト1.5.3、図1.5.5）。

リスト1.5.3 左右反転

```
import cv2

image = cv2.imread('face.jpg')

image = image[:, ::-1, :]

cv2.imshow('preview', image)
cv2.waitKey()
```

図1.5.5 左右反転した様子

Numpyでは「Numpy変数[1次元目のインデックス, 2次元目のインデックス, 3次元目のインデックス]」という形式で配列の要素にアクセスできます。また「:n」とするとn番目までの要素、「n:」とするとn番目からの要素にアクセスできます。「::-1」はその次元を反転させる意味を持ちます。

赤を抜き出す

赤以外の値を0にして、赤色のみが残るようにしてみましょう（リスト1.5.4、図1.5.6）。

リスト1.5.4　赤を抜き出す

```
import cv2

image = cv2.imread('face.jpg')

image[:, :, [0, 1]] = 0

cv2.imshow('preview', image)
cv2.waitKey()
```

図1.5.6　赤だけ抜き出した様子

Numpyでは、複数のインデックスの指定に配列が使用できます。ここでは、縦、横方向のすべてに対し、チャンネル0番目（青）とチャンネル1番目（緑）を0にします。

明度を上げる

すべての値を加算し、光を強く、白っぽくなるようにしてみましょう。Numpyにはブロードキャストと呼ばれる機能があり、配列のすべての値に同じ計算を行う場合は、配列全体に対する計算式として表記できます（リスト1.5.5、図1.5.7）。

リスト1.5.5 明るくする

```
import cv2
import numpy as np

image = cv2.imread('face.jpg')

image = image.astype(np.uint16)
image += 100
image = image.clip(0, 255).astype(np.uint8)

cv2.imshow('preview', image)
cv2.waitKey()
```

図1.5.7 明るくした様子

データの型をuint8からuint16に変更することで、加算した値が正しく保持されます(6行目)。また0から255に値を制限したうえで、uint16からuint8へ型を変換し元の配列の形式に合わせています(8行目)。これはuint8では255までしか表現できず、100を足したときに正しく計算できなくなってしまうことを避けるためです。画像データの各色はuint8で表現されることが多く、計算時にオーバーフローが発生しやすいので注意しましょう。

簡単な画像処理の実装

つづいて、簡単な画像処理をOpenCVを利用して実装してみましょう。

グレースケール化と二値化

カラー画像を白黒画像に変換します。白黒画像には、白から黒までを256段階で表現する**グレースケール画像**と、白か黒かの**バイナリ画像**の2種類があります。まずはグレースケール画像への変換を実装してみましょう（リスト1.5.6、図1.5.8、図1.5.9）。

リスト1.5.6　グレースケール画像化の実装

```
import cv2

image = cv2.imread('face.jpg')

print("Before")
print(image.shape)
print(image.dtype)

image = cv2.cvtColor(image, cv2.COLOR_BGR2GRAY)

print("After")
print(image.shape)
print(image.dtype)

cv2.imshow('preview', image)
cv2.waitKey()
```

図1.5.8　コンソールへの出力

```
Before
(500, 500, 3)
uint8
After
(500, 500)
uint8
```

図1.5.9　グレースケール画像

OpenCVはグレースケール変換のための関数を用意しているため、呼び出すだけで変換できます。またimshowは、自動的にデータ形式から画像の種類を判別して表示しているため、グレースケー

ル画像のデータも実装を変えることなく表示できます。グレースケール化する前と後でデータの形式がどう変わったのか確認してみましょう。最後の色情報を示していた次元がなくなっています。

```
[
  [[B,G,R],[B,G,R], ...],
  [[B,G,R],[B,G,R], ...],
  [[B,G,R],[B,G,R], ...],
  ...
]
```

[B,G,R]の形式から

```
[
  [W, W, W, ...],
  [W, W, W, ...],
  [W, W, W, ...],
  ...
]
```

Wの形式に変換されています。グレースケールの場合、値は大きいほど白いことを表しています。形式の変換により配列の次元が変わることに留意しましょう。次は、このグレースケール画像を元にバイナリ画像へ変換してみましょう（リスト1.5.7、図1.5.10、図1.5.11）。

リスト1.5.7 バイナリ画像化の実装

```
import cv2

image = cv2.imread('face.jpg')

print("Before")
print(image.shape)
print(image.dtype)

image = cv2.cvtColor(image, cv2.COLOR_BGR2GRAY)

threshold = 128
_, image = cv2.threshold(image, threshold, 255, cv2.THRESH_BINARY)

print("After")
print(image.shape)
print(image.dtype)

cv2.imshow('preview', image)
cv2.waitKey()
```

図1.5.10　コンソールへの出力

```
Before
(500, 500, 3)
uint8
After
(500, 500)
uint8
```

図1.5.11　バイナリ画像

グレースケール画像で0から255で表現されていたグレーを、128未満を0に、128以上を255にすることでバイナリ画像化しています。この閾値を複雑なアルゴリズムによって最適化して二値化(バイナリ化)を行う「cv2.THRESH_OTSU」など、OpenCVには便利な関数がたくさん用意されています。もし時間があればほかの二値化の方法について検索してみるのもよいでしょう。

回転

画像を30度、反時計回りに回転させてみましょう(**リスト1.5.8**、**図1.5.12**)。

リスト1.5.8　回転の実装

```
import cv2

image = cv2.imread('face.jpg')

height, width = image.shape[:2]
center = (width / 2, height / 2)
angle = 30
scale = 1
mat = cv2.getRotationMatrix2D(center, angle, scale)
image = cv2.warpAffine(image, mat, (width, height))

cv2.imshow('preview', image)
cv2.waitKey()
```

図1.5.12 回転した画像

画像の回転には、アフィン変換という処理を用います。上記の実装では「どこを中心に」「何度回転させて」「縮尺はどれくらい変更するか」を指定します。5行目から9行目までで回転に必要な情報を持つ行列を生成し、10行目で実際にアフィン変換を行っています。

ぼかし

画像をぼかしてみましょう（リスト1.5.9、図1.5.13）。

リスト1.5.9 画像をぼかす実装

```
import cv2

image = cv2.imread('face.jpg')

image = cv2.blur(image, (5, 5))

cv2.imshow('preview', image)
cv2.waitKey()
```

図1.5.13　ぼかした画像

出力画像の各画素の位置を中心に、5×5のピクセルの値の平均値を使うことでぼかすblur関数を用います。「(5, 5)」の部分を「(15, 15)」にしてみると、よりボケ具合が強くなります。また、平均値ではなく中央値を使う「cv2.medianBlur」や、ガウス分布を活用した「cv2.GaussianBlur」など、画像をぼかすための関数も多数あります。こちらも、時間があれば試してみると良いでしょう。

色域抽出

次は、HSV色空間を用いて特定の色のみを抜き出してみましょう。HSV色空間とは、色相 (Hue)、彩度 (Saturation)、明度 (Value) を用いて色を表現する方法です。このHSV色空間を活用し、特定の色相以外のピクセルの明度を0、つまり黒にして特定の色のみを抜き出してみます（リスト1.5.10、図1.5.14）。

リスト1.5.10　色域抽出の実装

```
import cv2
import numpy as np

image = cv2.imread('face.jpg')

image = cv2.cvtColor(image, cv2.COLOR_BGR2HSV)
mask = cv2.inRange(image, np.array([100, 100, 0]), np.array([120, 255, 255]))
image[mask == 0, 2] = 0
image = cv2.cvtColor(image, cv2.COLOR_HSV2BGR)

cv2.imshow('preview', image)
cv2.waitKey()
```

図1.5.14　色域抽出した画像

色としては明るい青あたりに該当するHueが200から240の色を抽出します。OpenCVではHSVのHを0から127で正規化しているため、通常の0から360で表されるHueは動作しません。また、彩度を100以上に限定することで判定を間違えやすい淡い色や白、黒などの色を含まないようにしています。明度は無制限です。このようにHSV色空間を利用すると色を範囲指定できるようになります。

顔検出（CascadeClassifier）

OpenCVは、顔の検出も関数として用意しています。ここにディープラーニングは利用されていませんが、試してみましょう（**リスト1.5.11**、**図1.5.15**）。

リスト1.5.11　顔検出の実装

```
import cv2

image = cv2.imread('face.jpg')

detector = cv2.CascadeClassifier('haarcascade_frontalface_default.xml')

for xmin, ymin, width, height in detector.detectMultiScale(image):
    cv2.rectangle(
        image,
        (xmin, ymin),
        (xmin + width, ymin + height),
        (0, 0, 255),
        3
    )

cv2.imshow('preview', image)
cv2.waitKey()
```

図1.5.15　顔検出した画像

haar-like特徴量を活用した顔の検出方法で、コントラストなどを複合的に照らし合わせて顔がある領域を検出しています。 検出できるのは正面顔のみで、横顔で顔の半分が見えない場合などは検出ができません。サンプルに含まれる「side_profile.jpg」を利用して確認してみましょう（図1.5.16）。

図1.5.16　顔検出に失敗した画像

ディープラーニングでは、さまざまな角度から撮影されたデータを学習し汎用的に学ぶことができます。本書ではそんなディープラーニングについて学んでいきます。

1.6 AIエンジニアに求められる素養

□ AIエンジニアとして生きていくために身につけておきたい素養を紹介します。

深い業務理解

ディープラーニングでは、まったく何も知らないモデルに対して正解を教えていくことになります。正解を教え、モデルを育てていくためには、開発者自身がそのタスクについて深く理解している必要があります。

受託開発や請負の場合には、普段自分が行わない業務に対して課題を解決していかなければいけません。AIエンジニアには、解決したい課題を取り巻く業務全体への理解力とスピードが求められます。逆に言えば、マシンラーニングやディープラーニングには詳しくても、業務知識への理解や社会実装に向けた考察ができなければ意味がありません。

データの整理整頓

ディープラーニングでは、大量のデータを元に数多くの試行を行います。そのため、似ているデータが大量に存在するうえに、その微妙な差が重要である場合が多く、きちんと整理整頓できるかが重要になります。

- 学習に用いたデータはどのようなデータが何枚あるのか
- どんな設定値で学習させたモデルなのか
- どのような環境で学習したときの学習ログなのか
- どの画像に対してどのモデルで評価した結果なのか

ありとあらゆる試行結果を丁寧にまとめていき、どういったことがモデルを良くしていくのかを少しずつ観察し、精度を上げていきます。データの整理整頓は細かすぎるくらいに行う必要があります。使用するデータや情報は、思い込みや1つの見方を行うのではなく、常にさまざまな角度から見たり考察したりすることが大切です。

細やかなアノテーション

アノテーションの精度は、モデルの精度に大きく影響を与えます。ロボットのように正確で1pxのズレもない統一されたルールに基づいてアノテーションが行われれば、モデルの精度はきっと高くなるでしょう。アノテーションデータに統一感がないと、学習していく中で何が正解かうまく学習できなくなってしまいます。

ただし、これを何千枚もの画像に対して行うのは容易ではありません。とくに複数人で行う場合は、個々人の感覚の違いにより差が生まれます。誰が行っても必ず同じ結果になるようにアノテーションの作業内容を定義し、それを忠実に守ったうえで執り行う必要があります。緻密なアノテーションを行うことは、AIエンジニアにとって非常に重要です。

論文やサンプルコードを読む英語力

ディープラーニングに関する論文の多くは無料で公開されていますが、ほとんどが英語で記述されています。すべての論文を読んで理解し、毎回0からモデルを実装しなければいけないわけではありません。しかし、活用するディープラーニングのアルゴリズムについて理解を深めることで、設定値をどのように調整したら良いかの参考になる場合があります。そのため、論文からそのアルゴリズムがどういった手法であるのかを理解できるだけの英語力が必要です。

スラスラと読めない場合も、単語の意味を調べながらアルゴリズムの理解に努めましょう。論文の他に、サンプルコードのREADMEなどにも有益な情報が記載されています。

AI以外のロジックを含めたソリューションを考える力

AIエンジニアには、総合的な問題解決能力が必要です。ディープラーニングは、たしかに複雑な画像の特徴を捉えることができます。しかし、ディープラーニングだけでは認識できないことや、従来のルールベースでの処理のほうが高速であったり高精度な場合があります。ディープラーニングの学習にあたり、アノテーションに一貫性をもたせるのが難しかったり、評価方法や基準がうまく設定できないなどといった場合には、そのタスクの設定自体がディープラーニングに不向きな可能性があります。ディープラーニングは課題を解決するための一つの手段として捉え、従来手法や運用での対応なども検討しましょう。

Column

もっと知りたい 畳み込みとプーリング

Convolution層とPooling層の動きの内、前半のカーネルを適用しカーネルサイズ分のノードを取ってくる動きは同じになります。そこで、この動きを仮にプーリングと名付け、それぞれの処理を考えると次のようになります。

まず、MaxPooling層は、プーリングした後に最大（Max）を取れば実現できます。次に、AveragePooling層は、プーリングした後に平均（Average）を取れば実現できます。最後に、Convolution層は、プーリングの後に取ってきたノードをすべてつなげる、つまり全結合（FullConnect）を行うと実装できます（図1.6.1）。

図1.6.1　畳み込みとプーリング（プーリング＋後処理のイメージ）

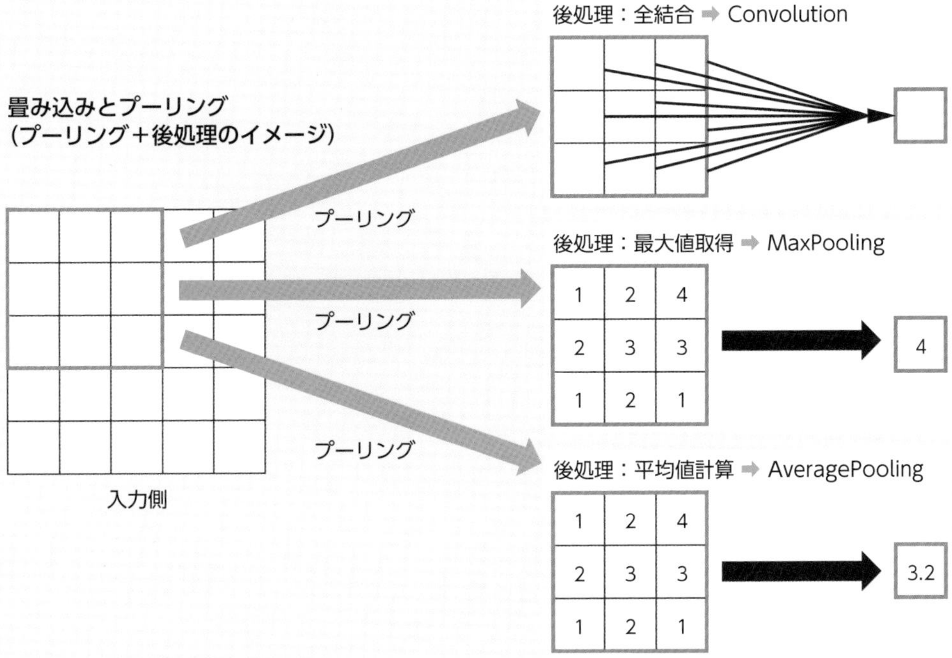

フレームワークを自分で実装してみる場合に、このような考えに基づいて実装してみるのも面白いでしょう。つまり、プーリングという層を作り、その層は内部で使う別の層を受け取る形で実装すれば良いでしょう。このような実装は、同じ処理を何度も書く必要がなくなるだけでなく、新しいPooling層（MaxやAverage以外のたとえば、Min等）を追加したくなった際に簡単に実装できるという利点があります。

第2章

ディープラーニングプロジェクトの進め方

この章では、ディープラーニングプロジェクトの全体像を理解し、
プロジェクトの体制や進め方について学びます。

2.1 プロジェクトの全体像

ディープラーニングを活用するプロジェクトの体制や進め方について学びます。

ディープラーニングプロジェクトの2つのパターン

ディープラーニングプロジェクトは、大きく2つのパターンに分かれます。1つ目は研究開発として社内で開発するパターン、2つ目はベンダーとして学習を引き受けるパターンです。

どちらのパターンでも、新たにモデルを学習する場合は、一般的なシステム開発に比べて不確定要素が多くなります。そのため、プロジェクトのゴールが曖昧になったり、途中で変わったりすることがあります。

モデルの学習は行わず、既存のディープラーニングを活用したサービスを利用する場合は、一般的なシステム開発と同様です。たとえば、Micosoft AzureのComputer Visionを利用した手書き文字の認識アプリや、Google CloudのCloud Vision APIを利用した顔検出などが挙げられます。

社内の研究開発

社内プロジェクトの場合は、長期的にモデルの学習に取り組み、まさにAIを育てることができます。データ収集などの一部の作業は、クラウドソーシングする場合もあります。

ベンダーとして学習を引き受ける

ベンダーとしてディープラーニングの学習を引き受ける場合は、PoCとして取り組むことが多く、「ディープラーニングを活用することが現実的かどうかを検証していく」というニュアンスが強くなります。ただし、プロジェクトの最終的な成果物としてディープラーニングモデルを約束することは特性上難しいため、技術や作業の内容に関する報告書を納めることが多くなります。また、不確定要素の多いディープラーニングモデルに対する瑕疵責任を負うことは現実的でないため、契約形態は準委任契約とすることが一般的です。

他にも、扱うデータの秘密保持に関する取り決めで、保存方法や受け渡し方法に関する調整が必要になったり、整形した教師データや学習に用いたソースコード、モデルなどに関する権利について顧客と話し合ったりする必要があります。

業務への理解は必要不可欠

いずれのパターンにおいても、対象の業務に対する理解が何より重要です。このような業務知識を**ドメイン知識**と呼びます。とくにベンダーとして引き受ける場合は、普段は触れない業界の課題に取り組むことになります。現地視察を行ったり、該当作業を体験したりするなどして、業務への理解を深めましょう。

プロジェクトの最終的な目的は、顧客のビジネス課題の解決にあります。プロジェクトを始めるにあたってまずは、そのビジネス課題が何なのか、その解決方法として今回考えている方法が適切か、などを十分に考える必要があります。中には、ディープラーニング技術を使うこと自体が目的になってしまっている場合や、表層に現れている原因のみに目がいって本当の原因からはズレた解決策案とその実証実験を行ってしまう場合もあります。そのため、業務の分析、ビジネス課題の洗い出し、それに対する対応策としてのディープラーニング技術の提案といった、いわゆるコンサルティングを行うことも時には必要です。

2.2 プロジェクトにおける各プロセスの役割と目的

□ ディープラーニングモデルが完成するまでの流れを学びます。

ディープラーニングプロジェクトの6つのプロセス

この節では、ディープラーニングプロジェクトにおけるプロセスとその役割、目的を説明します。業務の分析や解決策の提案、要件定義なども大事なプロセスの一部ですが、それらの詳しい説明は本書では割愛します。

プロジェクトは、大きく分けて以下の6つのプロセスにわかれます（図2.2.1）。

図2.2.1　プロセスとその流れの図

プロセスのうち、モデルの実装とデータの準備は順番が前後することがよくあります。

プロセス：データの収集

データの収集と確認はできるだけ早い段階で行うことで、プロジェクトを円滑に進められます。 データ収集の際に想定していないデータが見つかった場合、要件が変更となる可能性があります。これがプロジェクトの途中で起こると、それまでの作業が無駄になったり進行が滞ったりします。以降の章では、この流れに沿って解説を進めていきます。

プロセス：モデルの実装

このプロセスは、ディープラーニングプロジェクトの骨組みとなります。ここで実装したモデルが不適切だった場合は、このプロセス以降がすべてやり直しになることも少なくありません。

まず解決したい課題に合うディープラーニング技術の種類（タスク）を決め、その中で要件と照らし合わせてベースとなるモデルを選定します。速度を優先させるのか、精度を優先させるのか、計算資源の少ない端末（エッジ）で使用するのか、計算資源の豊富なサーバで使用するのかなど、さまざまな要件をモデルの選定時に考慮します。

モデルの実装では、モデル部分の前後のロジックについても設計することで、モデルの入力と出力を決定します。こうすることで学習に必要なデータや形式を決定できます。そして、決定した入出力形式を元にモデル内部の処理について設計を進めます。ただし、ディープニューラルネットワークの構造を毎回ゼロから設計するのは非効率なため、既存のディープニューラルネットワークをもとに設計をする場合があります。

さらに、実装したディープニューラルネットワークの学習前のモデルを試しに学習・推論してみることで、学習と推論に必要なサーバのスペックの見積もりや処理速度の計測ができます。

プロセス：データの準備

このプロセスでは、学習に必要なデータと評価に必要なデータを準備します。

データの準備にあたっては、まず必要となるデータについて明文化します。こうすることで、複数人でタスクを進めやすくなると同時に、学習したモデルが稼働する前提条件としてその文書を参照できます。**アノテーション**を実施するうえでも、必要なデータの明文化は有効です。なるべく多くの情報を入力することで、精度向上の試行錯誤に取り組みやすくなるでしょう。

このプロセスは非常に重要であり、ただデータを集めるだけではいけません。解決したい課題の要件を満たしているか、モデルで使用できる形式か、想定される多くのパターンを満たしているか等、注意すべき点が多くあります。また、せっかく集めたデータが完璧であっても、それに対するアノテーションが粗雑であれば、そのデータはゴミになってしまいます。ディープラーニングにおいては、「garbage in, garbage out（入力の品質が悪ければ、出力として得られるモデルの品質も悪い、という意味）」であることに留意してください。そのため、可能な限りすべてのデータをチェックするべきでしょう。ここでのチェックを怠ると、後のプロセスへの影響が生じて、大きな手戻りが発生します。また、精度低下の原因が特定しづらくなり、改善も困難になります。

プロセス：学習

準備したデータをもとにモデルの学習を行います。実装しただけの何も学んでいないモデルは、ランダムな答えを返してきます。そのランダムな答えを、用意したデータをもとに訂正する「学習」のサイクルを回すことで、モデルは有益な回答を出力するようになります。

また、学習の経過を観察することにより、モデルの得手不得手やデータの準備不足がないか確認します。モデルにもよりますが、画像処理は複雑なネットワークを使用するため、GPUが搭載されたハイスペックマシンを用いても学習に数日かかることがあります。長い時間がかかるからこそ、データの準備と学習の経過観察をしっかりと行いましょう。学習の経過を監視することで、改善点が見つかったり、早い段階で対応方針が決まったりします。

プロセス：評価

評価のプロセスでは、学習したモデルが目的に見合っているかどうかを確認します。多くの場合は「どれだけ正しい出力を行っているか」を検証します。

学習したモデルが実際の利用シーンでどれだけ有効かを検証するため、学習用データと繋がりのない検証用データを利用します。たとえば、動画データからフレームを抜き出して学習した場合、学習用データと同じ動画から切り出した別フレームは、検証用には不適切です。

この評価を通して「○○は見落とさない」「XXは誤検出してしまう」など、そのモデルの特徴を分析します。この評価にはさまざまな指標があり、プロジェクトの目的と照らし合わせながらモデルの有効性を評価していきます。よく使われる評価指標は、以下の4項目です。

- 正解率（Accuracy）
- 適合率（Precision）
- 再現率（Recall）
- IoU（Intersection over Union）

このような指標は、より直感的に理解するためグラフや表に起こして視覚的に確認してみましょう。

プロセス：性能向上

性能向上プロセスでは、評価した結果をもとにモデルの修正やデータの整理／加工、学習時のパラメータ調整を行い、再度学習と評価のサイクルを繰り返します。

モデルがうまく学習できなかった場合にはさまざまな原因が考えられ、対応方法も多岐にわたります。必ずしもすべての工程を再度行う必要はなく、少しずつ学習条件を変えながら精度の向上を目指します。理科の実験のように、条件を少しずつ変えて学習することで、原因の特定をより迅速に行えます。はじめからうまく学習できることは稀であるため、ほとんどのプロジェクトにおいてこの工程は発生します。さまざまな要因が結果に影響すること、学習に時間がかかる場合もあることから、最初から複数の条件で学習することもあります。最近では、学習パラメータを最適化する補助ツールも登場しています。

このプロセスでどのような調整や対策を行うかは、ディープラーニングプロジェクトの開発者としての腕にかかっており、そこにノウハウが生まれます。時間が許す限りさまざまな対策をして結果を比べてみましょう。良くなった場合、悪くなった場合どちらも、試行錯誤のうえでは重要なデータとなります。

2.3 フレームワーク・環境・ハードウェア

- 効率的にディープラーニングモデルを作成するためのフレームワーク、開発環境、ハードウェアについて学びます。

ディープラーニングのフレームワーク・ライブラリ

ディープラーニングの実装は複雑であるため、効率的に実装するための有力なライブラリがいくつか存在します。ディープラーニングの文脈でそれらのライブラリは**フレームワーク**と称されます。

これらのフレームワークは、ニューラルネットワークを構築する層のうち頻繁に使われるものを実装しており、それらを連結していくことでモデルの実装を可能としています。さらに、入力データの加工、出力データの統計処理、モデルの評価、GPUやTPUといったハードウェアリソースを活用した学習・推論も実装されている場合があります。

有名なフレームワークとしては、TensorFlow、PyTorch、MXNetなどがあります。以降の章では、Kerasというフレームワークを使用します[注2.1]。

学習に使用したフレームワークを推論にも使用すると、学習したモデルの読み込みや推論プログラムの実装が容易になります。フレームワークを選択する際は、推論時のことも考慮すると良いでしょう。また、社内で共通のフレームワークを利用することにより、ソフトウェア資源の再利用やノウハウの共有が可能になります。フレームワークは慎重に選定し、統一することをお勧めします。

また、フレームワーク間のモデルの共通化のためにONNX (Open Neural Network Exchange) というフォーマットが存在します。学習や推論に用いるソースコードの共有、モデルのフォーマットの統一などは、ディープラーニングに関する開発が大規模化する前に策定しておくと良いでしょう。

ディープラーニング環境とハードウェア

ディープラーニングでは膨大な計算リソースが必要になります。また、ディープラーニングでは並列処理が多いという特徴から、CPUではなく、GPU (Graphics Processing Unit) を使用することがよくあります。GPUは従来、画面描画やCGレンダリングなど、画像を出力するために用いられることが多かったハードウェアです。画像の処理においては、同じ演算を大量に並列して処理することで計算の効率を上げられるため、ディープラーニングに活用されています。

ただし、複雑なディープラーニングモデルとなると、GPUを使用するとしてもGPU専用のメモリが不足する場合があります。モデルの実装が完了した段階で、ランダムに生成した擬似的なデータを使って試験的な学習や推論を行い、用意したハードウェアで行える処理の限界を調査しておきましょう。一般的にGPUを活用するためには、CUDAのような専用の言語を用いたプログラミングを行う必要があります。しかし、フレームワークはそのような実装を含んでいるため、新たな言語を学習することなくディープラーニングに取り組めます。

最近では、機械学習用にチューニングされたGPUや、TPU (Tensor Processing Unit) に代表されるディープラーニングを目的として開発されたハードウェアも存在します。CPUに比べて何倍もの速度が実現できるため、費用対効果を考慮し、導入を進めると良いでしょう。

クラウドサービスの活用

GPUなどのハードウェアは高額で、特定の期間学習するためだけに購入するのは費用対効果が低い場合があります。こうした場合にはクラウドサービスを有効活用することで、費用を抑えつつ学習や推論を行うことができます。多くのIaaSではGPUやTPUを提供するオプションが存在し、

注2.1　現在はTensorFlowに含まれています。

場合によってはOSにドライバーなどがセットアップされている場合もあります。一部のフレームワークはハードウェアを検出し、自動で活用できます。実装はローカル環境で行い、学習はクラウド上で行うと良いでしょう。

また、SaaSとしてディープラーニングの学習を提供している場合もあり、データやモデルの定義ファイルなどをアップロードすることで自動的に学習を行えます。たとえば、モデル自体に頻繁に改良を加えながら緻密な精度向上を目指す場合には、IaaSなどでモデル構造を調整しながら学習を進めると効率的でしょう。また、ディープラーニングで処理が可能かどうかを検討する場合には、少ない手間で簡単な学習を回して様子を確認できるSaaSが良いでしょう。プロジェクトの目的に合わせて、クラウドサービスの活用を検討しましょう。

代表的なクラウドサービスとしては、AWS (Amazon Web Services)、GCP (Google Cloud Platform)、Microsoft Azureなどが挙げられます。無料のクラウドサービスも提供されており、気軽にGPUを試せる環境になりつつあります。以降の章での実験も、クラウド環境を準備して行うことで時間を短縮できます。

第3章

VGGによる画像分類

画像を「犬」「猫」「人」に分類するディープラーニングモデルの作成を行います。
VGGアルゴリズムの論文を読み解きながら実装し、
学習、評価、改善などのプロセスについて学びましょう

3.1 モデルの実装

□ 有名なモデルの論文を読み解きながら実装することで、論文の読み方からモデルの実装方法までを学びます。

VGGとは

VGG[注3.1]は、2014年のILSVRC(ImageNet Large Scale Visual Recognition Challenge)で、ローカリゼーション(画像のどこに何があるのかを検出する)分野にて1位、画像分類分野にて2位に輝いたアルゴリズムです。前年のILSVRCで画像分類分野にて1位に輝いたZFNet[注3.2]は8層のアルゴリズムでしたが、VGGは最大で19層のアルゴリズムで、現在用いられているディープラーニングに通じる要素が数多く含まれています。この章では、VGGを活用し画像を分類するタスクに取り組みます。

画像分類でディープラーニングを用いるメリット・デメリット

VGGの実装を行う前に、画像分類でディープラーニングを用いるメリット・デメリットについて考えてみましょう。

画像処理は、ディープラーニングが話題になる前から、工場での製品の検査やデジタルカメラに搭載された顔検出機能などに活用されています。これらの画像処理は、目的に合わせた複雑なアルゴリズムや最適な閾値設定により実装されてきました。しかし、従来の実装方法では対応できる変化に限りがあります。たとえば顔検出では、横から撮影したり斜めに撮影したりした場合の写真は検出できませんでした。ディープラーニングであれば、顔の角度だけでなく、眼鏡やマスクで顔の一部を隠した場合でも検出できます。これは、ディープラーニングがさまざまなデータから特徴を捉えているからです。

これだけ見ると、いかなる場合もディープラーニングを用いたほうが良いように思えますが、デメリットも存在します。まず障害となるのはデータの準備です。蓄積されたデータがない場合、一から学習データを収集して充分な質と量を確保するところで苦労します。また、ディープラーニングではさまざまな特徴を抽象的に捉えるため、小さな特徴を無視してしまう可能性があります。これらの問題は工夫次第で克服できますが、「そもそもそのタスクにディープラーニングを使う必要があるのか」は

注3.1 https://arxiv.org/abs/1409.1556
注3.2 https://arxiv.org/abs/1311.2901

慎重に見極める必要があります。

アルゴリズムの選定方法

ディープラーニングのアルゴリズムは毎年数多く発表されています。アルゴリズムを選定する際に、高い精度を持つかどうかだけでは実際に有用か判断できません。

高い処理速度を要求するタスクの場合には、アルゴリズムも高速に処理できるものを選定する必要があります。また、処理するコンピュータのスペックによっては、処理を行うのに十分なメモリを搭載していない可能性があります。とくにエッジコンピュータやエッジサーバで処理する場合、ハードウェアを容易に拡張できない場合が多いため、アルゴリズムの選定は慎重に行いましょう。

VGGの実装

論文を参照しながらVGGを実装してみましょう。自分で実装するかどうかに関わらず、論文はアルゴリズムを活用するうえで非常に役に立ちます[注3.3]。

- Very Deep Convolutional Networks for Large-Scale Image Recognition
  https://arxiv.org/abs/1409.1556

この論文でアルゴリズムの構造を示しているのは「Table 1: ConvNet configurations」の部分です。この節では、この表のD列に記載されている設定内容をもとに複数のアルゴリズムを実装します。

それらの切り替えが容易に行えるよう、モデルを定義するプログラムとデータを読み込んで学習を進めるプログラムを分割して実装します。今回はVGG16と呼ばれるアルゴリズムを実装するため、「models」フォルダに「vgg16.py」を作成します（リスト3.1.1）。

注3.3　arxiv.orgには、ディープラーニングを活用したアルゴリズムが数多く公開されています。

リスト3.1.1　VGGの実装（vgg16.py）

```
from keras.layers import Input, Conv2D, MaxPooling2D, Flatten, Dense, Dropout
from keras.models import Model
from keras.optimizers import SGD
from keras.utils import multi_gpu_model


def VGG16(gpus=1):
    input_layer = Input(shape=(224, 224, 3))

    conv11 = Conv2D(64, (3, 3), activation='relu', padding='same')(input_layer)
```

次ページへ続く

```
11      conv12 = Conv2D(64, (3, 3), activation='relu', padding='same')(conv11)
12      pool1 = MaxPooling2D()(conv12)
13
14      conv21 = Conv2D(128, (3, 3), activation='relu', padding='same')(pool1)
15      conv22 = Conv2D(128, (3, 3), activation='relu', padding='same')(conv21)
16      pool2 = MaxPooling2D()(conv22)
17
18      conv31 = Conv2D(256, (3, 3), activation='relu', padding='same')(pool2)
19      conv32 = Conv2D(256, (3, 3), activation='relu', padding='same')(conv31)
20      conv33 = Conv2D(256, (3, 3), activation='relu', padding='same')(conv32)
21      pool3 = MaxPooling2D()(conv33)
22
23      conv41 = Conv2D(512, (3, 3), activation='relu', padding='same')(pool3)
24      conv42 = Conv2D(512, (3, 3), activation='relu', padding='same')(conv41)
25      conv43 = Conv2D(512, (3, 3), activation='relu', padding='same')(conv42)
26      pool4 = MaxPooling2D()(conv43)
27
28      conv51 = Conv2D(512, (3, 3), activation='relu', padding='same')(pool4)
29      conv52 = Conv2D(512, (3, 3), activation='relu', padding='same')(conv51)
30      conv53 = Conv2D(512, (3, 3), activation='relu', padding='same')(conv52)
31      pool5 = MaxPooling2D()(conv53)
32
33      flat = Flatten()(pool5)
34      fc1 = Dense(4096, activation='relu')(flat)
35      dropout1 = Dropout(0.5)(fc1)
36      fc2 = Dense(4096, activation='relu')(dropout1)
37      dropout2 = Dropout(0.5)(fc2)
38      output_layer = Dense(3, activation='softmax')(dropout2)
39
40      model = Model(inputs=input_layer, outputs=output_layer)
41
42      if gpus >= 2:
43          model = multi_gpu_model(model, gpus=gpus)
44
45      sgd = SGD(lr=1e-2, decay=5e-4, momentum=0.9)
46      model.compile(optimizer=sgd,
47                    loss='categorical_crossentropy',
48                    metrics=['accuracy'])
49
50      return model
```

まず、Kerasから必要なモジュールを読み込みます（1～4行目）。次に、モデルを返すための関数「VGG16」を定義します（7行目）。

それでは、論文の表をもとに実装を進めます。最初に定義するのは入力データを受ける層です（8行目）。論文では224×224のRGB画像を入力としているため、`(224,224,3)`を入力の形式として定めます。

論文の表では、次に「conv3-64」と記載されていますが、キャプションに、

conv(receptive field size)-(number of channels)

というフォーマットが記載されています。つまり、「conv3-64」は3×3のフィルターが64チャンネル存在するConvolution（畳み込み）層であることを表します。そして活性化関数に関しては、

The ReLU activation function is not shown for brevity.

という表記があるため、ReLU関数を使用します（10行目）。次も同じ設定内容です（11行目）。
次は、

maxpool

と記載されています。この部分は「2.1 ARCHITECTURE」の

Max-pooling is performed over a 2 × 2 pixel window, with stride 2

より、2×2の大きさのMaxPooling（最大プーリング）を「(2,2)」のストライドでずらすように追加します（12行目）。KerasのMaxPooling2Dはデフォルトの設定内容がVGG16の論文と同じであるため、引数には何も渡しません。VGGで用いられる、複数のConvolution層と1つのMaxPooling層を繰り返す手法は、この論文の発表以降さまざまなアルゴリズムや実装で用いられています。そして、このConvolution層とMaxPooling層の繰り返しの次は

FC-4096

と示されています。これは「2.1 ARCHITECTURE」で

the first two have 4096 channels each, the third performs 1000-way ILSVRC classification and thus contains 1000 channels (one for each class).

と説明が記載されています。これを簡単に翻訳したものを以下に記載します。

はじめの2つのFullConnection層はそれぞれ4096チャンネルを持ち、最後の3つ目のFullConnection層はILSVRCの分類タスクで1000種類に分類するため1000チャンネルを持ちます。

「FC-4096」は、4096個のノードを持つFullConnection（全結合）層を意味しています。しかし、31行目までで実装したモデルは、表3.1.1のような入力と出力になっているため、形（Shape）を合わせる必要があります。

表3.1.1　モデル構造

Variable Name	Input Shape	Output Shape
input_layer	–	(224, 224, 3)
conv11	(224, 224, 3)	(224, 224, 64)
conv12	(224, 224, 64)	(224, 224, 64)
pool1	(224, 224, 64)	(112, 112, 64)
conv21	(112, 112, 64)	(112, 112, 128)
conv22	(112, 112, 128)	(112, 112, 128)
pool2	(112, 112, 128)	(56, 56, 128)
conv31	(56, 56, 128)	(56, 56, 256)
conv32	(56, 56, 256)	(56, 56, 256)
conv33	(56, 56, 256)	(56, 56, 256)
pool3	(56, 56, 256)	(28, 28, 256)
conv41	(28, 28, 256)	(28, 28, 512)
conv42	(28, 28, 512)	(28, 28, 512)
conv43	(28, 28, 512)	(28, 28, 512)
pool4	(28, 28, 512)	(14, 14, 512)
conv51	(14, 14, 512)	(14, 14, 512)
conv52	(14, 14, 512)	(14, 14, 512)
conv53	(14, 14, 512)	(14, 14, 512)
pool5	(14, 14, 512)	(7, 7, 512)
fc1	(4096)	(4096)

まず行うのは、Flattenという関数を用いた1次元配列への変換です（33行目）。これにより(7, 7, 512)の配列を(7 * 7 * 512)の配列へ並び変えます。そして、論文の

dropout regularisation for the first two fully-connected layers (dropout ratio set to 0.5)

という部分に「FullConnection層にはDropoutを設定する」とあるため、こちらを適用します（35

行目)。このDropoutの出力に対して、FullConnection層を4096個のノードを持つように設定します(34行目)。なお、このFullConnection層の活性化関数はとくに指定がないため、これまで通りReLU関数を設定します。このFullConnection層では、画像を畳み込んで得た各領域のさまざまな特徴を元に、新たな特徴を表現するための処理を行っています。

論文に従い、もう1つ同じ手順でDropoutとFullConnection層を追加します(36〜37行目)。そして、「犬」「猫」「人」の3クラスに分類するため3つのノードを持つFullConnection層を追加して完成です(38行目)。データを分類するタスクの場合、最後の出力はクラスごとの確率が必要になるため、活性化関数はSoftmax関数を用います。ReLU関数はある特徴があるかどうかを表現する関数、Softmax関数は各ノードの出力を確率のように表現する関数です。

◆◆◆

ここまでで、VGGのモデル構造の実装は完了です。Kerasに入力と出力の層を指定してModel変数を定義しましょう(40行目)。また、Kerasで複数のGPUを使用した学習を行うためには、modelを「multi_gpu_model」関数にかける必要があります。これによりモデルを複数のGPU上に展開し、データを分割して学習を行えるようになります。

Loss関数とOptimizer

ここまでの実装では、受け取った画像を処理する手順しか定義していないため、どのように学習を進めていくかを定義する必要があります。学習するためには、**Loss関数**(損失関数)と**Optimizer**(最適化関数)が必要になります[注3.4]。

Loss関数

Loss関数は、理想とする結果から現在の処理結果がどれだけずれているかを表現するための関数です。主に**平均二乗誤差**か**クロスエントロピー**を使用します(**図3.1.1**)。

平均二乗誤差は、それぞれの出力の差を二乗し、平均を取ったものです。二乗して正の数にすることで誤差が相殺されるのを防ぎつつ、誤差を指数的に増大させることで、正解に近づくほど慎重に学習を進めます。

クロスエントロピーは、本章で取り扱うような分類タスクでよく用います。分類時、その確率は正解クラスのみが100%となるような出力になります。正解クラスの確率が1に近いほど良いという点から、Logを用いることでその誤差を表現するのがクロスエントロピーです。

注3.4 ディープラーニングに関する大概の資料で英語表記なため、本書でも英語表記を使用します。

図3.1.1　平均二乗誤差とクロスエントロピー

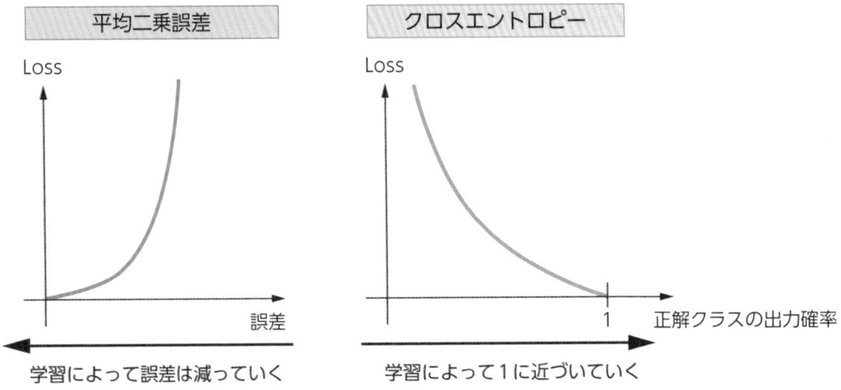

平均二乗誤差とクロスエントロピーは、正解に近づくにつれて緩やかに減少する点が共通しています。今回は分類タスクのため、クロスエントロピーを使用します。

また今回は、3クラス分類であるため「categorical_crossentropy」を使用します（47行目）。

Optimizer

Optimizerは、Loss関数によって求めた誤差をどのような方針で修正するか表現する関数です。

誤差を求めるLoss関数は数式として表すことができ、その数式の傾きを微分することによって誤差の修正方法を求められます。要するに、数学を使うとそれぞれの値を大きくするべきか小さくするべきかが求まるということです。一方、Optimizerは求めた結果からどのようにして値を修正するかを決定する関数です。ディープラーニングでは大量の変数を取り扱うため、ただ求めた結果の通り修正しているだけでは誤差が小さくなりません。

まず考えられる方法としては、修正する量を小さくすることです。これがLearningRate（学習率）です。Loss関数で求めた修正量に学習率をかけて修正するOptimizerがSGDです。タスクによりますが、学習率は1e-3から1e-5あたりの数が実際に用いる値で、おおよそこのくらいという感覚をつかんでおくと良いでしょう（1e-3は1×10^{-3}）。

そのほかにも、効率的に学習するためのさまざまな関数があります。それまでの修正を反映するMomentumSGD、学習率をばらばらに調整するAdaGrad、学習率の調整方法を改善したRMSprop、学習率の調整にもそれまでの修正内容を反映するAdam、さらに改良されたEveなど、本書では紹介しきれないほど数多くのOptimizerが存在します。

本書では論文に従いMomentumSGDを使用します（45〜46行目）。

また、学習率（lr）は1e-2（0.01）に、学習率減衰（decay）は5e-4（0.0005）に、モーメンタム（momentum）は0.9にします。論文にも同様の内容が記載されています。

momentum to 0.9. The training was regularised by weight decay (the L2 penalty multiplier set to $5 \cdot 10^{-4}$*)*
The learning rate was initially set to 10^{-2}*,*

3.2 データの準備

□ **AIの精度にデータが与える影響と、大量のデータが用意できない場合の工夫について学びます。**

学習データ・評価データの準備

学習用データの準備は、モデルの精度に大きな影響を与える重要な作業です。データの条件を厳しくするほどモデルの精度は高くなりますが、汎化性能は下がります。

汎化性能とは

1章でも解説した通り、**汎化性能**とは、1つのモデルがどれだけ幅広いデータに適用できるかを示すものです。汎化性能が高くなるほど、学習していないデータに対しても適用できる可能性が高くなります。

たとえば、犬と猫を判別するモデルを学習するために、「顔だけが映った画像を用意する」のと「体全体をさまざまな角度から撮影した画像を用意する」のとでは、そのモデルを適用できる幅が異なります。後者のほうがより多くの条件で適用できるため汎用性が高いといえます。

汎化性能と精度はトレードオフの関係にあることが多いですが、どちらを高くするべきかはプロジェクトの要件によって異なります。たとえば、完全な自動化を目指すために高い精度を求めるプロジェクトであれば、汎化性能をあえて低くし、精度を高くするのが最優先です。一方、幅広い領域への対応を求めるプロジェクトであれば、汎化性能を最終的な理想に合わせた状態で、どこまで精度を上げられるか検証するのが最適でしょう。

学習用データと評価用データ

ディープラーニングでは、用意したデータすべてをモデルに学習させるわけではありません。用意したデータの一部を使って学習したモデルの性能を、学習の際に与えなかったの残りのデータで評価します。これにより、実際にそのモデルを使用する際の状況に近い状態で精度評価を行えます。

諸説ありますが、ディープラーニングでは1クラス最低1,000枚、理想は10,000枚用意するべきだと言われています。「犬」「猫」「人」を判別するモデルを学習する場合は、3クラスなので最低3,000枚のデータが必要になります。この時、学習用データと評価用データは7:3の比率でランダムに分割することが多いです。用意したデータ数が少ない場合は、正しく評価するため1:1に分ける場合があります。大量のデータを用意できた時は9:1に分割することもあります。ここに決まりはありませんが、3割程度を評価データに選出するというイメージをつかんでおきましょう。

データの準備

大量のデータを準備する場合、おそらく一人で集めることはないでしょう。この時同じ条件でデータを集めるよう手順をまとめることは、モデルの性能を高めるのに役立ちます。

画像分類タスクにおいて必要なデータは、「画像」と「分類結果」です。画像に関しては、画素数、画角、データ形式、撮影場所、フラッシュの有無、ファイル名、格納先などありとあらゆる項目に対してルールを定めます。分類に関しては、あいまいなものがなくなるように分類基準を明文化しましょう。もし人によって違いが生まれるようなルールであれば、モデルの学習で最適化できない可能性が高まります。

こうしたルールを決定する段階で、いま一度プロジェクトの目的と照らし合わせながら、最適なタスク設定になっているかを確認しましょう。たとえば、猫と犬であれば誰が判断しても結果に違いは出ません。しかし、猫と子猫では人により判断結果が変わるでしょう。ディープラーニングの学習には、必ず同じ結果になるようなタスクの定義とデータの収集が不可欠です。今回は、「犬」「猫」「人」の分類を想定したデータを用意しました。

データオーグメンテーション

理想的なのは、1クラスあたり10,000枚のデータです。しかし、認識できるかどうかすらわからない段階から10,000枚ものデータの収集に人手を割くことは難しいでしょう。また、学習をしていく中でデータの集め方を訂正する必要が出てくる可能性なども考えると、いきなり大量のデータを集めるのにはリスクがあります。

このような問題に対し、少ないデータでうまく学習するための研究も行われています。ここでは、その手法の中でも取り組みやすく効果的な**データオーグメンテーション**について紹介します。

データオーグメンテーションとは、限られた学習用データをもとにさまざまな加工をランダムに施すことで、疑似的に大量の学習用データを用意する手法です。データオーグメンテーションでよく使われる画像加工方法は次の通りです。

- 反転
- 回転
- トリミング
- 明るさの変更
- コントラストの変更
- 色相の変更
- ぼかし
- ノイズの追加
- ゆがみ
- 射影変換
- 背景の差し替え

実際に、犬の画像をもとにさまざまな加工を行った画像を見て犬と判断できるかを見てみましょう（図3.2.1〜図3.2.12）。

図3.2.1　犬の画像（元画像）

図3.2.2　反転

図3.2.3　回転

図3.2.4　トリミング

図3.2.5　明るさの変更

図3.2.6　コントラストの変更

図3.2.7　色相の変更

図3.2.8　ぼかし

図3.2.9　ノイズの追加

図3.2.10　ゆがみ

図3.2.11　射影変換

図3.2.12　背景の差し替え

いかがでしょうか。犬と判断するうえで、これらの加工が問題にならないことがわかります。このような加工をランダムに行うことで、元の学習用データが100枚であっても疑似的に学習用データを10,000枚分用意できます。

3.3 学習

□ 学習に必要なソースコードを実装することで、学習のプロセスを学びます。

学習環境について

学習では、処理の重いプログラムが長時間走り続けます。学習を行っている間はサーバは起動したままにしなければならず、動作も重いため、ローカルの開発マシンで学習するのは現実的ではありません。ローカルで動くソースコードを開発したうえで、クラウドにソースコードを移して学習させると良いでしょう。

ローカルで学習まで行いたい場合は、GPUなどによって高速化することをお勧めします。しかし、ネットワーク構造が複雑になるとGPUメモリが足りなくなるため、GPUの買い足しや買い替えに迫られることがあります。ご注意ください。

長い学習の中でエラーを吐くことなく動作していたとしても、期待した学習ができていない場合があります。学習の経過をログに出力し、時折確認しながら学習を進めましょう。

オンライン学習

オンライン学習とは

オンライン学習とは、データを1つずつ学習させる方法です。1章でも解説しましたが、この章ではそのメリットとデメリットについてあらためて説明します。

1つずつデータを処理することによるメリットは、小さなメモリ容量で学習を行えることです。メモリ上にロードするデータも、処理の途中で生成される中間状態も少なくなるため、ノートパソコンなどでも処理できます。

さらに、データを受け取るたびに随時学習させることも可能です。たとえば、アップロードされた車の画像を元にその車のカテゴリーを推定するモデルがあったとします。この時、人が最終的に選択したカテゴリーをもとに、1つずつオンライン学習することで、使えば使うほどモデルが賢くなる仕組みを作ることができます。この方法であれば、時代とともに変化していくデータに適用できます。

一方デメリットとして、将来受け取るデータがどのようなデータかわからないため、異常なデータを受け付けてしまう可能性があります。また、こうした異常データに対しても学習を行うため、異常データを受け付けるとモデルの性能が低下する可能性があります。

実装

それでは実装に移ります。オンライン学習の低い計算リソースでも処理可能という点を体感するために、ローカルで開発を試してみることをお勧めします。

ここでは、ソースコードをもとに解説していきます。使用する学習用データは本書のサポートページ[注3.5]で配布しています。P.16を参考にダウンロードしてください。

学習用データと検証用データのディレクトリ構成は図3.3.1の通りです。

図3.3.1　学習用データと検証用データのディレクトリ構成

```
├─ train
│   ├─ person
│   │   ├─ 000000000000.jpg
│   │   ⋮
│   ├─ cat
│   │   ├─ 000000000000.jpg
│   │   ⋮
│   ├─ dog
│   │   ├─ 000000000000.jpg
│   │   ⋮
├─ val
│   (train配下と同じ)
```

今回使用するライブラリは、表3.3.1の通りです。

注3.5　https://gihyo.jp/book/2021/978-4-297-11942-3/support

表3.3.1 使用するライブラリ

ライブラリ名	機能と目的
os	パスを生成する
glob	画像ファイルの一覧を取得する
cv2	画像の読み込みとリサイズ
numpy	学習する際に渡すデータを整える
to_categorical	one-Hotベクトルを生成する
VGG16	モデル構造を読み込む

学習用のソースコードを**リスト3.3.1**に示します。

リスト3.3.1 オンライン学習を行う(train_online.py)

```
import glob
import os

import cv2
import numpy as np
from keras.utils import to_categorical

from models import VGG16

DATA_DIR = "data"

classes = ["person", "cat", "dog"]

model = VGG16()
input_H, input_W = model.input.shape[1:3]

loss_history = open(os.path.join(
    "results",
    "vgg16_online_losses.csv"
), "w")

for _ in range(10):
    for class_index, class_name in enumerate(classes):
        files = glob.glob(os.path.join(DATA_DIR, "train", class_name, "*.jpg"))
        for file_path in files:
            img = cv2.imread(file_path)
            img = cv2.resize(img, (input_W, input_H))
            img = img / 255
            label = to_categorical(class_index, num_classes=len(classes))
            img = np.array([img])
            label = np.array([label])
            history = model.fit(img, label)
            loss_history.write(str(history.history["loss"][0]) + "\n")
```

次ページへ続く

```
34
35  loss_history.close()
36
37  model.save(os.path.join(
38      "results",
39      "vgg16_10epoch_lr0.01_30images_online.h5"
40  ))
```

「model.input.shape」(15行目)で、バッチサイズ、高さ、幅、チャンネル数が返ってきます。ここで高さと幅を取得することで、モデルの実装を変更した際に学習用コードも併せて変更する必要がなくなります。

「loss_history」(17行目)は、学習の様子を確認するため、1枚ごとに誤差を保存します。後で確認しやすいようにCSVファイルとして出力します(33行目)。

クラスごとにディレクトリがあるため、それぞれディレクトリ内のjpg画像を取得し、ループ処理します(22～26行目)。画像は、モデルの入力サイズに合わせたうえで、0から1に正規化を行います(27～28行目)。

モデルの出力は、クラスごとに確率を示すone-hot形式にする必要があります。たとえば、今回の実装ではclass_nameが「cat」の時にclass_idは「1」になります。このclass_idをone-hot形式にすると、インデックス「1」のみが1になるような配列「[0, 1, 0]」へ変換されます。Kerasではこのためのモジュールを用意しています(29行目)。

Kerasのモデルのfit関数はまとめてデータを渡す前提で用意されているため、各データを配列に格納して渡します。また、fit関数の返り値である実行結果を、historyという変数として定義します(32行目)。このhistoryの中には、さまざまなデータが含まれますが、ここでは誤差であるlossのみを取得します。取得したlossは、1ステップ学習するたびにCSVファイルへと出力します。

最後に、完成したモデルを保存しておきましょう(37～40行目)。モデルを保存する際は、日付などで別ファイルにしても良いですが、後からわからなくなることもあるため設定内容を含めたモデル名にすることをお勧めします。この実装では、すべてのデータを1枚ずつ処理し10周で処理を終えるため、Epoch数は10になります。

学習曲線とTrain Loss

学習曲線の例を図3.3.2に示します。

ディープラーニングの論文でよく見かける、このような右肩下がりのグラフは、多くの場合横軸に学習回数やEpoch数などを取り、縦軸にはLossを取ります。そのため、学習が進むにつれてモデルが間違えないようになり、Lossが小さくなっていることが見て取れます。このように、学習していく様子をグラフ化したものを**学習曲線**と呼び、Lossに関するものは**Loss曲線**と呼びます。

今回の実装ではCSVで出力するため、表計算ソフトなどを活用してグラフ化します(**図3.3.3**)。

図3.3.2　学習曲線の例

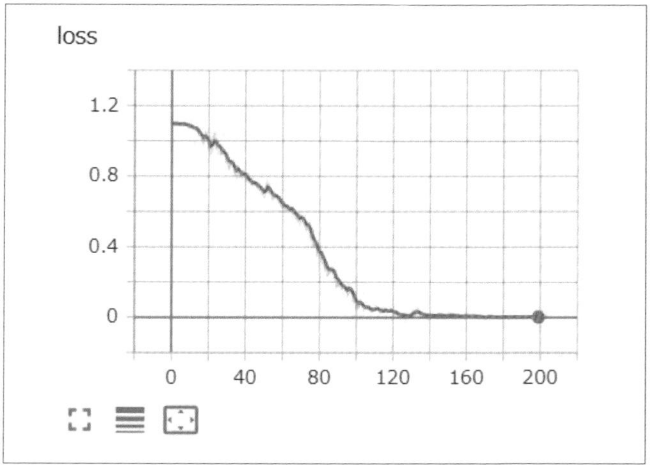

図3.3.3　はじめてのLoss曲線

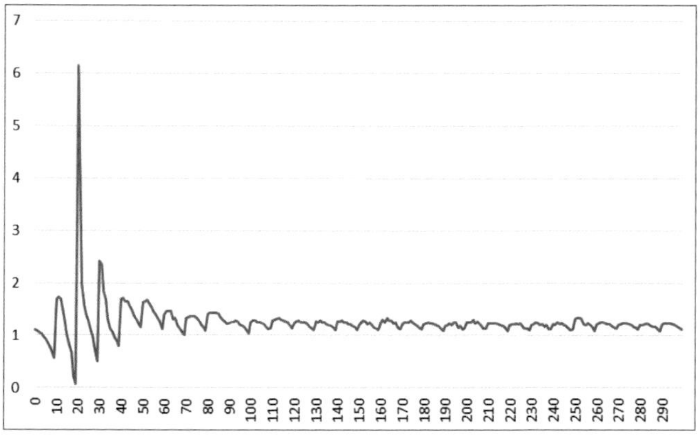

いかがでしょうか。同じようなグラフとなったでしょうか。はじめてのLoss曲線は、学習が進んでもLossが減らないグラフとなっています。ここにはさまざまな原因が隠れており、後半のセクションで詳しく分析します。その前に、今のモデルの性能がどの程度なのか確認しましょう。

3.4 評価

学習の結果を元に、モデルの精度を評価する指標と方法について学びます。

図3.3.3のLoss曲線を見る限り、上手く学習できていないのは予想がつきます。モデルの性能を改善するためには、基準となる評価が必要です。Lossが低くなれば、モデルの出力は理想としている値に近づいています。しかし、Lossだけではそのモデルの出力が解決したい課題の解決につながっているか判断できないため、別の視点でモデルの性能を評価する必要があります。

この時、モデルを学習させる目的を忘れてはいけません。たとえば、製品に異常がないか確かめる場合は、どれだけ見落とさないかが重要です。その場合、モデルの性能としてLossは不適切で、異常な製品のうちどれだけ検知できたかという割合が適切でしょう。

評価手法を確認するために、評価用のデータに対するモデルの出力を保存します。保存したモデルを読み込み、「valid」データに対する出力をCSVに出力します。基本的には学習時のソースコードと似ていますが違う点は下記の2点です（サンプルのeval_online.pyを参照）。

- モデルを読み込む
- 入力データのラベルと出力結果をCSVファイルに出力する

モデルを読み込むには、keras.modelsのload_modelでファイルパスを指定します。model.saveでは、モデルのネットワーク構造と重みの両方が保存されるため、学習時のようにネットワーク構造を定義するモジュールを読み込む必要がありません。

入力データのラベルは猫や犬といったクラス名になります。しかし、書き込みの高速化や容量の削減などを考慮して、クラスIDでCSVに出力します。モデルの出力は要素数3の小数の配列ですが、one-hot形式で学習したため、最も値の大きい要素のインデックスをCSVに出力します。

Confusion Matrixの作成

評価を行う際には、表3.4.1のような表が使われます。

表3.4.1 Confusion Matrixの例

		出力	
		Positive	Negative
入力	Positive	89	16
	Negative	4	91

このような表を混同行列、混合行列、Confusion Matrixと呼びます(本書ではConfusion Matrixと表記します)。

今回学習したモデルの出力を元に、実際にこの表を作成してみましょう。matplotlibなどのライブラリを使用してConfusion Matrixを出力することも可能です。しかし、評価の段階ではデータをさまざまな方法で分析し、精度を上げるための手法を検討します。このような時に都度プログラムを修正、実行、デバッグと繰り返すのは時間がかかります。分析ための手段の1つとして表計算ソフトを用いると良いでしょう。今回はExcelを使用して評価を行います。

学習セクションの実装(リスト3.3.1)では、入力データのクラスと出力を各行に記載したCSVファイルを出力するように実装しました。実行ファイルのディレクトリのresultsフォルダ内に「vgg16_online_predicts.csv」というCSVファイルを出力します。このファイルをExcelで開くと、図3.4.1のようになります。

図3.4.1 vgg16_online_predicts.csvの内容

	A	B	C
1	ground_truth	predicted	
2	0	1	
3	0	1	
4	0	1	
5	0	1	
6	0	1	

今回、人を示す数字は0になります。0かどうかを元にして「人か」「人以外か」をC列とD列にまとめます(図3.4.2)。

図3.4.2　人クラスについての情報を追加したCSVファイル

	A	B	C	D
1	ground_truth	predicted	入力	出力
2	0	1	人	人以外
3	0	1	人	人以外
4	0	1	人	人以外
5	0	1	人	人以外

C2セルに`=IF(A2=0,"人","人以外")`を入力し、オートフィルを用いてすべての行に適用しましょう。

次に、図3.4.2のCSVファイルを元にして、Confusion Matrixにしていきます。新しいシート「confusion_matrix」を用意し、図3.4.3のような枠を作ります。

図3.4.3　Confusion Matrixの枠

	A	B	C	D
1			出力	
2			人	人以外
3	入力	人		
4		人以外		

まずは見出しとして「人」「人以外」を記入します。次に、関数を用いて各条件に当てはまる個数を数えていきます（図3.4.4）。

図3.4.4　完成したConfusion Matrix

	A	B	C	D
1			出力	
2			人	人以外
3	入力	人	0	100
4		人以外	0	200

この時、C3セルには`=COUNTIFS(vgg16_online_predicts!$C:$C,$B3,vgg16_online_predicts!$D:$D,C$2)`と入力しています。入力したセルをコピーして、ほかのセルを埋めましょう。

これで人に関するConfusion Matrixが完成です。Excelを活用することで、手軽に素早く

Confusion Matrixを作成できます。

今回のモデルの評価は犬と猫のクラスもあるため、この表の形式だとクラスごとに表が必要になります。それでは手間もかかるうえに、見やすさも損なわれてしまいます。そこで、各クラスの入力データに対する各クラスへの出力となるように変更します。

まずは見出しの「人」「人以外」を、「人」「猫」「犬」に変更し、表内の数式もそれに合わせてコピーします（図3.4.5）。

図3.4.5　各クラスをまとめた枠

	A	B	C	D	E
1			出力		
2			人	猫	犬
3		人	0	0	0
4	入力	猫	0	0	0
5		犬	0	0	0

次に、CSVのシートのC列とD列に数値を、各クラス名である人、猫、犬に変換する関数を記述します。まずは変換表を、新しいシート「convert」に図3.4.6のように作成します。

図3.4.6　クラス名の変換表

	A	B
1	0	人
2	1	猫
3	2	犬

convert

これをもとに数値からクラス名へ変換します（図3.4.7）。

図3.4.7　クラス名に変換したCSV

	A	B	C	D
1	ground_truth	predicted	入力	出力
2	0	1	人	猫
3	0	1	人	猫
4	0	1	人	猫
5	0	1	人	猫

C2セルに`=VLOOKUP(A2,convert!$A$1:$B$3,2)`と入力してコピーすることで、変換表をもと

に読みやすいクラス名に変換できます。また、シート「confusion_matrix」(図3.4.8)を見ると、猫の出力が100になっています。

図3.4.8　クラス名を用いたConfusion Matrix

	A	B	C	D	E
1			出力		
2			人	猫	犬
3	入力	人	0	100	0
4		猫	0	100	0
5		犬	0	100	0

図3.4.8の表からは、どんな入力に対しても猫と出力していることがわかります。入力と出力の順番を同じにしておくと、C3セル、D4セル、E5セルのような対角線上の割合が高いほど正確に認識できていると確認できます。色を付けたり割合にしたりすることで、さらに直感的な表にすることが可能です。こういった作業を手軽にできるのは、Excelで評価を行うメリットです。

注意しなければならないのは、図3.4.8の表がすべての人にとって常にわかりやすいとは限らないことです。その場、その時に合った表現方法を探しましょう。

正解率・再現率・適合率

モデルの性能の評価指標として代表的なものに、**正解率**、**再現率**、**適合率**があります。ここでは、先ほどのConfusion Matrix(表3.4.2)を元に説明していきます。

表3.4.2　サンプルのConfusion Matrix(再掲)

		出力	
		Positive	Negative
入力	Positive	89	16
	Negative	4	91

それぞれの数値が示す内容をTrue-Positiveといった形で表現し、省略してアルファベット2文字で表記します。たとえば、True-PositiveであればTPです(表3.4.3)。

表3.4.3 TP,TN,FP,FN

		出力 P	出力 N
入力	P	True-Positive	False-Negative
	N	False-Positive	True-Negative

表記前半のTrueかFalseかは「入力と出力が合っているか」を示し、PositiveかNegativeかは「Positiveな出力かどうか」を示します。たとえば、人かどうかを判断したい時には、「人である」という出力がPositiveです。

正解率

正解率（Accuracy）は、出力全体に対し正しく判定できたものの割合、すなわち「(TP＋TN)÷(TP＋TN＋FP＋FN)」です。今回の表（**表3.4.2**）を元に計算すると、「(89＋91)÷(89＋91＋4＋16)＝0.9」となり、「正解率は90.0%」です。性能というニュアンスに最も近い評価指標です。

再現率

再現率（Recall）は、Positiveな入力に対して出力もPositiveな割合、すなわち「TP÷(TP＋FN)」です。今回の表（**表3.4.2**）を元に計算すると、「89÷(89＋16)＝0.8476……」となり、「再現率は84.8%」です。具体的には、人のデータに対して人と出力できる割合となります。再現率が高いほど、見落としの少ないモデルだと言えます。

適合率

適合率（Precision）は、Positiveな出力に対して入力もPositiveな割合、すなわち「TP÷(TP＋FP)」です。今回の表（表3.4.2）を元に計算すると「89÷(89＋4)＝0.9569……」となり、「適合率は95.7%」です。具体的には、人と出力されたデータに対して本当に人である割合となります。適合率が高いほど、出力が信頼できるモデルだと言えます。

◆◆◆

再現率と適合率はトレードオフの関係にあります。今回は最も大きな値の要素のインデックスという条件で分類を行いましたが、出力に重みづけなどをすることで特定のクラスを判定しやすくなります。こうした調整により、再現率が高くなるようにしたり、適合率が高くなるようにしたりできます。

たとえば今回学習したモデルで、出力が「[0.4, 0.5, 0.1]」だったとします。この時、最も大きな値は0.5でありそのインデックスは1であるため、出力はクラス名変換表(**図3.4.6**)で1に対応する「猫」になります。各要素の重みづけとして、「[2, 1, 1]」をインデックスが同じ要素同士でかけあわせることで、出力を「[0.8, 0.5, 0.1]」に変換すると、「人」に対して2倍反応しやすくなります。重み付け後の最も大きな値のインデックスは0で、出力は「人」になります。

これは簡単な後処理の例で、実際のプロジェクトでは場面に応じてもっと複雑な画像処理や、データベースとの突合なども行います。そういったロジックによって出力された結果に対しても、この評価指標は役に立ちます。目的に応じてどの評価指標を高めていくべきか考えながら、モデルの性能を評価しましょう。

プロジェクトによっては、目標としてこの評価指標の値を定めることもあります。プロジェクトの目的に合わせた定量的な目標の設定は、次のプロジェクトへ進めるかどうかの基準としても有効です。

3.5 性能向上

- 実際の仕事にも応用できるよう、精度が低くなった原因を突き止め、その対策を試みる方法を学びます。

原因の分析

まずは性能向上へ向けた原因分析を行います。学習の際に出力したLoss曲線をもう一度見てみましょう（図3.5.1）。

図3.5.1　学習の際に出力したLoss曲線（再掲）

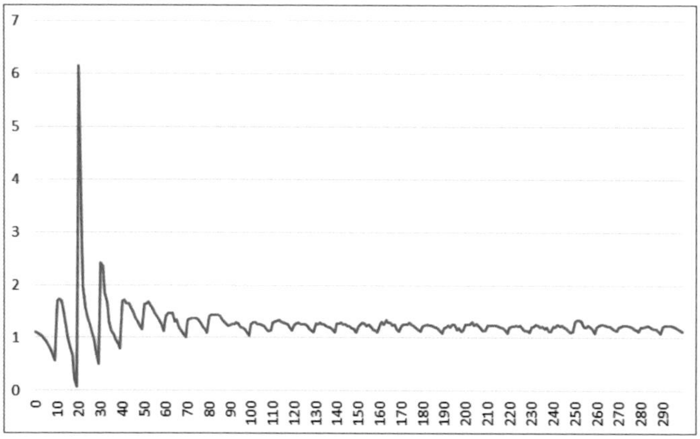

このグラフは、横軸に学習した回数、縦軸にLossを取っています。Lossは、下がったり上がったりを繰り返しています。今回の学習に使用したデータは3クラス合わせて30枚のため、はじめの2Epochに相当する60枚目までに注目してみましょう（**図3.5.2**）。

図3.5.2　60枚目までのLoss曲線

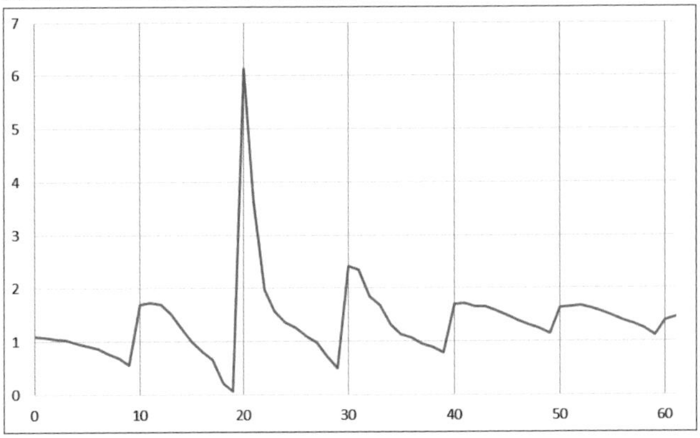

10枚学習している間にLossが減少していき、突然大きくなるというサイクルを繰り返しているのがわかります。一方、今回実装したコードでは、クラスごとに画像を読み込んだうえで学習しているため、モデルに渡す入力データは人の画像が10枚、次に猫の画像が10枚、最後に犬の画像が10枚というサイクルでが学習を回していることになります。

ここから、人の画像を渡し続けることにより「画像が来たら人と出力する」と偏って学習し、次に猫の画像を渡し続けることで「画像が来たら猫と出力する」と偏って学習することを繰り返していると推測できます。これが、オンライン学習の特徴でもある「最後に学んだデータの影響を受ける」という点です。

ただし、実際にオンライン学習を用いたとしても、この学習結果ほど偏っていることは考えにくく、オンライン学習が必ずしもこのような結果になるというわけではありません。これを踏まえて性能向上に取り組んでいきましょう。

バッチ学習の利用

今回の学習ではすでにデータがそろっているため、**バッチ学習**を利用できます。正確には、ミニバッチを用いた**ミニバッチ学習**を行いますが、最近ではこれをバッチ学習と呼ぶため本書でもバッチ学習と呼びます。

実際の学習では、全データを一度に学習せず、複数のグループにまとめて別々に学習を行います。

学習の高速化を実現するとともに、各バッチ内にクラスが偏って入らないようにすることにより、偏った学習を抑制します。

実装

まず、データが30枚では少ないため追加のデータセットをダウンロードしてください（本書のP.16を参照してください）。追加のデータセットには、各クラス1,000枚の学習用データが入っています。

作成するソースコードは**リスト3.5.1**です。

リスト3.5.1　バッチ学習を行う（train_with_batch.py）

```
import glob
import os

import cv2
import numpy as np
from keras.callbacks import TensorBoard
from keras.utils import to_categorical

from models import VGG16

DATA_DIR = "data"
LOGS_DIR = os.path.join("logs", "vgg16")

classes = ["person", "cat", "dog"]

model = VGG16(gpus=4)
input_H, input_W = model.input.shape[1:3]

images = {}
labels = {}

for mode in ["train", "valid"]:
    images[mode] = []
    labels[mode] = []
    for class_index, class_name in enumerate(classes):
        files = glob.glob(os.path.join(DATA_DIR, mode, class_name, "*.jpg"))
        for file_path in files:
            img = cv2.imread(file_path)
            img = cv2.resize(img, (input_W, input_H))
            img = img / 255
            images[mode].append(img)
            labels[mode].append(
                to_categorical(class_index, num_classes=len(classes))
            )
    images[mode] = np.array(images[mode])
    labels[mode] = np.array(labels[mode])
```

次ページへ続く

```
37
38 tensorboard_callback = TensorBoard(log_dir=LOGS_DIR)
39 model.fit(
40     images["train"],
41     labels["train"],
42     validation_data=(images["valid"], labels["valid"]),
43     batch_size=256,
44     epochs=200,
45     callbacks=[tensorboard_callback]
46 )
47
48 model.save(os.path.join(
49     "results",
50     "vgg16_200epoch_lr0.01_3000images.h5"
51 ))
```


Kerasは、学習の途中経過を表示するためのモジュールを提供しています。ここでは、データ数が多くなるとともに、Epochも増やして学習を進めるためこちらを利用します（6行目）。

途中経過の出力先ディレクトリはLOGS_DIRとして事前に定義します（12行目）。複数のGPUを利用する場合は、引数でGPUの数を指定できます（16行目）。随時学習していくわけではないため、データを格納するためのdictを定義します（19〜20行目）。

データには学習用の「train」フォルダと評価用の「valid」フォルダが存在するため、別々に先ほどのdictに追記していきます（22〜34行目）。

Kerasの入力はNumpy配列である必要があるため、最後にNumpy配列へと変換します（35〜36行目）。

TensorBoardは、Webブラウザで学習に関する情報を閲覧できるツールです。今回はこのTensorBoardを活用するため、Kerasのモジュールを学習時に設定します（38行目、45行目）。

今まではmodel.trainに、学習用の1枚の画像データとラベルデータのみを渡していました。ここではすべての画像データとラベルデータを渡します。また、論文の通りバッチサイズは256にします（43行目）。しかし、実行環境によってはメモリが足りず学習が動かない可能性があります。この数値は様子を見ながら下げてください。

Epoch数は200とします（44行目）。Kerasでは終了したEpochから再スタートすることもできるため、別のデータなどで独自に試す際には適宜調整してください。

Kerasでは、渡したデータを学習前にシャッフルしてからバッチサイズごとにまとめてバッチ学習を行います。そのため、model.fitに渡したNumpy配列上ではデータは偏っていますが、実際の学習では偏らないようになっています。

学習と進捗の確認

リスト3.5.1のコードは、**表3.5.1**の条件で検証しました。

表3.5.1　検証環境

CPU	メモリ	GPU	GPUメモリ
Intel Xeon E5-2686 v4（2台）	260GB	NVIDIA Tesla V100（4台）	68GB

この環境で、200Epochの学習には約30分かかりました。学習にどのくらい時間がかかるかは、Kerasがコンソールに出力するEpochごとにかかった時間を元に試算できます。ただし、Kerasで行う学習の1Epoch目は2Epoch目以降よりも長いためご注意ください。

実装したコードを実行すると、学習が自動的に始まります。Kerasの機能によりコンソール上にもいくつか情報が表示されますが、今回はTensorBoardを利用してその学習の様子を観察してみましょう。

TensorFlowがインストールされていればTensorBoardも利用できます。「logs/vgg16」ディレクトリにて`tensorboard --logdir=.`を実行し、Webブラウザを用いて6006番ポートにHTTPでアクセスすることで確認できます（**図3.5.3**）。

図3.5.3　TensorBoard

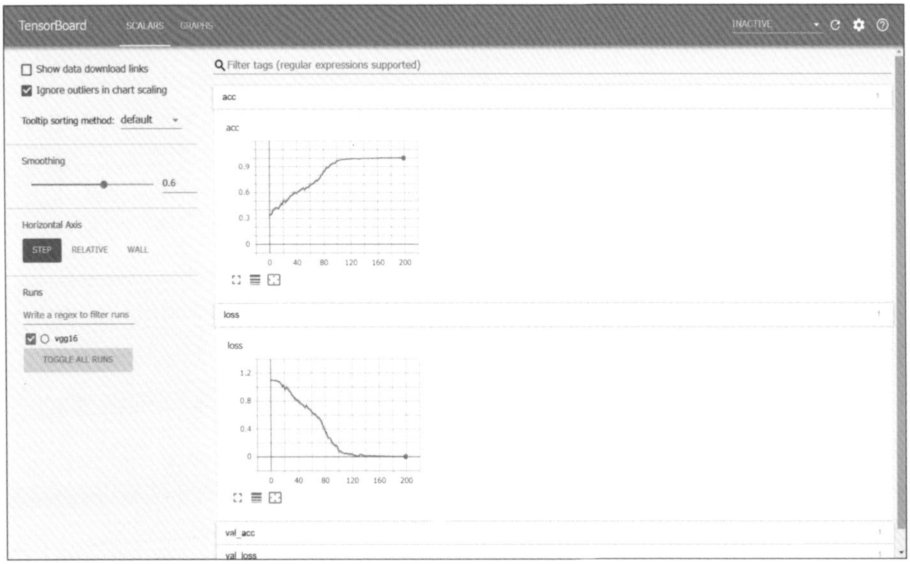

すると、さっそくaccとlossというグラフが表示されます。それぞれAccuracy（正解率）とLoss（損失）に関する学習の進捗を示すグラフであり、学習の途中であれば最新の学習の結果も反映されます。Lossは100Epochあたりからほとんど0になっている、すなわち誤差がほとんどない状態であるこ

とが見てとれます。

評価

オンライン学習の時と同様に検証用の実装を行い、うまく学習できているか確認してみましょう（サンプルのeval_with_batch.pyを参照）。学習したモデルを読み込むところまでは、オンライン学習で実装したものと同様の流れになります。

Kerasでは、推論もミニバッチを用いて行えるため、一度配列にすべての検証用画像を展開します。この時、クラスIDも同じように配列に追加しておき、CSVファイルへの出力に利用します。Kerasでは、「model.predict」を使用することで出力結果を取得できます。ここでは学習と同様にバッチサイズを256にしています。

出力結果を、最も値の大きい要素のインデックスに変換します。

```
predicts = predicts.argmax(axis=1)
```

オンライン学習の時と同様の形式でCSVファイルへと出力します。このCSVファイルを元に、オンライン学習同様にConfusion Matrixを作成します（図3.5.4）。

図3.5.4　バッチ学習後のConfusion Matrix

	A	B	C	D	E
1			出力		
2			人	猫	犬
3		人	77	10	13
4	入力	猫	8	64	28
5		犬	14	39	47

猫としか出力しない状態は脱したようです。少々読み取りずらいため、各値を全体に対する割合に変更します（図3.5.5）。

図3.5.5　バッチ学習後のConfusion Matrix（総計に対する比率）

		出力		
		人	猫	犬
	人	26%	3%	4%
入力	猫	3%	21%	9%
	犬	5%	13%	16%

対角線上に並んだ割合を合計すると「26＋21＋16＝63」となり、正解率63%であることがわかります。Lossがほとんど0、すなわちこれ以上学ぶことがない状態であるのにも関わらず、あまり良いとはいえない性能となりました。

過学習

このような場合、次に疑うのは**過学習**の可能性です。過学習とは、学習用データに対してのみ適応してしまった状態のことを指します。これは、Epochごとに出力される、検証用データに対するLossで確認できます。TensorBoardで検証用データに対するLossである「val_loss」と、先ほどまでのLossを確認してみましょう（図3.5.6）。

図3.5.6　lossとval_loss

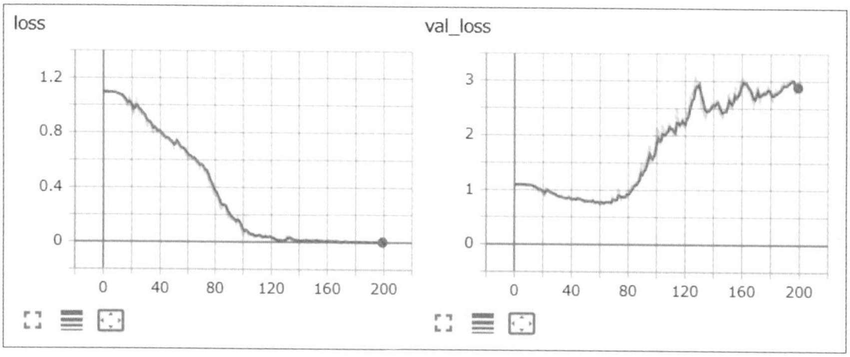

60Epoch目あたりまではValidation Loss (val_loss) が下がっていることを確認できますが、その後は上昇している様子が見られます。このことから、過学習の状態に入っていると判断できます。過学習になりやすい条件としては、以下が挙げられます。

- 学習用データが少ない
- ネットワーク構造が学習用データに対して複雑すぎる
- 学習用データと評価用データに乖離がある

ネットワーク構造が大きくなると、学習用データをモデルが暗記したような状態になり、学習用の各データに対して必ず正解となる出力を行えるようになってしまいます。これは、学習用データが少ないという点とも重なります。

別の可能性としては、学習用データとはまったく違う評価用データになってしまっている場合です。

たとえば、学習にはカタログに載っているような「背景が真っ白な商品画像」を用いて、評価用データには背景に他のものが映っている場合、Lossに乖離が発生します。これは、過学習とも言えますし、データの準備不足とも言えます。今回の原因としては、学習用データの少なさが挙げられるでしょう。

先にも紹介したように、本来、ディープラーニングを用いた画像認識では教師データに各クラス10,000枚あると良いと言われています。ただし、現実的に10,000枚をそれぞれに集めるというのは非常に難しいため、さまざまな工夫が必要になります。

トラブルシューティング

そこで今回は、「3.2　データの準備」でも紹介した、学習用データを疑似的に増やすデータオーグメンテーションを行うことで精度向上を目指します。実装が簡単なKerasのImageDataGeneratorを使用し、画像に反転、回転を加えることで画像をランダムに加工しながら学習させます。

実装

バッチ学習にて実装したコードに、データオーグメンテーション用の追加実装を行います（**リスト3.5.2**）。

リスト3.5.2　データを増やしながら学習する（train_with_augment.py）

```
import glob
import os

import cv2
import numpy as np
from keras.callbacks import TensorBoard
from keras.utils import to_categorical
from keras.preprocessing.image import ImageDataGenerator

from models import VGG16

DATA_DIR = "data"
LOGS_DIR = os.path.join("logs", "vgg16_augmented")

classes = ["person", "cat", "dog"]

model = VGG16(gpus=4)
input_H, input_W = model.input.shape[1:3]

images = {}
labels = {}

for mode in ["train", "valid"]:
```

次ページへ続く

```
24     images[mode] = []
25     labels[mode] = []
26     for class_index, class_name in enumerate(classes):
27         files = glob.glob(os.path.join(DATA_DIR, mode, class_name, "*.jpg"))
28         for file_path in files:
29             img = cv2.imread(file_path)
30             img = cv2.resize(img, (input_W, input_H))
31             img = img / 255
32             images[mode].append(img)
33             labels[mode].append(
34                 to_categorical(class_index, num_classes=len(classes))
35             )
36     images[mode] = np.array(images[mode])
37     labels[mode] = np.array(labels[mode])
38 
39 data_gen = ImageDataGenerator(
40     rotation_range=30,
41     horizontal_flip=True,
42     vertical_flip=True
43 )
44 tensorboard_callback = TensorBoard(log_dir=LOGS_DIR)
45 model.fit_generator(
46     data_gen.flow(images["train"], labels["train"], batch_size=256),
47     validation_data=(images["valid"], labels["valid"]),
48     steps_per_epoch=len(images["train"]) / 256,
49     epochs=200,
50     callbacks=[tensorboard_callback]
51 )
52 
53 model.save(os.path.join(
54     "results",
55     "vgg16_200epoch_lr0.01_3000images_augmented.h5"
56 ))
```

ImageDataGeneratorを読み込みます（8行目）。ログの出力先を分けておくと、TensorBoard上で比較ができるためフォルダを分けます（13行目）。

ImageDataGeneratorを定義します。今回は左右、上下の反転と30度までの回転を追加します（39〜43行目）。mode.fitではImageDataGeneratorを利用できないため、「model.fit_generator」に切り替えます（45行目）。

ImageDataGeneratorに学習用データと一度に生成する画像の枚数、すなわちバッチサイズを渡します（46行目）。この時、KerasのモデルはImageDataGeneratorから随時データを受け取るため、1Epochあたりのステップ数を決定できなくなってしまいます。それに対応するため、steps_per_epochにデータ数をバッチで割った値を設定します（48行目）。

モデルも別名で保存するようにします（55行目）。

学習と進捗の確認

学習を行い、先ほどと同様にTensorBoard上でLossの推移を確認してみます（図3.5.7）。

図3.5.7 オーグメンテーションを行った時のLoss

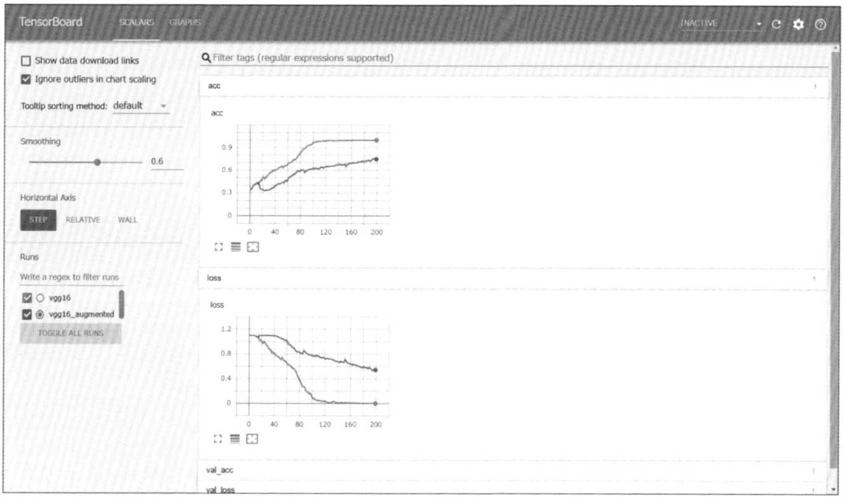

TensorBoardに、青いオーグメンテーションを利用した時の結果が新たにプロットされています。今回のLossも減少しており、学習が進んでいることが確認できます。

評価

まずは先ほどの結果と比較するため、Validation Lossを確認してみます（図3.5.8）。

図3.5.8 オーグメンテーションを行った時のLossとValidation Loss

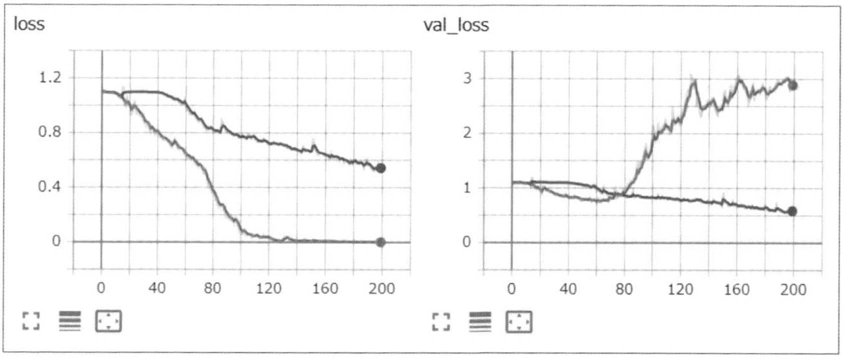

Lossが上がってしまった前回のオレンジ色のLossに比べ、青色のLossが減少しており、過学習

を回避できたように見えます。

読み込むモデルと出力ファイル名を変更してConfusion Matrixを作成します（図3.5.9）。

図3.5.9　オーグメンテーションを行った時のConfusion Matrix

		出力		
		人	猫	犬
入力	人	28%	2%	4%
	猫	1%	24%	8%
	犬	2%	11%	21%

対角線上の要素を元に正解率を計算すると「28＋24＋21＝73」、73%と求められます。データオーグメンテーションを行っていない時の63%と比べて向上していますね（図3.5.10）。

図3.5.10　クラス別正解率について

	正解率			
	全体	人	猫	犬
オンライン学習	**33%**	67%	33%	67%
バッチ学習	**63%**	85%	72%	69%
データオーグメンテーションを行ったバッチ学習	**73%**	92%	79%	76%

正解率については、どのクラスもオーグメンテーションを行う前に比べ向上しています。また、クラスごとに正解率を算出すると、人がとくに高いことも読み取れます。これは、犬や猫に比べて特徴が大きく異なることに起因すると推測できます。このような分析により、モデルで何を重点的に学習させるべきか判断できます。

なお、オーグメンテーションによる学習はまだLossが下がっている途中であったため、さらに学習を続けていくことで精度を高くできる可能性があります。

第4章

AutoEncoderによる正常・異常検知

画像からの正常・異常の検知をAutoEncoderを使用して実践してみましょう。
実験を繰り返しながら、その失敗や経験を
活かしていく手法や考え方についても学んでいきます。

4.1 モデルの実装

正常・異常の検知で利用される、AutoEncoderについて学びます。ここでは画像の正常・異常の検知に使用できる、もっとも基礎的な構造を実装します。

AutoEncoderとは

AutoEncoderとは、2006年に発表された、ニューラルネットワークを使用して次元圧縮を行うモデルです。このAutoEncoderは、画像以外でも使用され、元々は画像以外の数値データ等が主な対象でした。

もっともシンプルなAutoEncoderは、入力層、隠れ層、出力層の3層で構成されます。隠れ層のノード数を入力層より少なくし、入力層と出力層は同じノード数とします。これにより、データは隠れ層で小さい次元に圧縮（次元圧縮）されます（図4.1.1）。

図4.1.1　3層AutoEncoder

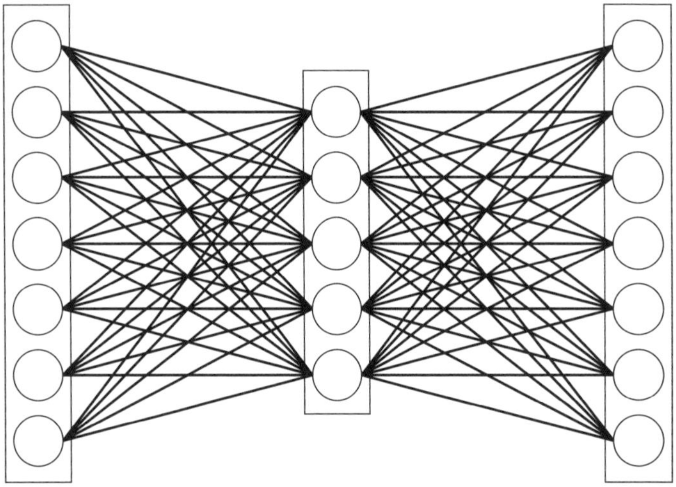

AutoEncoderは同じデータを入力と出力として学習を行います。こうすることで、入力データを**符号化**（Encode）した後に、**復号**（Decode）できるモデルができあがります。入力層から隠れ層が**符号器**（Encoder：エンコーダ）となり、隠れ層から出力層が**復号器**（Decoder：デコーダ）となります（図4.1.2）。

図4.1.2 符号器と復号器

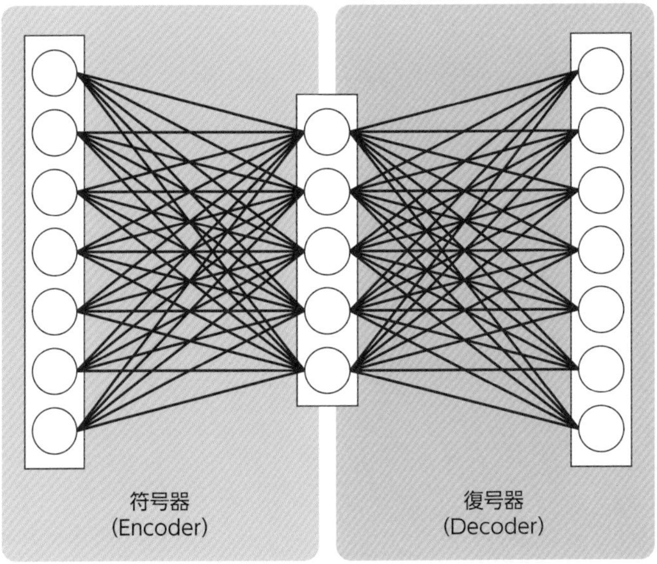

このような、入力層より隠れ層の次元が小さくなるAutoEncoderをUndercomplete Auto Encoderと呼びます。

Sparse AutoEncoder

Sparse AutoEncoderは、隠れ層の値を0に近づける(スパースにする)AutoEncoderです。実際には、隠れ層の出力に対して、L1正則化でペナルティを追加したものを損失に加算します。これにより、より少ないノード数で入力データを表現できるようになります。また、隠れ層の次元が入力層の次元より大きい場合でも、うまく学習できるようになります。このような、隠れ層の次元が入力層の次元より大きいAutoEncoderを、Overcomplete AutoEncoderと呼びます(図4.1.3)。

図4.1.3　Undercomplete AutoEncoderとOvercomplete AutoEncoder

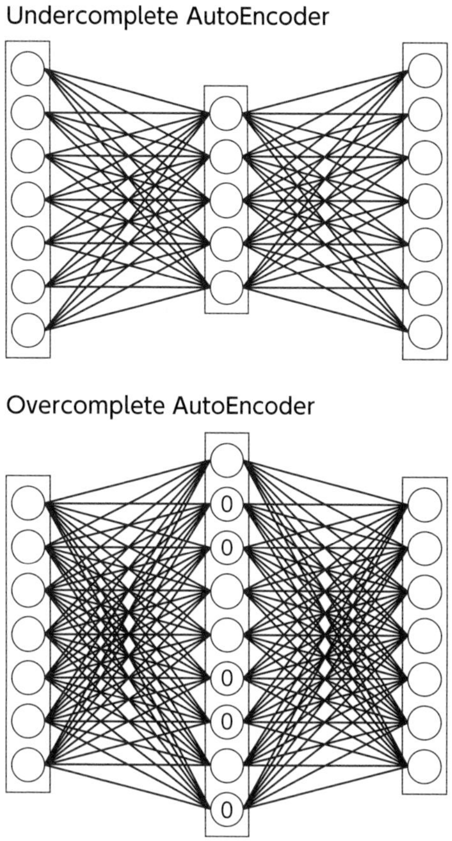

図4.1.4　Sparse AutoEncoder

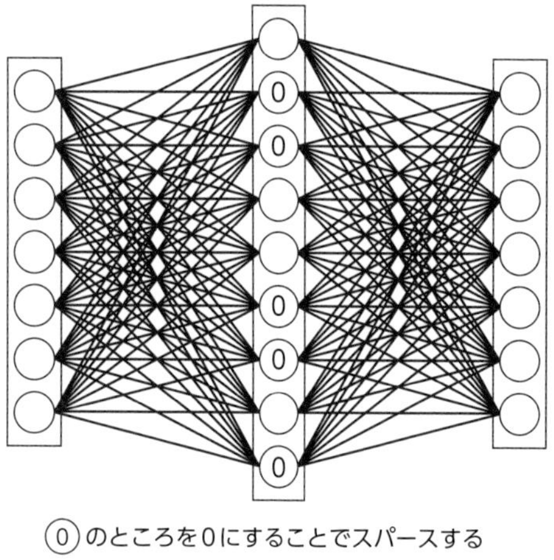

Overcomplete AutoEncoderでは、隠れ層で入力層の情報をそのまま表現できてしまうため、学習する際に工夫が必要になります。隠れ層の値を0に近づけるように学習することで、そのままコピーすることはできず、別の次元での表現が行えます。一見すると隠れ層の次元を大きくするのは無駄にも思えますが、ネットワーク全体での表現幅が広がるため、精度が上がります（図4.1.4）。

Denoising AutoEncoder

Denoising AutoEncoderは、入力データにノイズを加えて学習を行うAutoEncoderです。入力データにはノイズを追加して、教師データ（出力ノードに与えるデータ）には元の画像を使用します。こうすることで、ノイズのある画像からノイズが無い画像を生成できるようになります。一般的には、正規分布のノイズを加えます。

Denoising AutoEncoderは、ノイズがある状態から元画像に復号できるため、ノイズが無い画像に対しても高い精度で復元できます。また、前述したSparse AutoEncoderと同様に、Overcomplete AutoEncoderであった場合もうまく学習できます。入力データにはノイズがあり、出力データはノイズが無いため、単純なデータのコピーでは実現できないためです（図4.1.5）。

図4.1.5　Denoising AutoEncoder

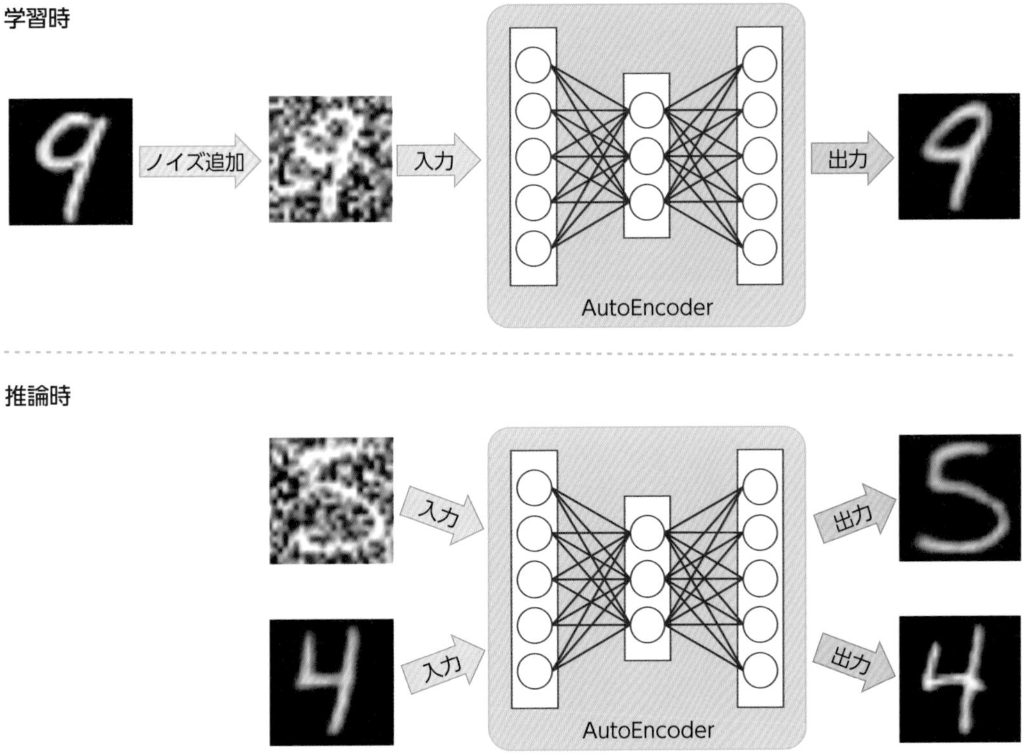

Deep AutoEncoder

Deep AutoEncoderは、中間層を追加し、その名の通りDeepにしたAutoEncoderです。通常のAutoEncoderは、エンコーダとデコーダに中間層が存在しません。エンコーダとデコーダそれぞれに中間層を追加したモデルがDeep AutoEncoderです（図4.1.6）。

図4.1.6　Deep AutoEncoder

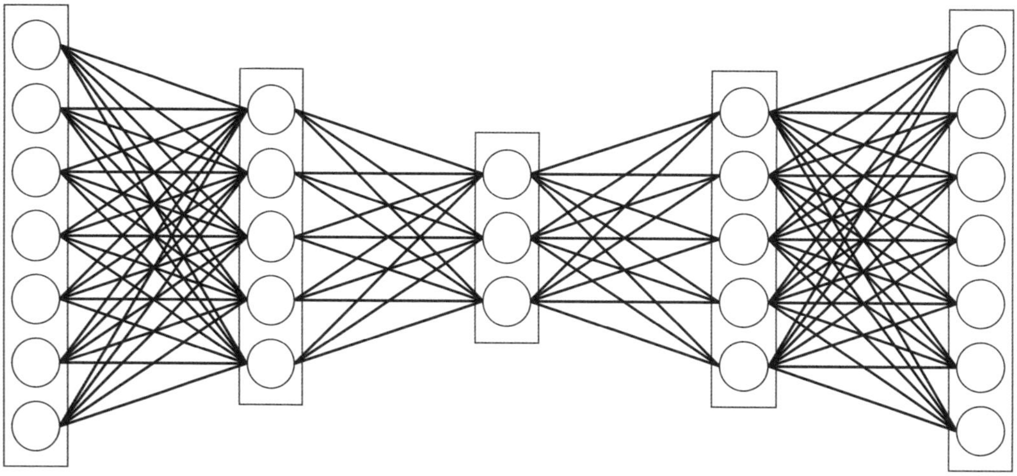

中間層が増えるため表現力が増え、汎化性能と精度を上げられます。しかし、層が深くなると学習が安定しない場合があります。こうした場合には、中間層を1層ずつ順番に学習していくと良いでしょう。

最初に中間層1層で学習を行います。次に、そこでできた中間層を入力層と出力層にして、新たな中間層1層を追加して学習します。これを繰り返していくことで、中間層が1層ずつ作られていきます（図4.1.7）。

図4.1.7　Deep AutoEncoderの学習

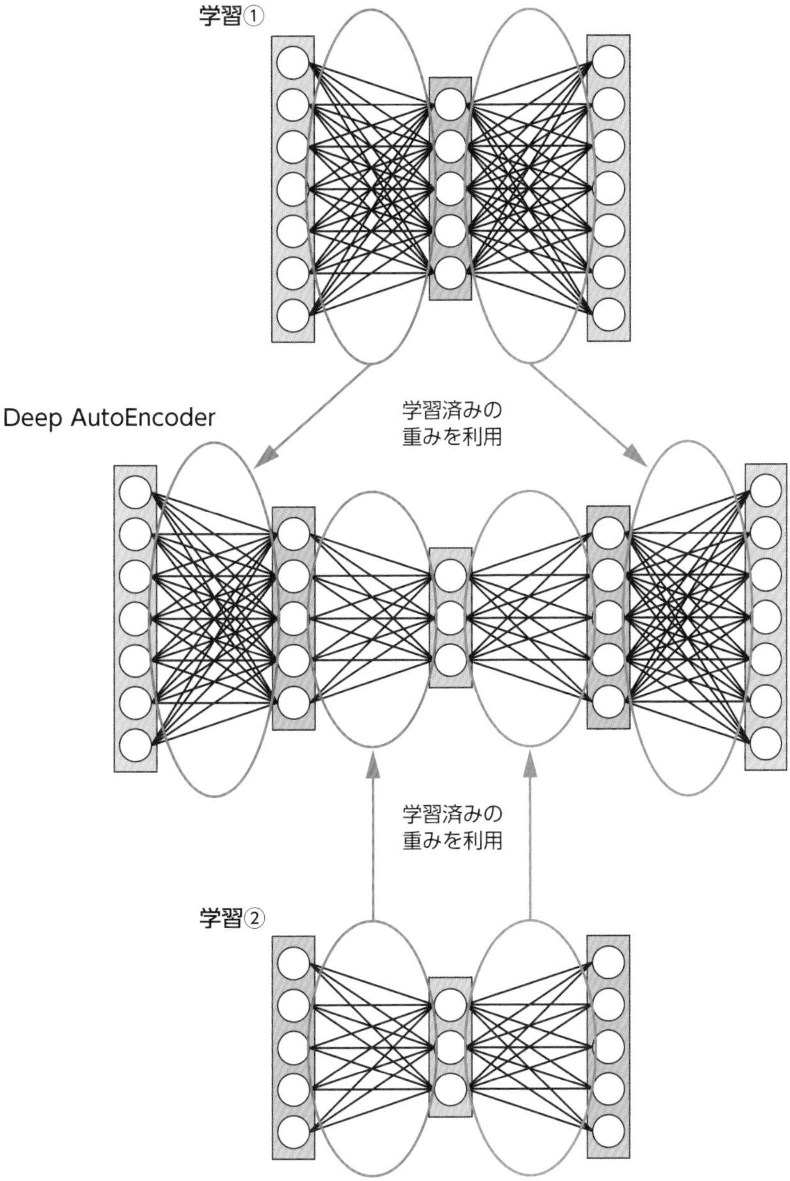

Convolutional AutoEncoder

Convolutional AutoEncoderは、中間層にCNN (Convolutional Neural Network) を使用したAutoEncoderです。CNNは、Convolution層によって、より画像の特徴を捉えられるネットワークです。これをエンコーダとデコーダとして使用することで、画像に対して強力なAutoEncoderになります (図4.1.8)。

図4.1.8　Convolutional AutoEncoder

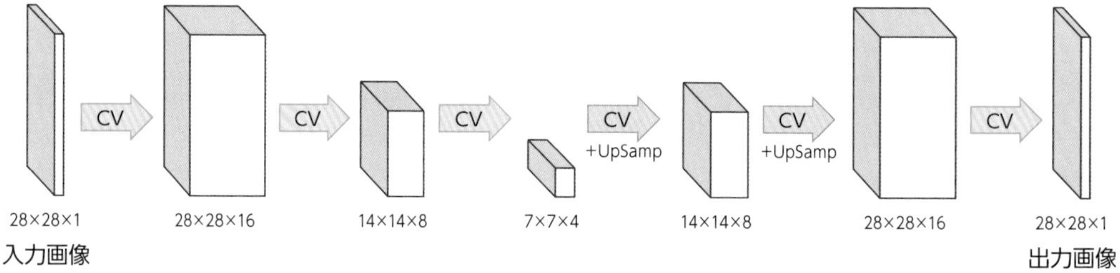

Variational AutoEncoder

AutoEncoderの次元圧縮されたデータを潜在変数と呼びます。通常のAutoEncoderでは、この潜在変数に次元数以外の制限がなく、学習によって自由に決まります。Variational AutoEncoder (VAE) は、この潜在変数にある制限をかけるAutoEncoderです。

「ある制限」とは、確率分布に従うようにする制限であり、主に正規分布が用いられます。うまく学習できたVAEにおける潜在変数は確率分布に従います。そこから復号するため、生成モデルになります (図4.1.9)。

図4.1.9　Variational AutoEncoderのイメージ

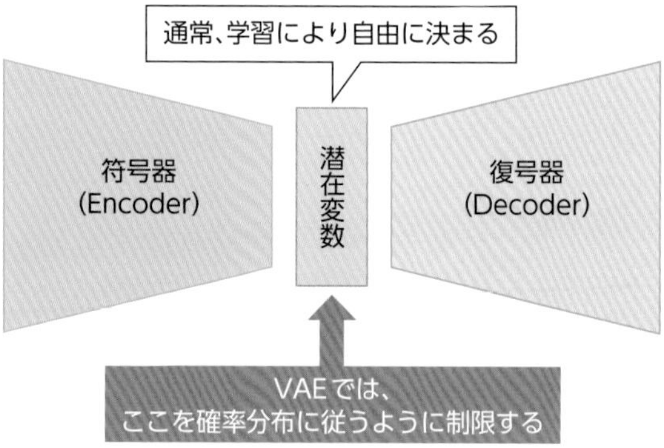

潜在変数を正規分布に従うようにすることで、似たようなデータの潜在変数は近い値になります。また、すべてのデータは連続的な分布になります。潜在変数を少し変更することで、出力を似たようなデータに変化させることができます。潜在変数の加減算による生成画像の加減算が行えるようにもなります（図4.1.10）。

図4.1.10 VAEによる連続的な出力結果

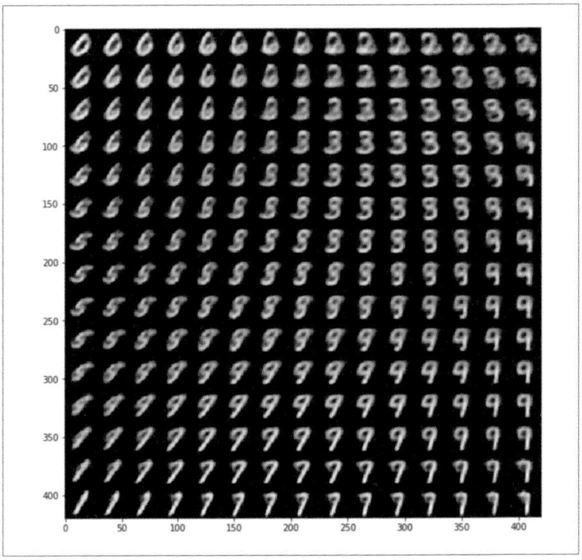

Convolutional AutoEncoderの実装

ここではUndercompleteなConvolutional AutoEncoderを実装してみましょう。次のような構造で実装します（図4.1.11）。

前半のエンコーダ部分では、入力データを徐々に小さくします。層の連なりで見ると、画像分類等に使われるCNNと同じように、Convolution層とMaxPooling層を使って特徴を畳み込みます。2つのConvolution層と1つのMaxPooling層を繋げたネットワークをConvolution Blockと呼びます。今回はUndercomplete AutoEncoderにするため、Convolution Blockを経る毎に画像サイズと特徴マップの数を小さくします（図4.1.12）。

図4.1.11　実装するConvolutional AutoEncoderのモデル構造

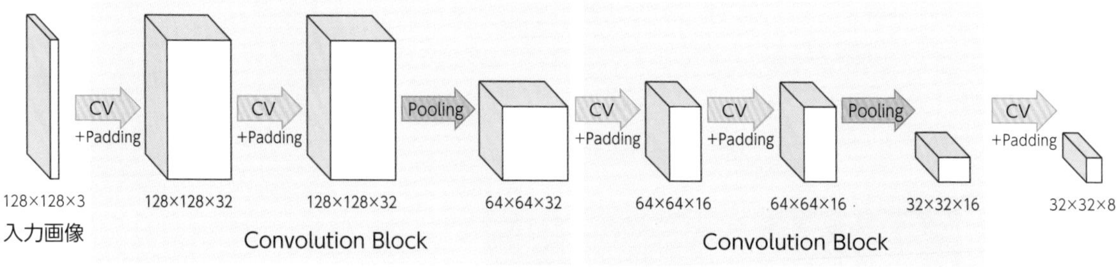

図4.1.12　Convolution Blockの違い

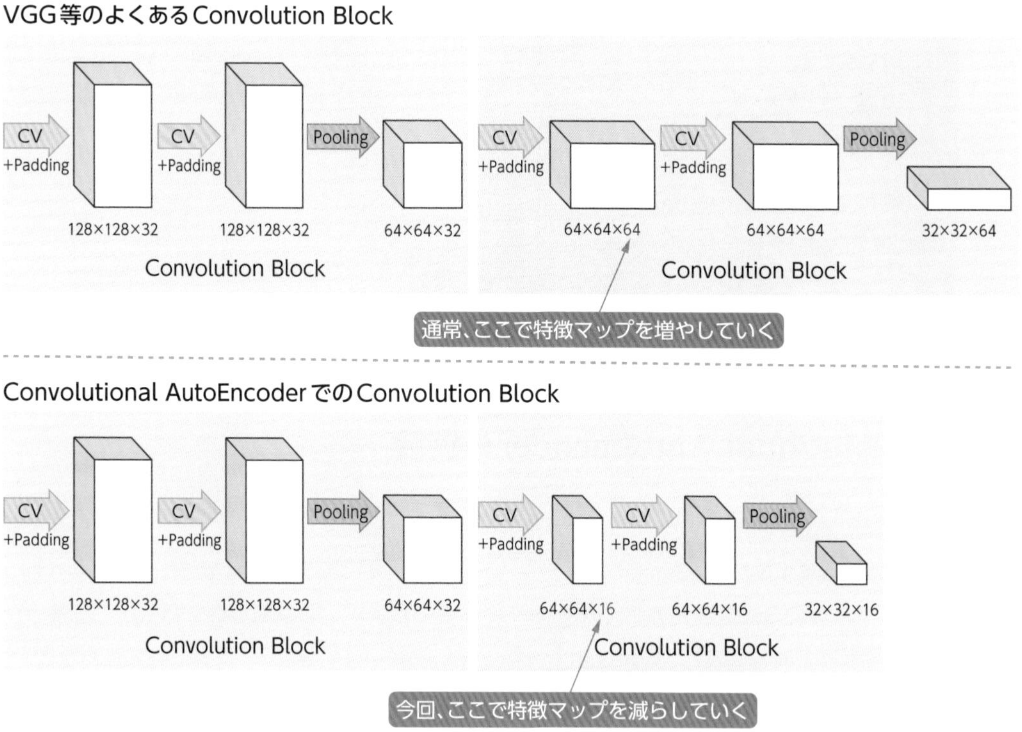

実装したモデルは**リスト4.1.1**の通りです。

リスト4.1.1　AutoEncoderの実装(models/auto_encoder.py)

```
from keras.models import Model
from keras.optimizers import Adam
from keras.layers import Input, Conv2D, MaxPooling2D, UpSampling2D
from keras.utils import multi_gpu_model
```

次ページへ続く

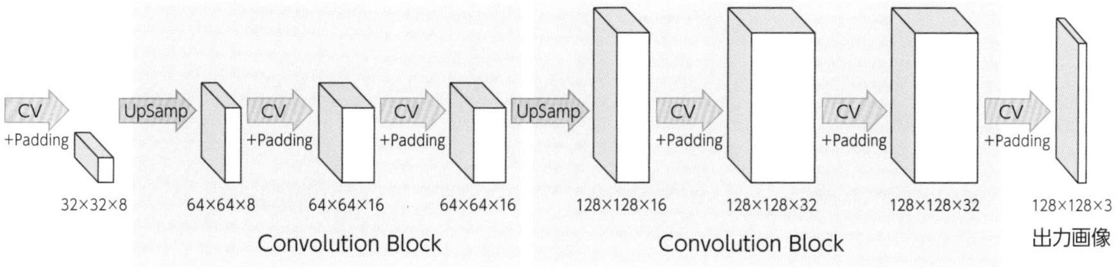


```
def AutoEncoder(gpu_num=1):
    input_layer = Input(shape=(128, 128, 3))

    conv11 = Conv2D(32, (3, 3), activation='relu', padding='same')(input_layer)
    conv12 = Conv2D(32, (3, 3), activation='relu', padding='same')(conv11)
    pool1 = MaxPooling2D()(conv12)

    conv21 = Conv2D(16, (3, 3), activation='relu', padding='same')(pool1)
    conv22 = Conv2D(16, (3, 3), activation='relu', padding='same')(conv21)
    encoded = MaxPooling2D()(conv22)

    conv31 = Conv2D(8, (3, 3), activation='relu', padding='same')(encoded)
    conv32 = Conv2D(8, (3, 3), activation='relu', padding='same')(conv31)

    up1 = UpSampling2D()(conv32)
    conv41 = Conv2D(16, (3, 3), activation='relu', padding='same')(up1)
    conv42 = Conv2D(16, (3, 3), activation='relu', padding='same')(conv41)

    up2 = UpSampling2D()(conv42)
    conv51 = Conv2D(32, (3, 3), activation='relu', padding='same')(up2)
    conv52 = Conv2D(32, (3, 3), activation='relu', padding='same')(conv51)

    decoded = Conv2D(3, (1, 1), activation='sigmoid', padding='same')(conv52)

    model = Model(inputs=input_layer, outputs=decoded)

    if gpu_num >= 2:
        model = multi_gpu_model(model, gpus=gpu_num)

    adam = Adam(lr=0.0001)
    model.compile(optimizer=adam, loss='binary_crossentropy')

    return model
```

入力レイヤー

7行目は入力レイヤーです。今回は、画像サイズ128×128のカラー(RGB)画像（チャンネル数3）を入力とします。

エンコーダ

エンコーダは、2 Block構成にします（10〜16行目）。最初のBlockのConvolution層は、3×3カーネルでpadding引数に'same'を指定して画像サイズを変えず、特徴マップ数filtersを32にします（10〜12行目）。以降のBlockでのConvolution層でも、同様の設定にし、特徴マップ数のみ半分に変更します。たとえば2つ目のBlock（14〜16行目）では、特徴マップ数を16にします。今回は2 Blockですが、3 Block以上で構成する場合もこのように、特徴マップ数を半分にします。それぞれのBlockの最後には、MaxPooling層を追加します。このMaxPoolingによって、画像サイズは、1つ目のBlockでは128×128から64×64に、2つ目のBlockでは64×64から32×32になります（図4.1.13）。

図4.1.13　現在の実装部分（エンコーダ部分）

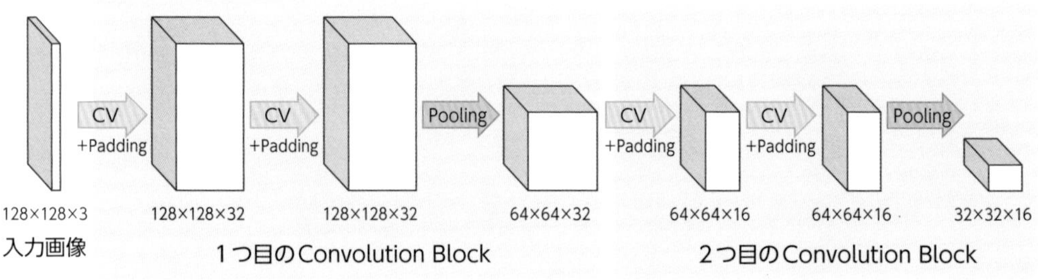

中間部分

エンコーダとデコーダの間にConvolution層を2つ追加します。これにより、さらにデータの次元を圧縮します。

それぞれのConvolution層には画像サイズを変えず、特徴マップ数を8に設定します（18〜19行目）。これにより、最初の入力データの次元である128×128×3＝49,152を、このエンコーダ部分と中間部分で32×32×8＝8,192まで圧縮できます（図4.1.14）。

図4.1.14 データの圧縮

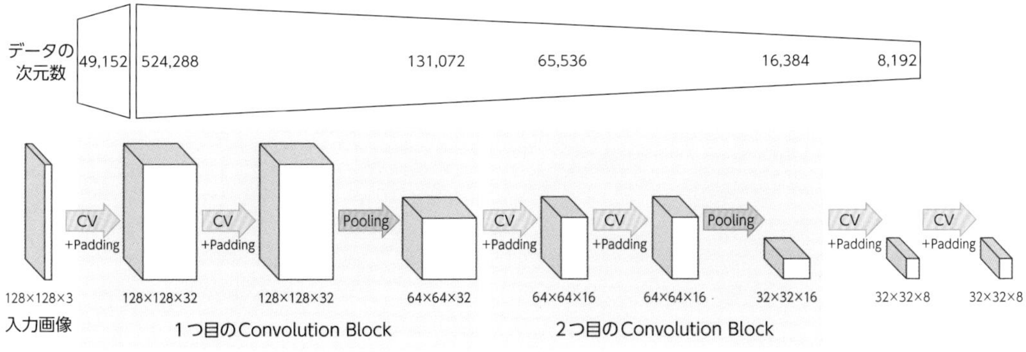

デコーダ

次に、デコーダ部分で、圧縮された次元を元に戻していきます。デコーダ部分は、エンコーダ部分をそのまま逆順にたどります。エンコーダの各Blockで画像サイズを小さくしていたMaxPooling層は、代わりにUpSampling層を使用します。

各Blockではまず、UpSampling層で特徴を拡大しながら画像サイズを大きくします。さらに2つのConvolution層を追加します。また、エンコーダと対称になるように、Blockの数を合わせて特徴マップ数を増やします（図4.1.15）。

エンコーダと対称にするため、デコーダも2層構造になります（21〜27行目）。1つ目のBlockは、エンコーダ部分の2つ目のBlock（14〜16行目）に対応します（21〜23行目）。そのため、UpSampling層をかけた後、エンコーダ部分と同様に画像サイズを変えず、特徴マップ数を16にするConvolution層を2つ追加します。

2つ目のBlockは、エンコーダ部分の1つ目のBlock（10〜12行目）に対応し、特徴マップ数を32にするConvolution層を追加します（25〜27行目）。画像サイズはデコーダの逆で、1つ目のBlockでは32×32から64×64に、2つ目のBlockでは64×64から128×128となります（図4.1.16）。

図4.1.15　エンコーダBlockとデコーダBlockの対応

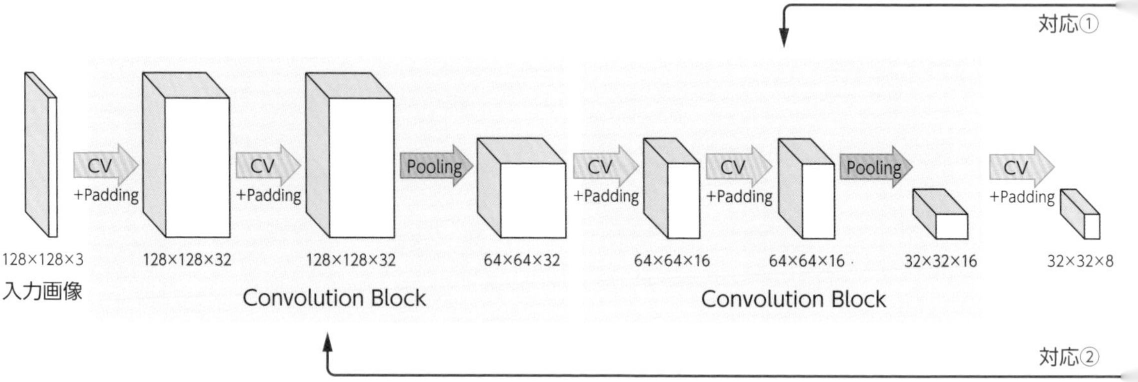

図4.1.16　現在の実装部分（デコーダ部分）

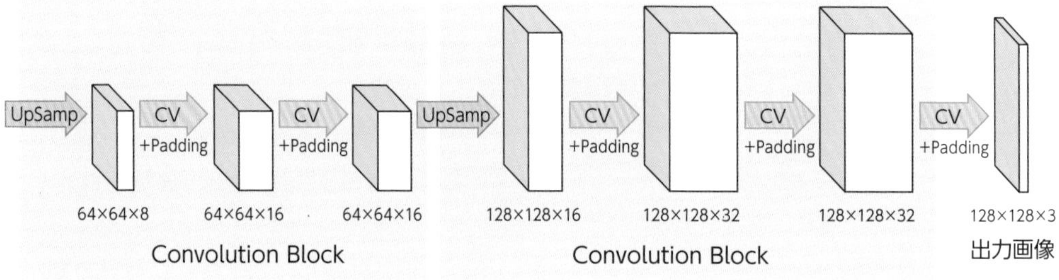

最後に、データを1つの画像データに戻すために、各ピクセル毎に全特徴マップをチャンネルデータとして畳み込みます。この処理は、画像を出力する形のモデルの場合に良く使われる処理です。

各ピクセル毎に特徴マップを畳み込むため、カーネルもストライドも1×1のConvolution層を追加します（29行目）。画像サイズは、すでに出力する画像のサイズになっているため、padding引数に'same'を指定します。このConvolution層で出力する特徴マップの数は、出力する画像データのチャンネル数に等しくします。今回は、カラー画像（RGB）を出力したいため、3を指定します。さらに、activationは、reluではなくsigmoidを指定します。これで、エンコーダ部分と中間部分で16×16×32＝8,192まで圧縮されたデータを、デコーダ部分と最後の層で128×128×3＝49,152に戻します（図4.1.17）。

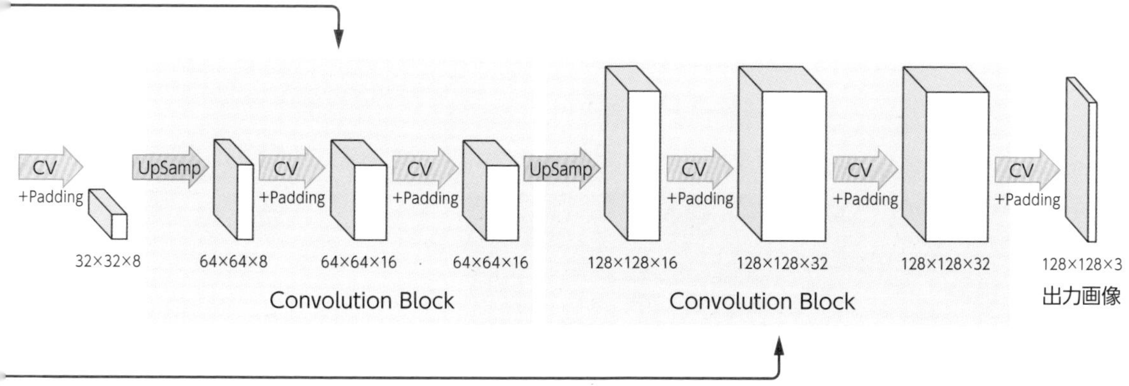

図4.1.17 データの拡大

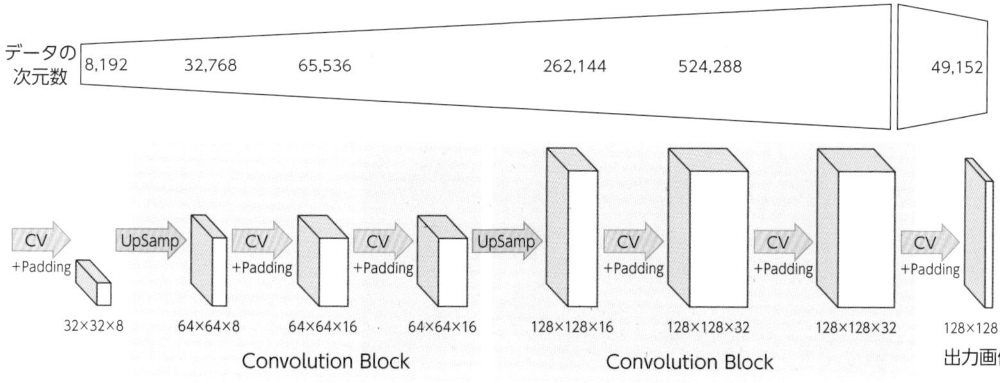

◆◆◆

これでUndercompleteなCnvolutional AutoEncoderのネットワークが実装できました。ここで使用した、

- 画像を縮小するMaxPooling層と拡大するUpSampling層を使ったBlock
- 画像化するため、サイズを変えないConvolution層を特徴マップに追加する手法

などは、画像を出力するニューラルネットワークモデルの基礎的な構造・手法になります。

最後に、モデルに指定して(31行目)complieします(37行目)。今回は、Learning Rate 0.0001のAdamをOptimizerに使用します。Loss関数には、'binary_crossentropy'を指定します。

実装を確認するために、**リスト4.1.2**のようなコードを作成して実行してみましょう。**図4.1.18**のように表示されれば実装完了です。

リスト4.1.2 AutoEncoder実装の確認(check_auto_encoder.py)

```
from models import AutoEncoder

model = AutoEncoder()

model.summary()
```

図4.1.18 AutoEncoder実装の確認結果(正常)

```
Model: "model_1"
_________________________________________________________________
Layer (type)                 Output Shape              Param #
=================================================================
input_1 (InputLayer)         (None, 128, 128, 3)       0
_________________________________________________________________
conv2d_1 (Conv2D)            (None, 128, 128, 32)      896
_________________________________________________________________
conv2d_2 (Conv2D)            (None, 128, 128, 32)      9248
_________________________________________________________________
max_pooling2d_1 (MaxPooling2 (None, 64, 64, 32)        0
_________________________________________________________________
conv2d_3 (Conv2D)            (None, 64, 64, 16)        4624
_________________________________________________________________
conv2d_4 (Conv2D)            (None, 64, 64, 16)        2320
_________________________________________________________________
max_pooling2d_2 (MaxPooling2 (None, 32, 32, 16)        0
_________________________________________________________________
conv2d_5 (Conv2D)            (None, 32, 32, 8)         1160
_________________________________________________________________
conv2d_6 (Conv2D)            (None, 32, 32, 8)         584
_________________________________________________________________
up_sampling2d_1 (UpSampling2 (None, 64, 64, 8)         0
_________________________________________________________________
conv2d_7 (Conv2D)            (None, 64, 64, 16)        1168
_________________________________________________________________
conv2d_8 (Conv2D)            (None, 64, 64, 16)        2320
_________________________________________________________________
up_sampling2d_2 (UpSampling2 (None, 128, 128, 16)      0
_________________________________________________________________
conv2d_9 (Conv2D)            (None, 128, 128, 32)      4640
_________________________________________________________________
conv2d_10 (Conv2D)           (None, 128, 128, 32)      9248
_________________________________________________________________
conv2d_11 (Conv2D)           (None, 128, 128, 3)       99
=================================================================
Total params: 36,307
Trainable params: 36,307
Non-trainable params: 0
```

4.2 データの準備

画像の正常・異常の検知を行うAutoEncoderで使用するデータを準備します。学習用に正常画像を、評価用に正常画像と異常画像を用意するのがポイントです。

AutoEncoderのデータ準備

AutoEncoderは、教師なしディープラーニングの一種です。そのため、教師データは無いと思われがちですが、正確には違います。AutoEncoderでは、入力データを教師データとしても使用します。

データの準備では、教師データを気にすることなく、入力データのみを準備します。また、AutoEncoderで異常検知を行う際の学習用データの準備においては、正常データを大量に集めるという点に留意してください。多くのニューラルネットワークのモデルでは、正常データだけでなく、異常データは異常として学習します。そのために大量の異常データを必要とします。しかしAutoEncoderは、学習していない異常データに限り、入力データと同じ出力を行えないという点を活用して異常の検出を行います。現実では異常データの収集は難しいため、AutoEncoderのような正常データのみで学習できるモデルは重宝されます。

ただし、AutoEncoderであっても、評価用データとしては異常データも準備する必要があります。学習に使用しなかった異常データを評価時に推論にかけることで、正常データの場合と比べてどれくらいの差が出るのか、正常データと分離が行えるのかといった観点で評価します。

データのダウンロード

今回の実践では、ネジ頭の潰れ(なめ)検知を行いましょう。こちらで準備したデータをダウンロードしてください[注4.1]。

データの構成

ダウンロードしたデータを展開すると、**図4.2.1**のように、「学習用データ(train)」「検証用データ(valid)」「評価用データ(eval_ok, eval_ng)」に分かれています。データはすべて128×128のカラーPNG画像です。

学習用データと検証用データは、ネジ頭の潰れていない正常なデータのみで構成されています。検証用データは、学習用に集めた310枚のデータから約20%にあたる60枚をランダムに抜き出して作成しています。そのため、学習用データと検証用データに大きな差は無く、それぞれ250枚、60枚です。一般に検証用データは、学習用データの10〜20%くらいを使いますが、割合よりも数が重要です。また、学習用データと検証用データに同じデータを使用したり、学習用データから生成したデータは使用しません。そのようなデータを使用した場合、正当な精度にはならず、過学習等が検知できなくなります。

評価用データは、ネジ頭の潰れていない正常データ33枚と、ネジ頭の潰れている異常データ36枚で構成されています。正常な評価用データは、学習用データや検証用データとは違う、新たに撮影したデータを使用しています。

著者自ら作成したため、どのデータも少量になっています。実際のプロジェクトでも、少量のデー

注4.1 https://gihyo.jp/book/2021/978-4-297-11942-3/support

タから行わなければならない場合もあるため、このまま進めます。

図4.2.1　データのフォルダ

```
/
└ screw/
   ├ train/
   │  ├ t_001.png
   │  ├ t_002.png
   │  ⋮
   ├ valid/
   │  ├ v_001.png
   │  ├ v_002.png
   │  ⋮
   ├ eval_ok/
   │  ├ eok_001.png
   │  ├ eok_002.png
   │  ⋮
   ├ eval_ng/
   │  ├ eng_001.png
   │  ├ eng_002.png
   │  ⋮
```

データの量と評価の精度

評価の精度に関して注意が必要です。

単純に考えると、評価用のデータが少なければその評価に対する信頼度や精度が低くなります。たとえば、今回のような正常と異常の二値に振り分ける二値分類において、50枚のデータで評価できる精度は5%単位です。1%単位の精度が必要な場合は100枚以上、0.1%単位であれば1,000枚以上の評価用データを用意する必要があります。少ないデータで評価を行う場合は、評価できる最小単位についてプロジェクトの関係者全体で認識を合わせましょう。

4.3 AutoEncoderによる学習

正常・異常の検知をAutoEncoderで行う際は、正常画像のみを使って学習を行います。学習の途中で出力データがどのようになっているのか、可視化して確認してみましょう。

学習の実装

学習用ソースコードは、以下の2つのファイルで構成します。

- utils/image_loader.py：画像を読み込むモジュール
- train.py：学習を行うモジュール

画像を読み込むモジュールの実装

使用する画像データを読み込むモジュールを実装します（**リスト4.3.1**）。学習時以外にも推論等で使用できるため、分けておくと便利でしょう。

リスト4.3.1　画像を読み込むモジュール（utils/image_loader.py）

```
import cv2
import glob
import numpy as np
import os


class ImageLoader():
    def __init__(self, dir_path, image_size):
        self.__dir_path = dir_path
        self.__image_size = image_size

    def load(self):
        images = []
        files = glob.glob(os.path.join(self.__dir_path, '*.png'))
        files.sort()
        for file_path in files:
            img = cv2.imread(file_path)
            img = cv2.resize(img, self.__image_size)
            img = img / 255
            images.append(img)
        images = np.array(images)
        return images
```

utils/image_loader.pyでは、画像を読み込むクラスImageLoaderを実装します（7〜22行目）。コンストラクタでは、画像が置かれているディレクトリのパスと、読み込む画像サイズを受け取ります（8〜10行目）。読み込み後に、すべての画像をここで指定された画像サイズにリサイズします。

load関数は、実際に画像データを読み込む関数です（12〜22行目）。コンストラクタで受け取ったディレクトリにある画像データをすべて読み込みます。ここでは、対象の画像ファイルの形式はpngとしています。読み込んだ画像は、コンストラクタで指定されたサイズにリサイズされます。また、学習で使うために、各画素の値を255で割って[0-1]に正規化します。

すべてのデータを読み込んだ後、最後に全体をNumpy配列化して返します。以上が、ImageLoaderクラスの実装になります。

image_loader.pyは、ソースコード全体を管理しやすくするため、utilsディレクトリに保存します。そして、このImageLoaderクラスを外部から使えるように、**リスト4.3.2**の内容でutils/__init__.pyを作成しましょう。

リスト4.3.2　utils/__init__.py

```
from .image_loader import ImageLoader
```

学習部分の実装

実際のAutoEncoderの学習部分の実装です（**リスト4.3.3**）。

リスト4.3.3　AutoEncoderの学習部分の実装（train.py）

```
import cv2
import glob
import os

from keras.callbacks import TensorBoard

from models import AutoEncoder
from utils import ImageLoader


DATA_DIR = os.path.join('data')
TRAIN_DATA_DIR = os.path.join(DATA_DIR, 'train')
VALID_DATA_DIR = os.path.join(DATA_DIR, 'valid')
LOGS_DIR = os.path.join('logs')
MODEL_FILEPATH = os.path.join('results', 'autoencoder_experiment_01.h5')


model = AutoEncoder(gpu_num=8)
image_size = model.input.shape[1:3]
```

次ページへ続く

```
20
21 model.summary()
22
23 train_images = ImageLoader(TRAIN_DATA_DIR, tuple(image_size)).load()
24 valid_images = ImageLoader(VALID_DATA_DIR, tuple(image_size)).load()
25
26 tensorboard_callback = TensorBoard(log_dir=LOGS_DIR)
27
28 model.fit(
29     train_images,
30     train_images,
31     validation_data=(valid_images, valid_images),
32     batch_size=125,
33     epochs=100,
34     callbacks=[tensorboard_callback]
35 )
36
37 model.save(MODEL_FILEPATH)
```


5行目までは、このソースコードで使用する汎用的なPythonのモジュールのインポートです。

「4.1 モデルの実装」で事前に実装したAutoEncoderのモデルモジュールをインポートします(7行目)。utilsモジュールからImageLoaderクラスをインポートします(8行目)。

使用するディレクトリのパスを定数として定義します(11〜15行目)。TRAIN_DATA_DIRとVALID_DATA_DIRは、それぞれ学習用データと検証用データがあるディレクトリパスです。LOGS_DIRは学習のログを、MODEL_FILEPATHは学習済みモデルを保存するディレクトリパスです。

モデルファイル名は、実験1回目とわかるように、autoencoder_experiment_01.h5とします。ここで、それぞれのディレクトリとファイルの構成を整理しておきましょう。図4.3.1のような構成になります。

図4.3.1　学習に関わるディレクトリとファイルの構成

```
/
├─ train.py
├─ models/
│   ├─ __init__.py
│   └─ auto_encoder.py
├─ utils/
│   ├─ __init__.py
│   └─ image_loader.py
├─ data/
│   ├─ train/
│   │   ├─ t001.png
│   │   ├─ t002.png
│   │   ⋮
│   ├─ valid/
│   │   ├─ v001.png
│   │   ├─ v002.png
│   ⋮   ⋮
├─ valid/
├─ results/
│   └─ autoencoder_experiment_01.h5    ここに学習済みモデルが保存される
│
```

ソースコードの説明に戻ります。モデル構造を生成します（18行目）。gpus引数は、自分の環境に合わせて設定してください。また、後のデータ読み込みのために、モデル構造から入力データのサイズを取得します（19行目）。今回のモデル構造を確認するためにモデルのsummary関数を呼びます（21行目）。

学習用データと検証用データをそれぞれ、先に実装したImageLoaderを使って画像を読み込みます（23～24行目）。第1引数には12～13行目で定義したディレクトリパスを指定します。第2引数には19行目で取得した画像サイズを渡します。ここで、tupleに変換して渡す必要があることに注意しましょう。これでImageLoaderクラスのインスタンスが作成できるため、後ろに.load()をつけてデータを読み込みます。

学習の監視用にTensorBoardクラスのインスタンスを生成します（26行目）。

学習関数を呼び出します（28～35行目）。学習用の入力データを指定する第1引数には、23行目で読み込んだtrain_imagesを指定します。第2引数には学習用の教師データを指定しますが、

AutoEncoderは教師データが入力データとなるため、第1引数と同じくtrain_imagesを指定します。validation_dataには検証用の入力データと教師データを指定します。学習と同じように読み込んだvalid_imagesを指定します。batch_size引数には、環境で可能な限り大きく学習用データ数を割り切れる数を入れておきましょう。筆者の環境では125としています。epochs引数に設定するEpoch数は、いったん100とします。callbacks引数には、26行目で生成したTensorBoardクラスのインスタンスを配列にして渡します。

最後に学習したモデルをsave関数を使って保存します（37行目）。保存モデル名は、15行目で定義したパスを使用します。

動作確認

学習環境にソースコードとデータを用意し、仮学習を実行してみましょう。train.pyがあるディレクトリで`python train.py`を実行します。図4.3.2のように出力されれば学習が開始されています。2〜3Epoch様子を見てみましょう。

図4.3.2　学習の動作確認

```
__________________________________________________________________________________________________
Layer (type)                    Output Shape         Param #     Connected to
==================================================================================================
input_1 (InputLayer)            (None, 128, 128, 3)  0
__________________________________________________________________________________________________
lambda_1 (Lambda)               (None, 128, 128, 3)  0           input_1[0][0]
__________________________________________________________________________________________________
lambda_2 (Lambda)               (None, 128, 128, 3)  0           input_1[0][0]
__________________________________________________________________________________________________
lambda_3 (Lambda)               (None, 128, 128, 3)  0           input_1[0][0]
__________________________________________________________________________________________________
lambda_4 (Lambda)               (None, 128, 128, 3)  0           input_1[0][0]
__________________________________________________________________________________________________
lambda_5 (Lambda)               (None, 128, 128, 3)  0           input_1[0][0]
__________________________________________________________________________________________________
lambda_6 (Lambda)               (None, 128, 128, 3)  0           input_1[0][0]
__________________________________________________________________________________________________
lambda_7 (Lambda)               (None, 128, 128, 3)  0           input_1[0][0]
__________________________________________________________________________________________________
lambda_8 (Lambda)               (None, 128, 128, 3)  0           input_1[0][0]
__________________________________________________________________________________________________
model_1 (Model)                 (None, 128, 128, 3)  36307       lambda_1[0][0]
                                                                 lambda_2[0][0]
                                                                 lambda_3[0][0]
                                                                 lambda_4[0][0]
                                                                 lambda_5[0][0]
                                                                 lambda_6[0][0]
                                                                 lambda_7[0][0]
                                                                 lambda_8[0][0]
__________________________________________________________________________________________________
conv2d_11 (Concatenate)         (None, 128, 128, 3)  0           model_1[1][0]
                                                                 model_1[2][0]
                                                                 model_1[3][0]
                                                                 model_1[4][0]
                                                                 model_1[5][0]
                                                                 model_1[6][0]
                                                                 model_1[7][0]
                                                                 model_1[8][0]
==================================================================================================
Total params: 36,307
Trainable params: 36,307
Non-trainable params: 0
__________________________________________________________________________________________________
WARNING:tensorflow:From /home/ubuntu/anaconda3/lib/python3.6/site-packages/tensorflow/python/ops/math
l be removed in a future version.
Instructions for updating:
Use tf.cast instead.
Train on 250 samples, validate on 60 samples
Epoch 1/100
250/250 [==============================] - 11s 44ms/step - loss: 0.6932 - val_loss: 0.6930
Epoch 2/100
250/250 [==============================] - 1s 2ms/step - loss: 0.6930 - val_loss: 0.6928
Epoch 3/100
250/250 [==============================] - 1s 2ms/step - loss: 0.6928 - val_loss: 0.6925
```

また、別コンソールで同じディレクトリに移動し、`tensorbord --logdir=logs`でTensorBoardを起動してください。ブラウザからhttp://localhost:6006にアクセスし、TensorBoardの出力を見てみましょう。筆者の環境では図4.3.3のようになりました。

図4.3.3　仮学習のTensorBoard出力

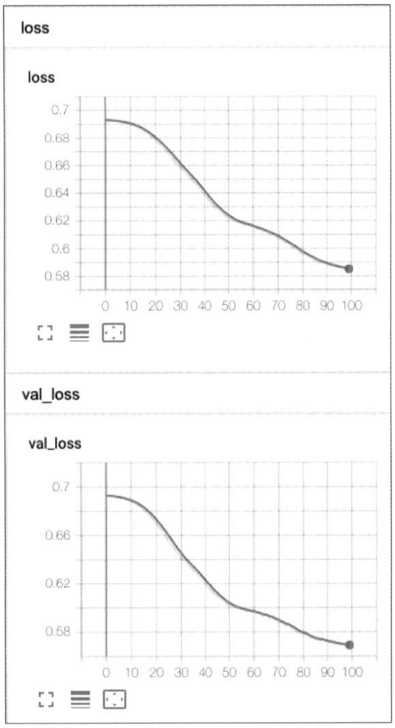

lossもval_lossもどちらも下がっており、学習が正常に進んでいることが確認できます。ただし、まだ下がりそうな様子です。学習ができるかどうかの確認はできたため、次の学習ではEpoch数を増やしましょう。

学習の可視化

実装したプログラムでも十分に学習が行えますが、どのように学習が進んでいるかを可視化しましょう。

使用しているTensorBoardでの学習曲線の表示も、可視化の1つと言えます。ただし、学習曲線だけでは今のモデルが実際どのような出力を行っているかはわかりません。そこで、学習の途中でモデルがどのような推論を行っているのか、可視化をします。

コールバッククラスの作成

Kerasの学習中に何か処理を行いたい場合は、コールバッククラスを作成し、callbacksとして設定します。コールバッククラスは、keras.callbacksのCallbackクラスを継承して作成します。Callbackクラスにはいくつかのタイミングで呼び出されるコールバックメソッドが用意されています。必要なコールバックメソッドを適切にオーバーライドしましょう。今回は、各Epoch後に処理をしたいため、on_epoch_endメソッドをオーバーライドします。

リスト4.3.4が、今回行う可視化用コールバッククラスPredictCallbackのソースコードです。

リスト4.3.4　学習の可視化を行うコールバッククラス(utils/predict_callback.py)

```
import os
import cv2
import math
import numpy as np
import keras.callbacks as KC


class PredictCallback(KC.Callback):
    """
    Predict Callback Class
    """

    def __init__(self, targets, output_dir, block_size=3, period=1, verbose=0):
        super(PredictCallback, self).__init__()
        self.__targets = targets
        self.__output_dir = output_dir
        self.__verbose = verbose
        self.__period = period
        self.__block_size = block_size


    def __log(self, *args):
        if self.__verbose > 0:
            print('<PredictCallback> ', *args)


    def on_epoch_end(self, epoch, logs=None):
        if (epoch + 1) % self.__period != 0:
            return

        if len(self.__targets) < 1:
            return

        preds = self.model.predict(self.__targets)
        preds = preds * 255

```

次ページへ続く

```
37         preds_img = self.__make_image_tile(preds)
38 
39         filename = 'Epoch%04d_predict.png' % (epoch + 1)
40         save_path = os.path.join(self.__output_dir, filename)
41         cv2.imwrite(save_path, preds_img)
42 
43         self.__log('\nEpoch %04d: saving preds .' % (epoch + 1))
44 
45 
46     def __make_image_tile(self, imgs):
47         split_num = math.ceil(len(imgs) / self.__block_size)
48         img_block_hs = np.array_split(imgs, split_num)
49         img_block = []
50         for img_block_h in img_block_hs:
51             img_block_ws = []
52             for img_block_w in img_block_h:
53                 img_block_ws.append(img_block_w)
54             img_block.append(np.hstack(img_block_ws))
55         return np.vstack(img_block)
```

コンストラクタ内では、この後のコールバックメソッド内で使用する指定情報を受け取ります（**表4.3.1**）。

表4.3.1　受け取る情報

情報	概要
targets	可視化する対象のデータのリスト。ここに指定されたデータに対して推論を行う
output_dir	可視化したデータの出力先。指定されたディレクトリに推論したデータをまとめた1枚のpng画像を出力する
block_size	推論後のデータを横にいくつ並べて出力するか。ここで指定した数ずつデータが横に並んだpng画像が出力される
period	コールバックの動作周期の設定。ここで指定した周期ごとに、このコールバックが動作するようになる
verbose	コンソールへのログ出力の設定。1以上の値が渡されると、コンソールログを出力する

__log関数は、このクラス内で使用するログ用関数です（22～24行目）。コンストラクタで指定されたverboseに従ってログを出力し、ログ文字列の先頭にクラス名を追加して出力します。

このコールバッククラスのメインはon_epoch_end関数です（27～43行目）。対象とするデータが1つ以上あることを確認した後（31行目）、学習中の現在のモデルで推論します（34行目）。その結果を__make_image_tile関数で1枚の画像に変換します（37行目）。そして、エポック番号を付けたファイル名「EpochXXXX_predict.png（XXXXにエポック番号が入る）」でoutput_dirで指定されたディレクトリに、変換した画像を保存します（39～41行目）。

__make_image_tileは、推論結果の画像を1枚の画像に変換します(46~55行目)。列数を示すblock_sizeを元に、受け取った複数の画像をタイル状に並べた画像を生成します。水平方向に画像を結合し(51〜54行目)、さらに垂直方向に画像を結合する(55行目)ことでタイル状に並べた画像を生成しています[注4.2]。

これで、コールバッククラスは完成です。最後にutils/__init__.pyに**リスト4.3.5**の1行を追加し、モジュールとして定義します。

リスト4.3.5　__init__.pyへの追加部分

```
from .predict_callback import PredictCallback
```


コールバッククラスの使用

学習用ソースコードでこのコールバッククラスを使用しましょう。元の学習用ソースコード(train.py)を変更します。変更後の学習用ソースコードが**リスト4.3.6**になります。

注4.2　Epochごとに出力が蓄積されるため、データごとに出力した場合、大量の出力データを取り扱う必要があります。1つの画像に変換することで、出力データ数を抑制し、各Epochにおける変化を確認しやすくします。

リスト4.3.6　可視化を追加した学習の実装(サンプル内のtrain_with_visualization.pyを参照)

```
import cv2
import glob
import os

from keras.callbacks import TensorBoard

from models import AutoEncoder
from utils import ImageLoader, PredictCallback


DATA_DIR = os.path.join('data')
TRAIN_DATA_DIR = os.path.join(DATA_DIR, 'train')
VALID_DATA_DIR = os.path.join(DATA_DIR, 'valid')
LOGS_DIR = os.path.join('logs')
DEBUG_DIR = os.path.join('debugs')
MODEL_FILEPATH = os.path.join('results', 'autoencoder_experiment_01.h5')


model = AutoEncoder(gpu_num=8)
image_size = model.input.shape[1:3]

model.summary()

train_images = ImageLoader(TRAIN_DATA_DIR, tuple(image_size)).load()
valid_images = ImageLoader(VALID_DATA_DIR, tuple(image_size)).load()
```

次ページへ続く

```
26
27 targets = train_images[:9] + valid_images[:9]
28 predict_callback = PredictCallback(targets, DEBUG_DIR, period=5, verbose=1)
29 tensorboard_callback = TensorBoard(log_dir=LOGS_DIR)
30
31 model.fit(
32     train_images,
33     train_images,
34     validation_data=(valid_images, valid_images),
35     batch_size=125,
36     epochs=500,
37     callbacks=[tensorboard_callback, predict_callback]
38 )
39
40 model.save(MODEL_FILEPATH)
```

大まかな構成は、「4.1　モデルの実装」で実装した学習用ソースコードtrain.pyと同じです。変更点のみに着目して説明します。

1つ目の変更点は、インポート文です（8行目）。先程実装したPredictCallbackクラスを使えるように、ここでインポートします。

2つ目の変更点は、ディレクトリパスの定数定義です（15行目）。DEBUG_DIRとして、可視化結果の出力先を定数として定義します。

3点目がメインの変更で、PredictCallbackクラスのインスタンス作成部分になります。可視化用に学習用データと検証用データからデータを一部取ってきて1つのデータに変換します。今回はそれぞれ9枚ずつ合計18枚を可視化に使います。次にPredictCallbackクラスのインスタンスを作成します（28行目）。第1引数には直前で作った可視化対象のデータtargetsを指定し、第2引数には15行目で定義したDEBUG_DIR定数を指定します。period引数には5を指定することで、5Epoch毎に可視化を行います。出力回数が多い場合はperiodを大きくして調整してください[注4.3]。

さらに、このコールバックが動作しているか確認するため、verbose引数に1を指定しコンソールにログを出力します。出力されるデータが大きすぎると感じた場合は、対象データ数を減らしてください。その際、対象データ数はblock_sizeのデフォルト設定である3の倍数にするか、block_sizeを調整して対象データ数を割り切れる数にしてください。

最後の変更点は、fit関数のcallbacks引数の指定の変更です（37行目）。callbacksへ渡す配列に上で生成したPredictCallbackクラスのインスタンスpredict_callbackを追加します。また、仮学習でEpoch数が足りなかったため、500Epochまで増やします。

注4.3　小さい値を設定するとより学習の進み具合を見て取れます。

可視化付きで学習を実行

実際に可視化付きで学習を実行してみましょう。P.137の学習実行時と同じように、train.pyがあるディレクトリで`python train.py`を実行します。同じように、図4.3.4のような出力が始まれば学習が開始されています。最低でもPredictCallbackで指定したEpoch数分は様子を確認しましょう。

図4.3.4　可視化付き学習の動作確認

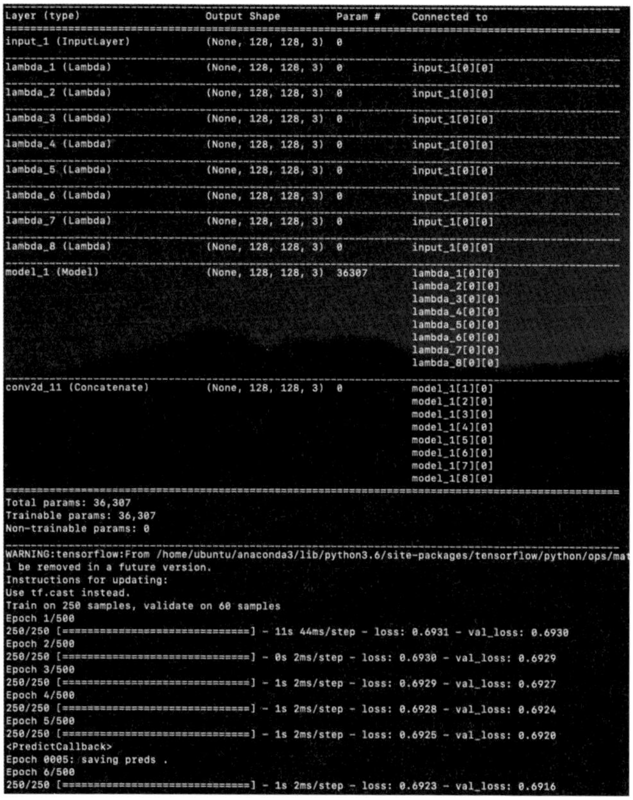

図4.3.4では5Epoch目と6Epoch目の間でPredictCallbackクラスのログが出力されていると確認できます。注意点として、PredictCallbackクラスの実装にミスがある場合や渡すデータを間違えた場合、コールバックが初めて呼び出された時点でプログラムが停止します。指定したEpoch数までは動作を確認することをお勧めします。

ブラウザからhttp://localhost:6006にアクセスし、TensorBoardの出力を見てみましょう。筆者の環境での学習完了時の結果は図4.3.5のようになりました。同じように、lossとval_lossが下がり、収束していれば学習は完了です。

図4.3.5　仮学習のTensorBoard出力

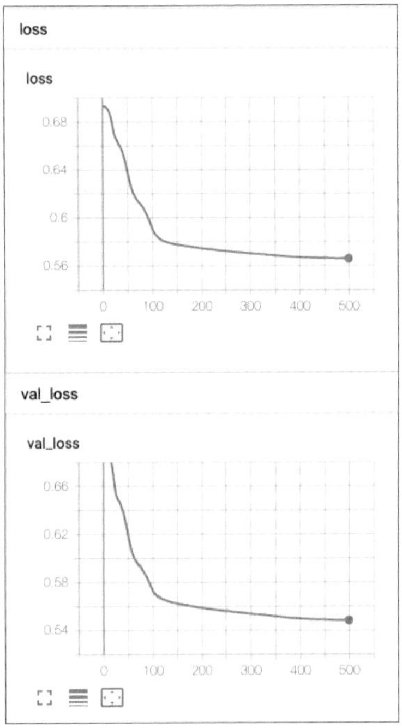

最後に、今回実装した可視化画像を見てみましょう。Epoch数が少ない時の可視化画像では全体が黒っぽくなり何かわからないものが出力されています（図4.3.6）。

Epoch数が進んだ可視化画像を見てみましょう。周囲の色が変化し、大まかに形が近づいてきているのが見て取れます（図4.3.7）。

さらに進んでlossが収束しきった状態の可視化画像を見てみましょう。多少の違いはあるものの、オリジナルの画像に非常に似た形になっていることが確認できます（図4.3.8）。

図4.3.6　10Epoch目の可視化画像

図4.3.7　40Epoch目の可視化画像

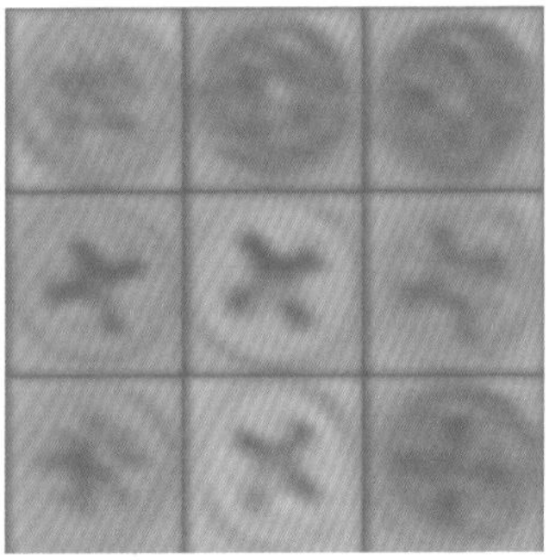

図4.3.8　500Epoch目の可視化画像

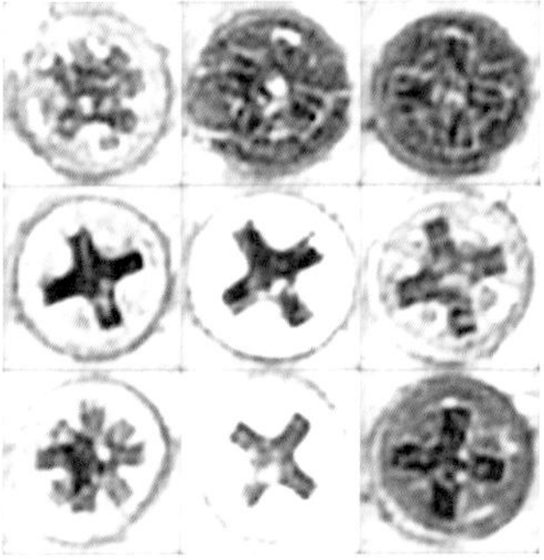

ディープラーニングのモデルが順番に形を学んでいることが、可視化によってわかります。また、比較的早い段階で大まかな形は学習されており、後半に色味や細かい点が学習されると分かりました。

4.4 評価

- AutoEncoderによる正常・異常の検知では、AIの出力をそのまま判定に使わず、異常値を算出した後で検知を行います。

推論の実装

TensorBoardとPredictCallbackの可視化によって学習が完了したことが確認できたため、すべてのデータを推論するソースコードを実装し、推論結果を確認しましょう。AutoEncoderの推論の実装は、**リスト4.4.1**のようになります。

リスト4.4.1 AutoEncoderの推論の実装(predict.py)

```
import os

import cv2
from keras.models import load_model
from utils import ImageLoader


MODEL_FILE_NAME = 'autoencoder_experiment_01.h5'
MODEL_PATH = os.path.join('results', MODEL_FILE_NAME)
DATA_DIR = os.path.join('data')
TRAIN_DATA_DIR = os.path.join(DATA_DIR, 'train')
VALID_DATA_DIR = os.path.join(DATA_DIR, 'valid')
EVAL_OK_DATA_DIR = os.path.join(DATA_DIR, 'eval_ok')
EVAL_NG_DATA_DIR = os.path.join(DATA_DIR, 'eval_ng')
OUTPUT_DIR = os.path.join('outputs')
TRAIN_OUTPUT_DIR = os.path.join(OUTPUT_DIR, 'train')
VALID_OUTPUT_DIR = os.path.join(OUTPUT_DIR, 'valid')
EVAL_OK_OUTPUT_DIR = os.path.join(OUTPUT_DIR, 'eval_ok')
EVAL_NG_OUTPUT_DIR = os.path.join(OUTPUT_DIR, 'eval_ng')


model = load_model(MODEL_PATH)
image_size = model.input.shape[1:3]
image_size = tuple(image_size)
```

次ページへ続く

```
25
26 def predicts(images, filenames, output_dir):
27     os.makedirs(output_dir, exist_ok=True)
28
29     print('predicts ', len(images), ' files .')
30     preds = model.predict(images)
31     for img, fname, pred in zip(images, filenames, preds):
32         output_img = pred * 255
33
34         output_path = os.path.join(output_dir, os.path.basename(fname))
35         cv2.imwrite(output_path, output_img)
36     print('saved predicts .')
37
38 train_images, train_fnames = ImageLoader(TRAIN_DATA_DIR, image_size).load(with_
   filenames=True)
39 valid_images, valid_fnames = ImageLoader(VALID_DATA_DIR, image_size).load(with_
   filenames=True)
40 eval_ok_images, eval_ok_fnames = ImageLoader(EVAL_OK_DATA_DIR, image_size).load
   (with_filenames=True)
41 eval_ng_images, eval_ng_fnames = ImageLoader(EVAL_NG_DATA_DIR, image_size).load
   (with_filenames=True)
42
43 predicts(train_images, train_fnames, TRAIN_OUTPUT_DIR)
44 predicts(valid_images, valid_fnames, VALID_OUTPUT_DIR)
45 predicts(eval_ok_images, eval_ok_fnames, EVAL_OK_OUTPUT_DIR)
46 predicts(eval_ng_images, eval_ng_fnames, EVAL_NG_OUTPUT_DIR)
```

ソースコードの解説

定数の定義（表4.4.1）を行います（8～19行目）。

表4.4.1　定数の定義

行数	定義内容
8～9行目	モデルファイルに関する名前やディレクトリパスの定義
10～14行目	入力データとなる4種のデータ（学習用データ・検証用データ・評価用の正常データ・評価用の異常データ）のあるディレクトリパスの定義
15～19行目	推論結果を保存するパスの定義

モデルを読み込みます（22行目）。Kerasのload_model関数を使用し、ネットワーク構造ごと読み込みます[注4.4]。この後の入力データを読み込む際に入力のサイズが必要なため、inputレイヤーのシェ

注4.4　この関数を使用するには、学習済みモデルを保存する際に、Modelクラスのsave関数を使って保存する必要があります。save_weights関数を使用して保存した場合は、ネットワーク構造を用意した後、load_weights関数を使用しなければならないという点に注意してください。

イプから入力画像サイズを取得します（23行目）。最後に、入力データ読み込み時に使いやすくするためtuple化しています（24行目）。

predicts関数は、推論処理のメイン部分です（26～36行目）。predicts関数は、入力データimagesを引数として受け取ります。また、推論結果の保存用に入力データに結びついたファイル名filenamesと保存用ディレクトリのパスoutput_dirを引数として受け取ります。

まず、利便性のために保存用ディレクトリの作成を行います。os.makedirsは、ディレクトリ階層ごと一括で作成できるため、いちいち上位のディレクトリから作成していくというソースコードを書く必要がありません。また、exist_ok引数をTrueにすることで、作成するパスがすでに存在している場合でもエラー無く処理を続けられるようになります。今回はこのexist_ok引数をTrueで使い、ディレクトリの存在確認を省略します。

何も出力がないと動作しているのかどうかや対象が合っているのかどうかが不明なため、処理にかけるデータ数を出力します（29行目）。Modelクラスの推論関数predictに、受け取った入力データ群を一括で渡して実際にディープラーニングモデルで推論します（30行目）。一括で推論した場合、返ってくる推論結果も一括のデータになります。入力データとファイル名、推論結果をzip関数でインデックス毎にまとめ、1枚分のデータ毎に処理します（31行目）。まずは推論結果を255倍にします。これは、推論結果は(0 - 1)に正規化された結果となっているため、画像データ(0 - 255)に変換する必要があるためです。その後、引数で受け取っていた保存先ディレクトリに、入力データと同じファイル名の推論結果画像のパスを生成します（34行目）。そして、そのパスに保存します（35行目）。これをすべてのデータに対して行い、推論関数predictsの処理は完了です。

4種のデータを読み込みます（38～41行目）。読み込みにはP.133で作成したImageLoaderクラスを使用しましょう。しかし、読み込んだデータのファイル名が必要なため、後でImageLoaderクラスがファイル名を返すように修正します。引数で指定された場合のみ、ImageLoaderクラスのload関数がファイル名の一覧を返すと期待して、with_filenames引数をTrueとします。戻り値を受け取る先も画像とファイル名のリストを受け取る形にします。

実装したpredicts関数を4種のデータで呼び出し、推論を実行します（43～46行目）。引数には、取得したデータ（38～41行目）と、出力先ディレクトリパスの定数（16～19行目）を指定しましょう。

ImageLoaderクラスの実装

これで推論用ソースコードの実装は完了です。ImageLoaderクラスを修正しましょう。utils/image_loader.pyの中のImageLoaderクラスを、**リスト4.4.2**のように修正します。

リスト4.4.2　ImageLoaderクラス（utils/image_loader.pyの修正箇所のみ抜粋）

```
1 class ImageLoader():
2     def __init__(self, dir_path, image_size):
3         self.__dir_path = dir_path
4         self.__image_size = image_size
5 
6     def load(self, with_filenames=False):
7         images = []
8         files = glob.glob(os.path.join(self.__dir_path, '*.png'))
9         files.sort()
10        for file_path in files:
11            img = cv2.imread(file_path)
12            img = cv2.resize(img, self.__image_size)
13            img = img / 255
14            images.append(img)
15        images = np.array(images)
16        if with_filenames:
17            return images, files
18        return images
```

変更点は2点です。1点目はload関数の定義の変更です（6行目）。引数にwith_filenamesを追加し、デフォルト引数をFalseとします。この引数がTrueの時のみファイル名を返すようにします。これによって、ファイル名を使わずに呼び出したソースコードを変更する必要がなくなります。2点目はwith_filenames引数の確認です（16〜17行目）。Trueの時にfilesを返すようにします[注4.5]。

推論の実行

実際に推論を行ってみましょう。**図4.4.1**のようなディレクトリ構成を準備し、`python predict.py`で実行しましょう。

注4.5　本来、引数などの指定によって戻り値の性質が変わる（とくに今回のような数が変わる等）のは危険ですが、今回は実験的なソースコードであるため、影響度を考慮して本書の実装のようにしました。

図4.4.1　推論に関わるディレクトリとファイルの構成

```
/
├ predict.py
├ utils/
│ ├ __init__.py
│ └ image_loader.py
├ data/
│ ├ train/
│ │ ├ t001.png
│ │ ├ t002.png
│ │ ⋮
│ ├ valid/
│ │ ├ v001.png
│ │ ├ v002.png
│ │ ⋮
│ ├ eval_ok/
│ │ ├ eo001.png
│ │ ├ eo002.png
│ │ ⋮
│ └ eval_ng/
│   ├ en001.png
│   ├ en002.png
│   ⋮
├ results/
│ └ autoencoder_experiment_01.h5
├ outputs/    このディレクトリ以下は実行時に作成されるためなくても良い
│ ├ train/
│ ├ valid/
│ ├ eval_ok/
│ ├ eval_ng/
```

実行後、図4.4.2の出力がされれば成功です。

図4.4.2　推論の実行確認

```
predicts  250  files .
saved predicts .
predicts  60  files .
saved predicts .
predicts  33  files .
saved predicts .
predicts  36  files .
saved predicts .
```

結果の確認

問題なく実行されたら出力データの確認をしてみましょう。さまざまな確認方法がありますが、Jupyter Notebookは自由度が高く並び替えられるためお勧めです。学習後は、必ず学習用データ、検証用データ、評価用データのすべてを確認するようにします（表4.4.2）。

表4.4.2 推論結果の確認で分かること

データ	内容
学習用データ	学習が思うようにいったのかどうかの確認。学習用データがうまく推論されていない場合、学習を修正したり、再学習を行う必要がある
検証用データ	過学習や汎化性能の確認。学習用データではうまくいっているが、検証用データではまったくうまくいかない場合は過学習が疑われる
評価用データ	実際のタスクにこのモデルが使用できるかどうかの確認。学習に使用したのは正常なデータのみだが、正常なデータと異常なデータの分離がタスクなので、評価用データには異常なデータも用意し、実際に分離できるか確認する

以下の画像は、筆者環境での入力データと推論結果を並べたものです。

まず学習用データの結果は、多少ぼやけたように見えますが、非常にうまく入力データを復元できました（図4.4.3）。AutoEncoderはノイズ除去にも利用されるため、細かい色の変化が平滑化される傾向にあります。

次に検証用データです（図4.4.4）。学習用データと大差なく、うまく復元できました。

次は評価用データの内、正常なデータの分です（図4.4.5）。元のデータとしては検証用データと同じようなデータのため、学習用と同様にうまく形を復元できました。

最後に、評価用データの内の異常なデータの分です（図4.4.6）。今までのデータと同じように綺麗に入力データを復元できました。しかし、今回のAutoEcnoderの動きとして期待されるのは、「正常なデータは正確に戻せるが、異常なデータは正確に戻せない」という動きです。つまりこの結果は失敗です。ディープラーニングモデルが、色情報などを頼りにかなり賢く育ってしまったようです。

図4.4.3 学習用データの推論結果（一部）

図4.4.4 検証用データの推論結果（一部）

図4.4.5 評価用データ・正常分の推論結果（一部）

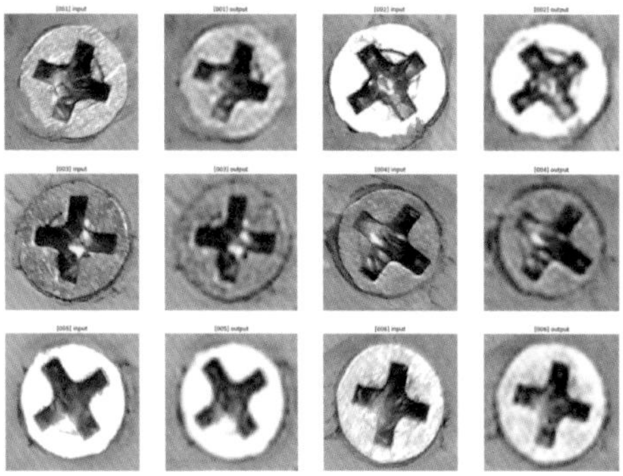

図4.4.6 評価用データ・異常分の推論結果（一部）

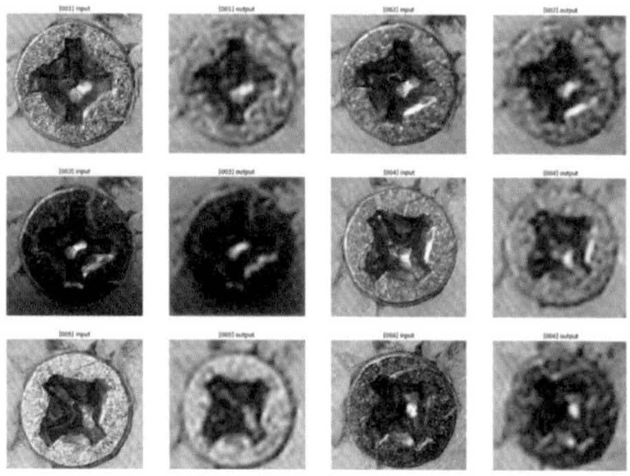

差分評価

今回の学習は失敗のようですが、あくまで画像を見ただけで客観的な評価ではありません。

そこで、今回の狙いである「正常なデータは正確に戻せるが、異常なデータは正確には戻せない」という動きに着目します。言い換えると、「入力と出力の違い（差分）が正常なデータでは少なく、異常なデータでは大きくなる」という動きが期待されます。この差分を数値で出してみましょう。

推論用ソースコードの修正

さまざまな画像の差分の求め方がありますが、各画素を比較した差分を求めます。中でも反応が足りなかった差分に注目します。推論時に一緒に計算しましょう。そこで、リスト4.4.3のように推論用ソースコードを変更します。ほとんどの部分はそのままです。変更点は、大きく分けて2点です。

リスト4.4.3　差分評価を追加した推論の実装(predict_with_diff_calculation.py)

```
import os

import cv2
from keras.models import load_model
from utils import ImageLoader


MODEL_FILE_NAME = 'autoencoder_experiment_01.h5'
MODEL_PATH = os.path.join('results', MODEL_FILE_NAME)
DATA_DIR = os.path.join('data')
TRAIN_DATA_DIR = os.path.join(DATA_DIR, 'train')
VALID_DATA_DIR = os.path.join(DATA_DIR, 'valid')
EVAL_OK_DATA_DIR = os.path.join(DATA_DIR, 'eval_ok')
EVAL_NG_DATA_DIR = os.path.join(DATA_DIR, 'eval_ng')
OUTPUT_DIR = os.path.join('outputs')
TRAIN_OUTPUT_DIR = os.path.join(OUTPUT_DIR, 'train')
VALID_OUTPUT_DIR = os.path.join(OUTPUT_DIR, 'valid')
EVAL_OK_OUTPUT_DIR = os.path.join(OUTPUT_DIR, 'eval_ok')
EVAL_NG_OUTPUT_DIR = os.path.join(OUTPUT_DIR, 'eval_ng')


model = load_model(MODEL_PATH)
image_size = model.input.shape[1:3]
image_size = tuple(image_size)

def predicts(images, filenames, output_dir):
    os.makedirs(output_dir, exist_ok=True)

    preds = model.predict(images)
    for img, fname, pred in zip(images, filenames, preds):
        output_img = pred * 255

        output_path = os.path.join(output_dir, os.path.basename(fname))
        cv2.imwrite(output_path, output_img)

        diff = calc_error_val(img, pred)
        diff *= 100
        print(fname, ':::', diff)


def calc_error_val(img, res_img):
    ins_img = img - res_img
    ins_img[ins_img < 0] = 0

    return ins_img.sum() / img.sum()


train_images, train_fnames = ImageLoader(TRAIN_DATA_DIR, image_size).load(with_
```

次ページへ続く

```
   filenames=True)
49 valid_images, valid_fnames = ImageLoader(VALID_DATA_DIR, image_size).load(with_
   filenames=True)
50 eval_ok_images, eval_ok_fnames = ImageLoader(EVAL_OK_DATA_DIR, image_size).load
   (with_filenames=True)
51 eval_ng_images, eval_ng_fnames = ImageLoader(EVAL_NG_DATA_DIR, image_size).load
   (with_filenames=True)
52
53 print('train ', len(train_images), ' files .')
54 predicts(train_images, train_fnames, TRAIN_OUTPUT_DIR)
55 print('valid ', len(valid_images), ' files .')
56 predicts(valid_images, valid_fnames, VALID_OUTPUT_DIR)
57 print('eval_ok ', len(eval_ok_images), ' files .')
58 predicts(eval_ok_images, eval_ok_fnames, EVAL_OK_OUTPUT_DIR)
59 print('eval_ng ', len(eval_ng_images), ' files .')
60 predicts(eval_ng_images, eval_ng_fnames, EVAL_NG_OUTPUT_DIR)
```


calc_error_val関数の定義の追加

1点目は、calc_error_val関数の定義の追加です（41～45行目）。calc_error_val関数は、エラー値の計算を行います。エラー値とは、異常である度合いや値です。入力データと推論データの差分がエラー値です。正常なデータであるほど差分が小さいためエラー値が小さく、異常なデータであるほど差分が大きいためエラー値が大きくなります。この関数に差分を求める処理を実装します。

反応の不足分を計算したいため、入力データから推論データを引きます（42行目）。この計算でマイナス数値になる画素が現れる可能性があるため、マイナスの値を0に変更します（43行目）。最後に、この不足差分の合計を入力データの画素合計で割ります。この除算は必須の処理ではありませんが、単純な合計では大きくなりすぎるため、元画像に対する割合のような値にしています[注4.6]。

calc_error_val関数の使用

2点目は、calc_error_val関数を使う部分です。calc_error_val関数を呼び出し、差分を取得します（36行目）。割合のような値にしたため100をかけて値を大きくします（37行目）。これも必須の処理ではありませんが、あとでわかりやすくするために処理します。最後に、計算したエラー値をコンソールに出力します（38行目）[注4.7]。

出力する情報は「ファイル名:::エラー値」という形式です。「:::」は後で変換するためのダミーの文字列で、データを区切るデリミタです[注4.8]。

注4.6　正確には割合ではないためご注意ください。

注4.7　ファイルに書き込む場合は、ファイルのパスや存在の管理、ファイルのオープン・クローズ、書き込みといった複数の処理が必要です。今回は簡略化のためにコンソールへの出力のみにしています。結果がコンソールにしか表示されないのは不便ですが、コンソール出力をコピーしてファイルに書くほうが簡単かつ早いこともあり、コンソールの出力をそのままファイルにするコンソールコマンドも存在しているため、このような出力方法も場合によっては効率的です。

注4.8　後でエディタなどで一括変換が行えるように、デリミタには他で使われなさそうな記号や文字の並びを使用しましょう。

その他の変更点

細かな変更点として、ログの出力でデータを取得するためログ出力の方法を調整しています。変更前は、predicts関数内で処理するファイル数のみ出力していたため、どの種類のデータを処理したものかが分かりませんでした。そこで、データの種類が分かるような出力を行うよう変更しています（53〜60行目）。

差分評価の実行

実際に実行してみましょう。前回の推論と同じく`python predict_with_diff_calculation.py`で実行します。ただし、今回は全データで400近いため、コンソール出力をそのままコピー＆ペーストするのは大変です。そこで、コンソールのコマンドを使用しましょう。LinuxまたはMacであれば`tee`というコマンドがあります。このコマンドをパイプで繋いで、`python predict_with_diff_calculation.py | tee predict_log.txt`と実行します[注4.9]。

結果の確認

処理が実行され正常に終了したら、数値を確認します。そのままではよく分からないため、目で見て分かる形に変換してみましょう。そのために、今回はExcelを使用します。

先程のエラー値の出力部分をファイル保存して、テキストエディタで開きます。次にエディタ上で、デリミタに指定した「:::」をタブ文字「\t」に一括変換します。変換後の全体をコピーして、ExcelのA1セルを選択した状態でペーストすると、縦にファイルごとに展開され、A列がファイル名、B列がエラー値になります。

縦にすべてのデータが並んでいて扱いづらいため、データ種毎にC〜D列、E〜F列、G〜H列にカット＆ペーストで移動しました。ここまでの作業を行った表が図4.4.7です[注4.10]。

注4.9 `python predict_with_diff_calculation.py > predict_log.txt`のように、リダイレクトでファイルに出力を行うこともできます。ただし、リダイレクトの場合はコンソールには何も出力されなくなり、状況が分かりづらいため注意が必要です。`tee`コマンドの場合はコンソールにも出力され、今の処理状況等が分かりやすいためお勧めです。

注4.10 エラー値の小数点以下が多いと分かりづらいため、以降の画面では表示を小数点第3位までにします。

図4.4.7 Excelで整理したエラー値の表

A	B	C	D	E	F	G	H
train 250 files.		valid 60 files.		eval_ok 33 files.		eval_ng 36 files.	
data/train/000	5.627	data/valid/0001	6.238	data/eval_ok/a	5.077	data/eval_ng	8.222
data/train/000	8.999	data/valid/0002	8.106	data/eval_ok/a	3.557	data/eval_ng	6.466
data/train/000	6.036	data/valid/0005	5.211	data/eval_ok/a	5.970	data/eval_ng	7.010
data/train/000	5.383	data/valid/0020	5.143	data/eval_ok/a	5.928	data/eval_ng	5.965
data/train/000	5.620	data/valid/0022	3.736	data/eval_ok/a	2.650	data/eval_ng	6.410
data/train/000	6.548	data/valid/0023	5.245	data/eval_ok/a	3.833	data/eval_ng	7.436
data/train/000	4.438	data/valid/0028	4.155	data/eval_ok/a	4.425	data/eval_ng	7.304
data/train/001	3.799	data/valid/0030	5.188	data/eval_ok/a	5.161	data/eval_ng	7.456
data/train/001	6.019	data/valid/0032	6.578	data/eval_ok/a	5.223	data/eval_ng	7.849
data/train/001	5.133	data/valid/0034	4.017	data/eval_ok/a	5.391	data/eval_ng	8.456
data/train/001	5.925	data/valid/0035	5.767	data/eval_ok/a	2.033	data/eval_ng	5.667
data/train/001	7.568	data/valid/0036	4.874	data/eval_ok/a	5.119	data/eval_ng	5.817
data/train/001	7.825	data/valid/0042	4.594	data/eval_ok/a	2.708	data/eval_ng	5.962
data/train/001	5.103	data/valid/0043	7.676	data/eval_ok/a	5.720	data/eval_ng	5.927
data/train/001	3.801	data/valid/0044	6.165	data/eval_ok/a	4.546	data/eval_ng	5.994
data/train/001	8.002	data/valid/0054	4.384	data/eval_ok/a	4.570	data/eval_ng	6.807
data/train/001	6.325	data/valid/0055	3.305	data/eval_ok/a	5.997	data/eval_ng	5.100
data/train/002	4.447	data/valid/0058	1.849	data/eval_ok/a	2.647	data/eval_ng	6.914
data/train/002	6.343	data/valid/0059	4.591	data/eval_ok/a	2.227	data/eval_ng	7.144
data/train/002	6.359	data/valid/0061	5.112	data/eval_ok/a	2.010	data/eval_ng	5.764
data/train/002	7.364	data/valid/0068	4.545	data/eval_ok/a	5.332	data/eval_ng	7.198
data/train/002	5.753	data/valid/0075	3.190	data/eval_ok/a	2.588	data/eval_ng	8.438
data/train/002	5.136	data/valid/0079	4.250	data/eval_ok/a	5.605	data/eval_ng	7.754
data/train/002	6.662	data/valid/0081	4.727	data/eval_ok/a	5.707	data/eval_ng	4.908
data/train/002	3.169	data/valid/0083	4.057	data/eval_ok/a	3.105	data/eval_ng	7.685
data/train/002	3.358	data/valid/0092	6.419	data/eval_ok/a	4.799	data/eval_ng	7.708
data/train/002	7.433	data/valid/0095	6.158	data/eval_ok/a	6.976	data/eval_ng	5.983
data/train/003	5.048	data/valid/0097	7.248	data/eval_ok/a	3.888	data/eval_ng	5.819
data/train/003	3.928	data/valid/0098	4.617	data/eval_ok/a	6.009	data/eval_ng	8.524
data/train/003	5.414	data/valid/0100	6.507	data/eval_ok/a	7.327	data/eval_ng	3.672
data/train/003	6.512	data/valid/add2	6.445	data/eval_ok/a	4.881	data/eval_ng	6.831
data/train/003	6.055	data/valid/add2	4.750	data/eval_ok/a	6.727	data/eval_ng	3.635
data/train/003	7.883	data/valid/add2	5.008	data/eval_ok/a	7.282	data/eval_ng	5.614
data/train/003	6.934	data/valid/add2	4.414			data/eval_ng	6.069
data/train/003	6.047	data/valid/add2	5.245			data/eval_ng	5.817
data/train/003	6.958	data/valid/add2	4.250			data/eval_ng	3.973
data/train/003	6.339	data/valid/add2	6.409				

次に、データを目で見て分かる形に変えます。今回は、正常データと異常データをエラー値から分かるようにします。そこで、エラー値のデータ種毎の分布が分かるようにヒストグラムを作成しましょう。ただし、Excelの標準機能でヒストグラムを描くのは慣れていないと制御が難しいため、ヒストグラムデータを棒グラフで表示します。

ヒストグラムデータの作成

ヒストグラムデータをExcelで作成します。エラー値の表のI～N列を使って、図4.4.8のような表を作成します。

図4.4.8　ヒストグラムデータの作成

I	J	K	L	M	N	O
min	max	train	valid	eval_ok	eval_ng	
0	10	249	60	33	36	0 ~ 10
10	20	1	0	0	0	10 ~ 20
20	30	0	0	0	0	20 ~ 30
30	40	0	0	0	0	30 ~ 40
40	50	0	0	0	0	40 ~ 50
50	60	0	0	0	0	50 ~ 60
60	70	0	0	0	0	60 ~ 70
70	80	0	0	0	0	70 ~ 80
80	90	0	0	0	0	80 ~ 90
90	100	0	0	0	0	90 ~ 100
100	110	0	0	0	0	100 ~ 110
110		0	0	0	0	110 ~

この表は行がヒストグラムの各ビンデータになっており、K列が学習用データtrain、L列が検証用データvalid、M列が評価用の正常データeval_ok、N列が評価用の異常データeval_ngです。

I列とJ列はそれぞれ、各ビンのmin値とmax値になっています。正確には、I列の数値以上でJ列の数値より小さいデータがそのビンに所属します。まず0〜110の値を10刻みでビンにしていきます。

K4:N14の範囲のセルには、次のような式が入っています。

```
=COUNTIFS(B:B,">="&$I4,B:B,"<"&$J4)
```

この式をK4:N14に適用するには、K4:N4にそれぞれに対応するデータ列を参照（trainはB列、validはD列、eval_okはF列、eval_ngはH列を参照）するように変更し、その後、K4:N4を範囲選択した後で右下の四角をドラッグして14行目までコピーします。K4セルの式をL4:N4にドラッグして展開するのは、元データのファイル名が1列おきのためできない点に注意してください。

最後の15行目のみ式が変わり、`=COUNTIFS(B:B,">="&$I15)`となります。これは、端のデータなので上限を決めず、これ以上のデータをすべてこのビンに含めているためです。最後にO4セルに`=I4&" ~ "&J4`と式を入力し、ドラッグして15列目まで展開しましょう。これで、ヒストグラムデータの表が完成です。この作り方であれば、ビンの幅の修正は、I〜J列を変更することで実現できるので便利です。

グラフの描画

それでは、作成したヒストグラムデータを使ってグラフを作成しましょう。［挿入］から棒グラフを選択して追加します。［グラフデータの選択］から［凡例項目］－［追加］で各データ種を追加しましょう。項目ラベルにO列のデータを指定すると、横軸がエラー値になります。設定が終わったら、データ毎に色を変え、異常データと正常データを判別できるようにします。筆者の環境での設定だと、実際のグラフは図4.4.9と図4.4.10になります。濃い青をtrain、明るい青をvalid、緑をeval_ok、赤をeval_ngとしています。

図4.4.9　ヒストグラムグラフの設定

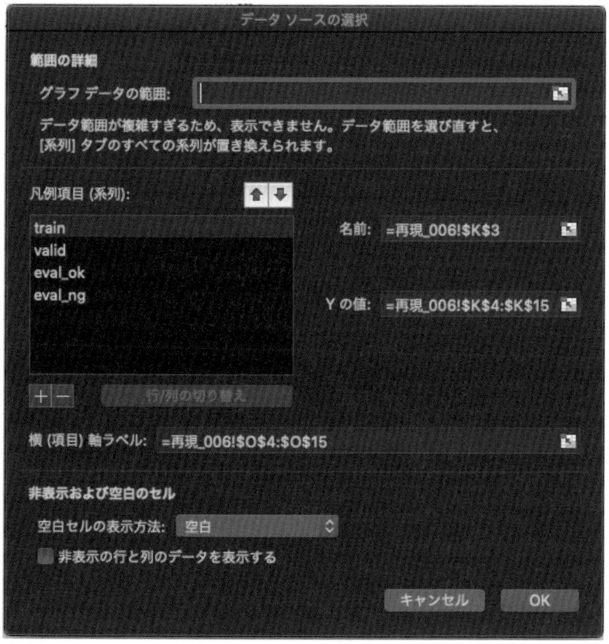

図4.4.10　ヒストグラム0-110

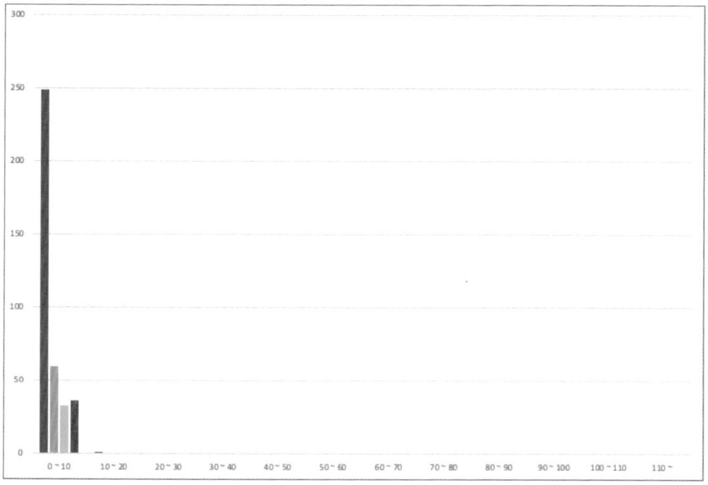

エラー値が全体的に小さく、偏ったヒストグラムになりました。I〜J列を調整して、1刻みで11までのヒストグラムデータに変えてみましょう。表の変更に合わせ、グラフも自動で変わります。筆者の環境では、このビン設定の表でのグラフは図4.4.11のようになりました。

図4.4.11　ヒストグラム0-11

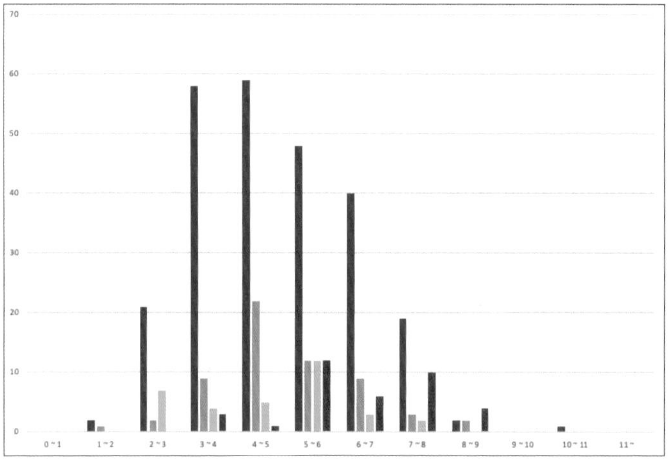

これで偏りは改善しました。しかし、このヒストグラムを見る限り、正常データと異常データのエラー値に関して分離できそうな違いが生まれていないことが分かります。今回の学習は失敗であり、対策が必要なことが分かりました。

ヒストグラムで見ても分かりづらい場合は、折れ線グラフで描画するという方法もあります。筆者の環境で折れ線グラフにしてみたところ、図4.4.12のようになりました。

図4.4.12　折れ線グラフ0-11

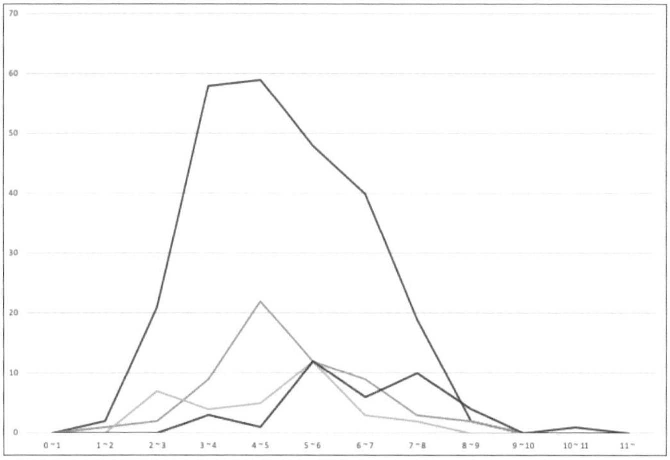

折れ線グラフで見ても、このままでは正常と異常の分離が不可能だと分かります。学習が成功した場合は、どこからを異常とするかの閾値で分離ができます。そして、閾値によってディープラーニングのモデルの精度が変わるため、その調整を行います。

まずは性能向上として、うまく分離できるモデルの作成を行っていきましょう。

4.5 性能向上

□ **1回の学習でうまくいくことは稀です。うまくいかなかった学習から次の学習のヒントを得て、目的を果たせるモデルを作っていきましょう。また、正常・異常の検知では、異常値の閾値によって精度を調整できます。**

モデルの改善[グレースケール化・二値化]

まずは、狙い通りの動きができるモデルを作成できるよう、改良を行いましょう。

画像のグレースケール化の実行

P.151の出力結果から、色の情報が強く、それを覚えすぎていると推測できます。そこで、画像の**グレースケール化**を行ってからの学習を試みます。最終的に行いたい正常と異常の分離において色情報は重要ではないため、グレースケール化を行っても問題ないと判断できます。

学習の前に、すべてのデータをグレースケール化してデータの確認を行いましょう。グレースケール化にはcv2モジュールを使い、imread関数で読み込みcvtColor関数を適用することで変換できます。グレースケール処理後の画像を推論結果の時と同じように一覧表示しましょう（図4.5.1、図4.5.2）。この図は、筆者の環境でグレースケール化した結果の一部です。

図4.5.1　グレースケール化の確認(train)

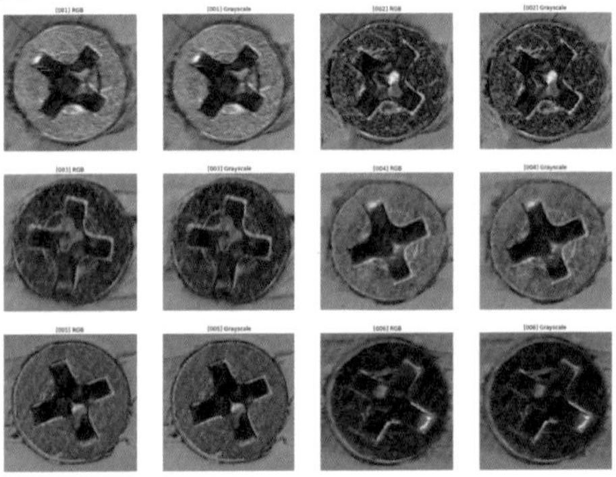

図4.5.2　グレースケール化の確認(eval_ng)

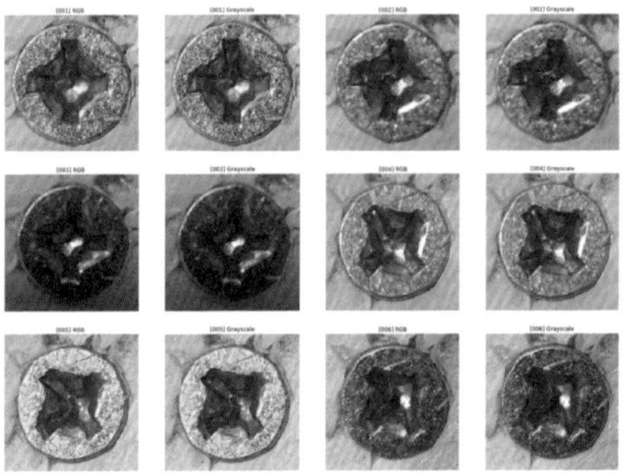

二値化の実行

グレースケール化を行う際には、特徴をより濃く出すために、**二値化**（バイナリ化）という処理が使われることがあります。使ってみましょう。

二値化では0〜255の間で閾値を決め、それより小さければ0に、それ以上であれば255に変換し、0か255の2つの値のみのデータに変えます。この閾値は、仮で決めた後でデータを確認しながら適切な値に調整したり、自動で二値化を行うロジックを使用したりします。今回は、120を閾値にしてみましょう。

図4.5.3　二値化の確認(train)

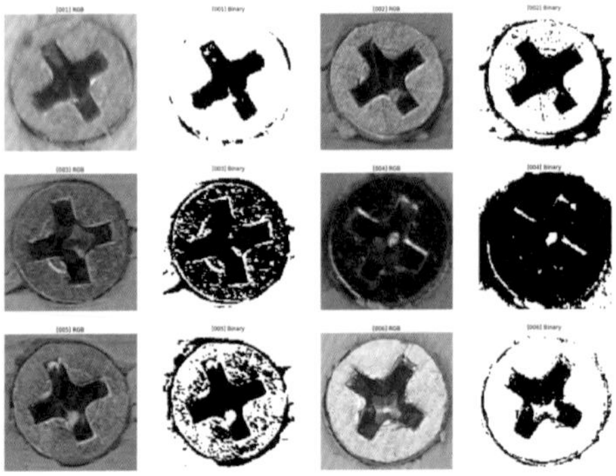

図4.5.4　二値化の確認(eval_ng)

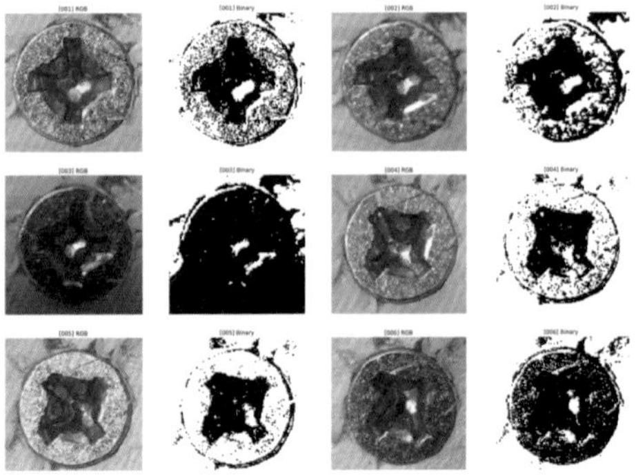

図4.5.3と図4.5.4が二値化した画像になります。色情報をなくしたデータができたため学習に使用してみましょう。

学習用ソースコードの変更

その前に、入力するデータの形式が変わったため学習用ソースコードの変更が必要です。学習に関わるソースコードの中で修正するのは、ネットワークの定義を行ったソースコード「models/auto_encoder.py」と、データの読み込みを行うクラスの定義を行ったソースコード「utils/image_loader.py」の2つです。

models/auto_encoder.pyの修正

models/auto_encoder.pyの修正点は2箇所です。

1点目は、入力レイヤInputの変更です（8行目）。元のソースコードでは、RBGのカラー画像を想定しているため、shape引数に「(128, 128, 3)」を設定しています。今回は二値化したグレースケール画像に変更したため、shape引数に「(128, 128, 1)」を設定します。

2点目の修正箇所は、1点目の出力部分の修正です。元のソースコードでは、出力調整用のConv2Dの第1引数に、RGBのチャンネル数である3を指定していました（29行目）。これをグレースケールのチャンネル数である1に変更します。

utils/image_loader.pyの修正

入力データを変更する場合は、学習とは無関係な別のソースコードで先に変更・変換し、そのまま画像を読み込んでも良いでしょう。本書では、データ読み込み部分を修正します。読み込んだ後に必要な変換があるため、グレースケールデータの次元の変更を行います。

ディープラーニングにおけるカラー画像とグレースケール画像の扱いでの注意点は、配列の次元の違いです。カラー画像は3次元の配列となり、[heigth, widht, 3]となります。それに対し、グレースケール画像はチャンネル数が1です。そのため3次元目が削除され、[heigth, widht]という形の2次元配列になります。グレースケール画像をディープラーニングで扱う場合は、numpyモジュールのexpand_dims関数を適用し、3次元に変更して使うことが多くあります。本書でも、グレースケールデータ配列を2次元から3次元に変えて扱います。utils/image_loader.pyの変更後のソースコードは**リスト4.5.1**です。

変更点の1つ目はコンストラクタの引数と（8行目）、内部変数として二値化の閾値binary_thを扱うようにした点（11行目）です。2点目は、load関数内でのグレースケール化と二値化の処理です（22〜25行目）。画像をカラーで読み込みリサイズした後に（19〜20行目）、グレースケールに変更します（22行目）。その後、コンストラクタで設定したbinary_thを閾値に二値化します（23〜24行目）。ここでは、ニューラルネットワークで扱いやすい「0」と「1」に二値化します。

最後に、expand_dims関数を使って、2次元の配列から3次元の配列に変換します（25行目）。この際、axis引数の指定を2にして、3次元目を拡張する点に注意しましょう。これで、データ読み込み部分の修正が完了です。

リスト4.5.1　画像読み込みモジュールの二値化対応（utils/image_loader.pyを変更）

```
import cv2
import glob
import numpy as np
import os


class ImageLoader():
    def __init__(self, dir_path, image_size, binary_th=120):
        self.__dir_path = dir_path
        self.__image_size = image_size
        self.__binary_th = binary_th


    def load(self):
        images = []
        files = glob.glob(os.path.join(self.__dir_path, '*.png'))
        files.sort()
        for file_path in files:
            img = cv2.imread(file_path)
            img = cv2.resize(img, self.__image_size)

            img = cv2.cvtColor(img, cv2.COLOR_BGR2GRAY)
            img[img <= self.__binary_th] = 0
            img[img > self.__binary_th] = 1
            img = np.expand_dims(img, axis=2)
            img = img / 255

            images.append(img)
        images = np.array(images)
        return images
```

学習の実行

実際に学習を実行して確認してみましょう。学習時に、train_with_visualization.pyで保存するモデルファイル名を、「autoencoder_experiment_02.h5」に変えると良いでしょう。次のように学習のログが進み、TensorBoardでのlossとval_lossが下がってきていれば成功です（図4.5.5、図4.5.6）。

図4.5.5　グレースケールでの学習のログ

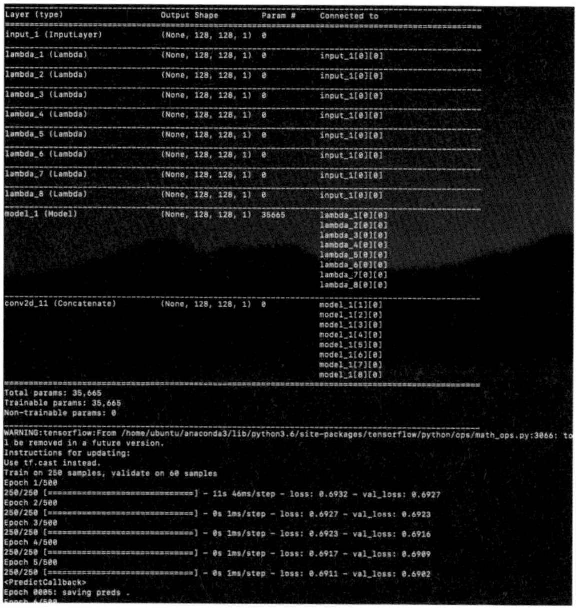

```
Layer (type)                    Output Shape         Param #     Connected to
==================================================================================================
input_1 (InputLayer)            (None, 128, 128, 1)  0
__________________________________________________________________________________________________
lambda_1 (Lambda)               (None, 128, 128, 1)  0           input_1[0][0]
__________________________________________________________________________________________________
lambda_2 (Lambda)               (None, 128, 128, 1)  0           input_1[0][0]
__________________________________________________________________________________________________
lambda_3 (Lambda)               (None, 128, 128, 1)  0           input_1[0][0]
__________________________________________________________________________________________________
lambda_4 (Lambda)               (None, 128, 128, 1)  0           input_1[0][0]
__________________________________________________________________________________________________
lambda_5 (Lambda)               (None, 128, 128, 1)  0           input_1[0][0]
__________________________________________________________________________________________________
lambda_6 (Lambda)               (None, 128, 128, 1)  0           input_1[0][0]
__________________________________________________________________________________________________
lambda_7 (Lambda)               (None, 128, 128, 1)  0           input_1[0][0]
__________________________________________________________________________________________________
lambda_8 (Lambda)               (None, 128, 128, 1)  0           input_1[0][0]
__________________________________________________________________________________________________
model_1 (Model)                 (None, 128, 128, 1)  35665       lambda_1[0][0]
                                                                 lambda_2[0][0]
                                                                 lambda_3[0][0]
                                                                 lambda_4[0][0]
                                                                 lambda_5[0][0]
                                                                 lambda_6[0][0]
                                                                 lambda_7[0][0]
                                                                 lambda_8[0][0]
__________________________________________________________________________________________________
conv2d_11 (Concatenate)         (None, 128, 128, 1)  0           model_1[1][0]
                                                                 model_1[2][0]
                                                                 model_1[3][0]
                                                                 model_1[4][0]
                                                                 model_1[5][0]
                                                                 model_1[6][0]
                                                                 model_1[7][0]
                                                                 model_1[8][0]
==================================================================================================
Total params: 35,665
Trainable params: 35,665
Non-trainable params: 0
__________________________________________________________________________________________________
WARNING:tensorflow:From /home/ubuntu/anaconda3/lib/python3.6/site-packages/tensorflow/python/ops/math_ops.py:3066: to
l be removed in a future version.
Instructions for updating:
Use tf.cast instead.
Train on 250 samples, validate on 60 samples
Epoch 1/500
250/250 [==============================] - 11s 46ms/step - loss: 0.6932 - val_loss: 0.6927
Epoch 2/500
250/250 [==============================] - 0s 1ms/step - loss: 0.6927 - val_loss: 0.6923
Epoch 3/500
250/250 [==============================] - 0s 1ms/step - loss: 0.6923 - val_loss: 0.6916
Epoch 4/500
250/250 [==============================] - 0s 1ms/step - loss: 0.6917 - val_loss: 0.6909
Epoch 5/500
250/250 [==============================] - 0s 1ms/step - loss: 0.6911 - val_loss: 0.6902
<PredictCallback>
Epoch 0005: saving preds .
```

図4.5.6　グレースケールでの学習の学習曲線

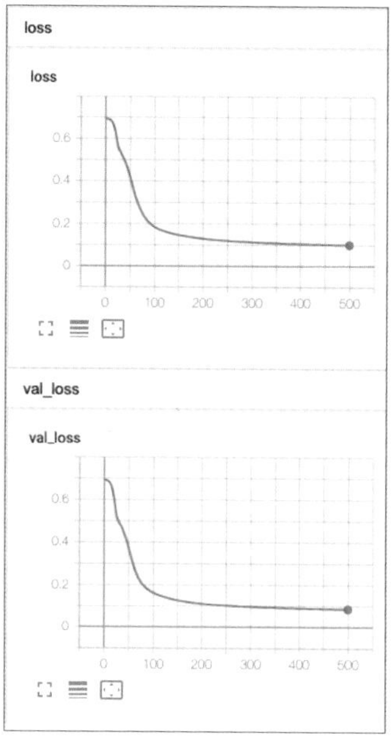

lossとval_lossを見る限り、学習は進んだように見て取れます。PredictCallbackで出力した可視化を確認すると、うまく学習ができたようです(図4.5.7)。

図4.5.7　グレースケールでの学習の可視化(500Epoch)

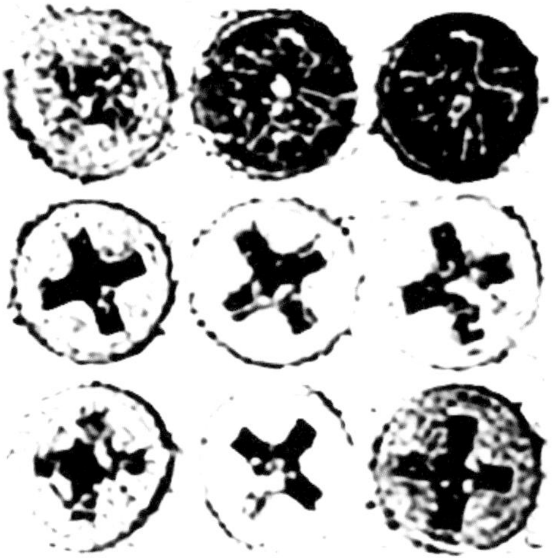

「4.4　評価」で行ったように、今回の学習でも推論とエラー値を見てみましょう。推論用ソースコードの修正は不要です。推論の結果を並べると、前回の学習同様に復元できたように見えます（図4.5.8、図4.5.9）。ただ、前回と同様に、異常データに対しても復元できたように見えます。

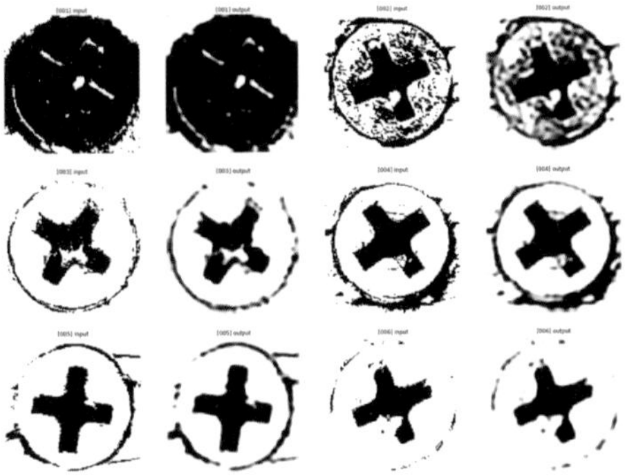

図4.5.8　グレースケールでの学習の推論結果（train）

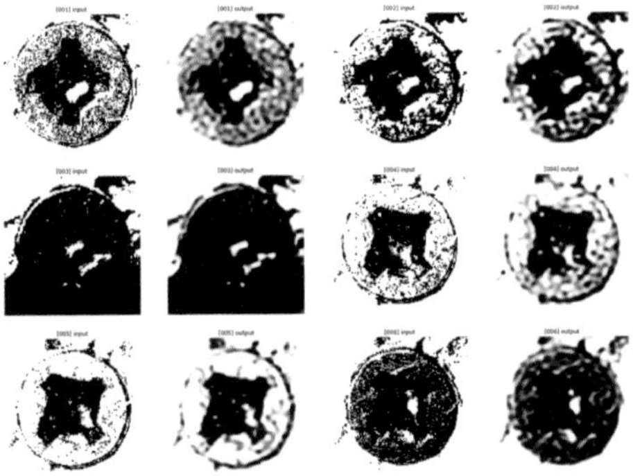

図4.5.9　グレースケールでの学習の推論結果（eval_ng）

数値でも見てみましょう。前回の学習時に作成したExcelのシートをコピーして、新たにシートを作成します。今回の学習のエラー値データをコピー＆ペーストでA〜H列に展開しましょう。自動的にヒストグラムデータと、それを使ったグラフが更新されるはずです。ヒストグラムデータのビンの幅は、5に調整します。筆者環境では以下のようになりました（図4.5.10、図4.5.11、図4.5.12）。

図4.5.10　グレースケール学習のエラー値 - ヒストグラムデータ

min	max	train	valid	eval_ok	eval_ng	
0	5	151	44	29	11	0 ~ 5
5	10	52	8	3	16	5 ~ 10
10	15	34	5	1	9	10 ~ 15
15	20	11	1	0	0	15 ~ 20
20	25	0	0	0	0	20 ~ 25
25	30	2	1	0	0	25 ~ 30
30	35	0	1	0	0	30 ~ 35
35	40	0	0	0	0	35 ~ 40
40	45	0	0	0	0	40 ~ 45
45	50	0	0	0	0	45 ~ 50
50	55	0	0	0	0	50 ~ 55
55		0	0	0	0	55 ~

図4.5.11　グレースケール学習のエラー値 - ヒストグラム0-55

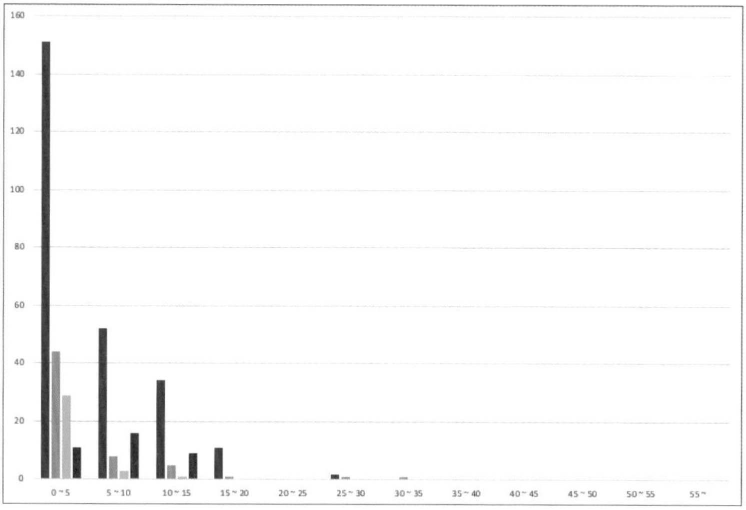

図4.5.12　グレースケール学習エラー値 - 折れ線グラフ

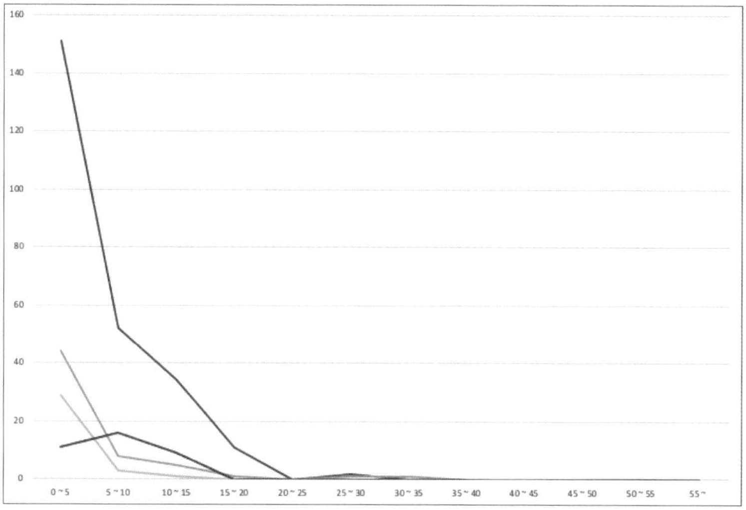

このデータとグラフでは、どのデータ種も0付近に山の中心があることから、うまく分離はできていないようです。ただ、前回の学習と比べると少し改善しています。評価用の異常データ「eval_ng」だけ、5-10のビンが山になっています。他のデータもそのビンに多くのデータがあり今のままでは分離できませんが、この山をもう少し離すことができれば分離できそうだと予想できます。

モデルの改善[データの整理・切り取り]

少しずつ目的に近づきつつあります。グレースケール化によって見つけたポイントを突き詰めていきましょう。

問題点の整理

グレースケール化・二値化には問題点が2つあります。

明るいデータ・暗いデータの混在

1点目は、暗い(黒い)データと明るい(白い)データの2種類が存在することです。今回用意したデータは、撮影環境を気にせずに撮影しています。そのため、撮影時の周囲の光の入り方によってデータが2種類に分かれてしまいました注4.11。

これはディープラーニングプロジェクトにおいて重要なポイントです。学習に使用するデータと実際に利用する際のデータを同じような環境で撮影することで、モデル作成の容易さと精度が向上します。逆に、汎用性を上げて適用範囲を広くするほど、精度を向上させるのは難しくなります。

今回のような検査が目的の場合、精度が重要である反面、適用範囲は狭くても使えます。検査時の環境を整えられるため明るいデータのみを対象とし、暗いデータを除外して進めます。

ネジ頭部分以外の情報の多さ

2点目は、注目したいのがネジ頭であるにも関わらず、それ以外の部分が多く写り込んでいる点です。無駄な情報が多いのではないかと考えられます。検査であれば撮影環境を合わせることで背景や映り込みを排除可能です。さらに、画像から着目したい中心部分を切り抜くことで、より重要な部分のみに絞って学習ができます。今回は、画像の中心部分を切り抜いて、よりネジ頭に着目したデータに変更します。

データの整理と切り取り

上記2点への対応は、学習前のデータの準備として学習前に行います。まずは、すべてのデータの中心を切り抜く処理を実装します。Jupyter Notebookなどで出力し、問題ないかどうかを確認すると良いでしょう。実装はリスト4.5.2のとおりです。

注4.11 作成したディープラーニングモデルを実際に使用する際には、撮影環境を固定することでこの問題は排除できます。

リスト4.5.2　データの中心を切り抜く処理(サンプル内のlist4-5-2.pyを参照)

```
1 def cut_centers(target_dir, cut_dir):
2     os.makedirs(cut_dir, exist_ok=True)
3 
4     files = glob.glob(os.path.join(target_dir, '*.png'))
5     files.sort()
6 
7     for fpath in files:
8         img = cv2.imread(fpath)
9         img_h, img_w = np.shape(img)[:2]
10 
11         half_h = img_h // 2
12         half_w = img_w // 2
13         half_half_h = half_h // 2
14         half_half_w = half_w // 2
15         cut_img = img[half_h-half_half_h:half_h+half_half_h
16                         , half_w-half_half_w:half_w+half_half_w]
17 
18         fname = os.path.basename(fpath)
19         save_path = os.path.join(save_dir, fname)
20         cv2.imwrite(save_path, cut_img)
21 
22 TRAIN = 'train'
23 VALID = 'valid'
24 EVAL_OK = 'eval_ok'
25 EVAL_NG = 'eval_ng'
26 
27 def DATA_DIR(data_type):
28     return os.path.join('.', 'data', data_type)
29 
30 def CUT_DIR(data_type):
31     return os.path.join('.', 'cut_data', data_type)
32 
33 cut_centers(DATA_DIR(TRAIN), CUT_DIR(TRAIN))
34 cut_centers(DATA_DIR(VALID), CUT_DIR(VALID))
35 cut_centers(DATA_DIR(EVAL_OK), CUT_DIR(EVAL_OK))
36 cut_centers(DATA_DIR(EVAL_NG), CUT_DIR(EVAL_NG))
```

切り抜きに使う長さの計算をし（11～14行目）、配列をスライスして切り抜きを実現します（15～16行目）。画像の中心部分を、元の画像の半分のサイズで切り抜きます。つまり、元の画像サイズの半分の位置（half_h、half_w）からさらにその半分（half_half_h、half_half_w）戻った位置から、進んだ位置までをスライスします。各種ディレクトリ（22～31行目）を指定して実行します（33～36行目）。この処理で切り抜いた結果は図4.5.13のようになります。

図4.5.13　中心を切り抜いたデータ

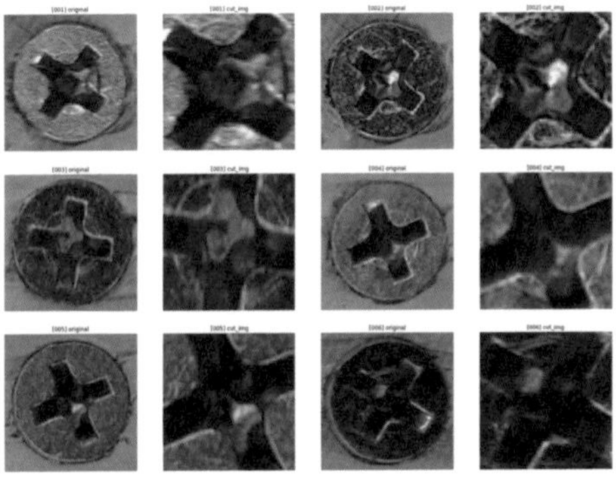

ネジの中心であるネジ頭に着目したデータだと確認できます。さらに、グレースケール・二値化を行ったデータを確認します（図4.5.14）。

図4.5.14　中心を切り抜いたデータ（グレースケール・二値化）

ネジ頭のみに着目できそうな（ネジ頭部分のみが黒くなった）データが多く見られますが、いくつかのデータでは、全体が黒くなってしまいました。今回は環境を整える方向で調整可能ということで、扱いづらそうな全体が黒くなったデータを除去します。除去を行うソースコードは**リスト4.5.3**のとおりです。

リスト4.5.3　黒いデータを除去する処理(サンプル内のlist4-5-3.pyを参照)

```
1 def isolate_dark_data(target_dir, bright_dir, dark_dir, th=0.25):
2     os.makedirs(bright_dir, exist_ok=True)
3     os.makedirs(dark_dir, exist_ok=True)
4 
5     files = glob.glob(os.path.join(target_dir, '*.png'))
6     files.sort()
7 
8     for fpath in files:
9         img_org = cv2.imread(fpath)
10         img = cv2.imread(fpath)
11 
12         img = cv2.cvtColor(img, cv2.COLOR_BGR2GRAY)
13         img[img <= COL_TH] = 0
14         img[img > COL_TH] = 1
15 
16         bright_value = np.average(img)
17 
18         fname = os.path.basename(fpath)
19         save_path = os.path.join(bright_dir, fname)
20         if bright_value < th:
21             save_path = os.path.join(dark_dir, fname)
22         cv2.imwrite(save_path, img_org)
23 
24 def BRIGHT_DIR(data_type):
25     return os.path.join('.', 'isolate_data', 'bright', data_type)
26 
27 def DARK_DIR(data_type):
28     return os.path.join('.', 'isolate_data', 'dark', data_type)
29 
30 isolate_dark_data(CUT_DIR(TRAIN), BRIGHT_DIR(TRAIN), DARK_DIR(TRAIN))
31 isolate_dark_data(CUT_DIR(VALID), BRIGHT_DIR(TRAIN), DARK_DIR(VALID))
32 isolate_dark_data(CUT_DIR(EVAL_OK), BRIGHT_DIR(EVAL_OK), DARK_DIR(EVAL_OK))
33 isolate_dark_data(CUT_DIR(EVAL_NG), BRIGHT_DIR(EVAL_NG), DARK_DIR(EVAL_NG), th=0.1)
```

はじめに画像を読み込んだ後、今までと同様に二値化を行っています(12〜14行目)。その後、選り分ける基準として明るさの平均bright_valueを取得します(16行目)。これが閾値thに満たない場合は暗いデータとして除外します(20〜22行目)。閾値は0.25に設定しました。

除外された画像について確認するため、今回はすべてのデータを「bright_dir」(明るいデータのディレクトリ)と「dark_dir」(暗いデータのディレクトリ)に振り分ける処理にしました。ディレクトリを定義し(24〜28行目)、ディレクトリに振り分けています(30〜33行目)。

ただし、実行時に1点注意すべきことがあります。それは、評価用の異常データの基準となる閾値です。異常データはネジ頭の溝が大きくなるため、全体的に暗くなります。そのため、他の3種のデータとは違い、閾値を小さくする必要があります。そこで、評価用の異常データの処理実行時はth引数に0.1を指定します。この処理を実行して分離した、明るいデータと暗いデータは図4.5.15、図4.5.16のようになります。

図4.5.15　明るいデータ

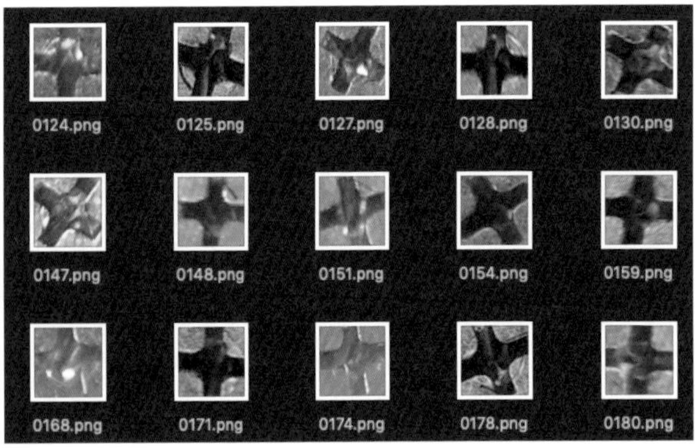

図4.5.16　暗いデータ

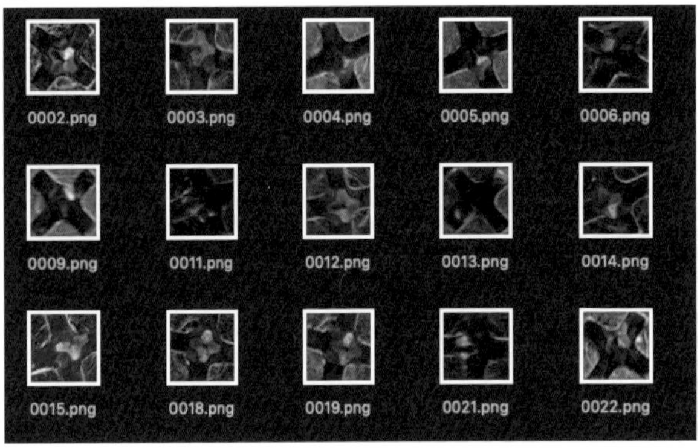

暗いデータが除去できたことが確認できます。この後は、明るいデータディレクトリの中のデータを使用して学習と評価を行います。なお、データ数を整理したところ、暗いデータ除去の処理後は表4.5.1のようなデータ数になりました。

表4.5.1　データ数の整理

データ種	除去前のデータ数	除去後のデータ数
train	250	200
valid	60	52
eval_ok	33	33
eval_ng	36	35

学習用ソースコードの準備

データの整理が完了し、学習に使用するデータが決まったため、学習用ソースコードを準備します。今回変更するのはネットワークの定義が行われる「models/auto_encoder.py」と、学習用ソースコード「train_with_visualization.py」の2つになります。

models/auto_encoder.pyの修正

models/auto_encoder.pyの変更点は、入力データのサイズ部分です。元のサイズのままでも学習できますが、入力データが切り取りによって小さくなったため、合わせて入力データのサイズを小さくします。具体的には、128×128サイズだった画像が半分の64×64になったため、入力データのサイズを「(64, 64, 1)」に変更します（8行目）。

train_with_visualization.pyの修正

train_with_visualization.pyの変更点は、使用するデータのパスの部分です。「DATA_DIR = os.path.join('data')」（11行目）を「DATA_DIR = os.path.join('isolate_data', 'bright')」に変更します。必須ではないですが、batch_size（35行目）を、学習用データ数200を割り切れる数に調整しておくと良いでしょう。さらに、保存するモデル名は「autoencoder_experiment_03.h5」に変えます（16行目）。

学習の実行

以上の変更で学習の準備が整いました。実際に学習を行いましょう。筆者の環境では、TensorBoardでのlossとval_lossは図4.5.17、図4.5.18のようになりました。lossもval_lossも十分に下がり、収束しているため、学習は進んだようです。PredictCallbackdでの可視化結果は、今までより不鮮明ではありますが、ネジ頭を復元できている様子が見て取れます。

図4.5.17　切り抜きデータ整理での学習の学習曲線

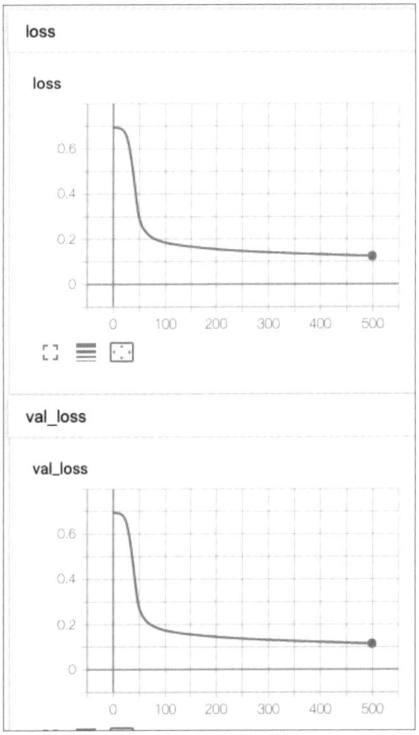

図4.5.18　切り抜きデータ整理での学習の可視化（500Epoch）

推論と評価の実行

推論のために修正が必要な箇所は、predict_with_diff_calculation.pyを、学習の時と同じく「DATA_DIR = os.path.join('data')」（10行目）から「DATA_DIR = os.path.join('isolate_data', 'bright')」に変更する点です。保存時のモデル名も変更した場合は、併せて変更しましょう（8行目）。筆者の環境で実行した結果は、図4.5.19～図4.5.21のようになりました。

図4.5.19　切り抜きデータ整理学習エラー値 - ヒストグラムデータ

min	max	train	valid	eval_ok	eval_ng	
0	5	52	15	4	0	0 ~ 5
5	10	91	26	23	2	5 ~ 10
10	15	22	6	3	6	10 ~ 15
15	20	11	3	2	12	15 ~ 20
20	25	10	1	0	7	20 ~ 25
25	30	10	1	1	1	25 ~ 30
30	35	3	0	0	4	30 ~ 35
35	40	1	0	0	3	35 ~ 40
40	45	0	0	0	0	40 ~ 45
45	50	0	0	0	0	45 ~ 50
50	55	0	0	0	0	50 ~ 55
55		0	0	0	0	55 ~

図4.5.20　切り抜きデータ整理学習エラー値 - ヒストグラム0-55

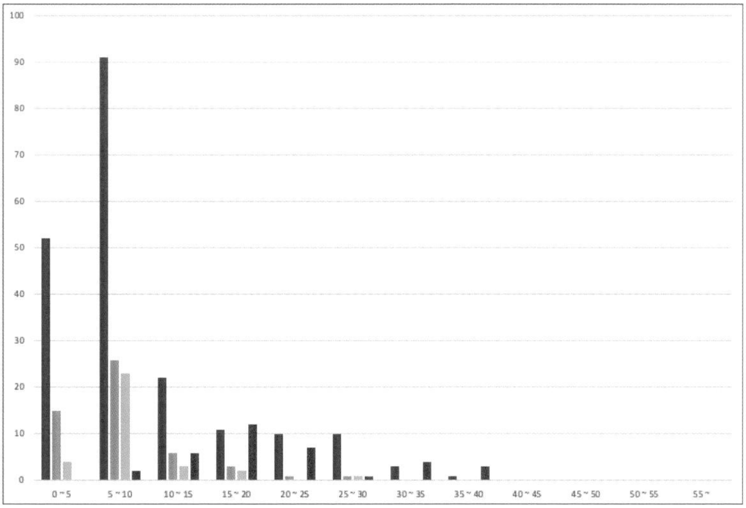

図4.5.21　切り抜きデータ整理学習エラー値 - 折れ線グラフ

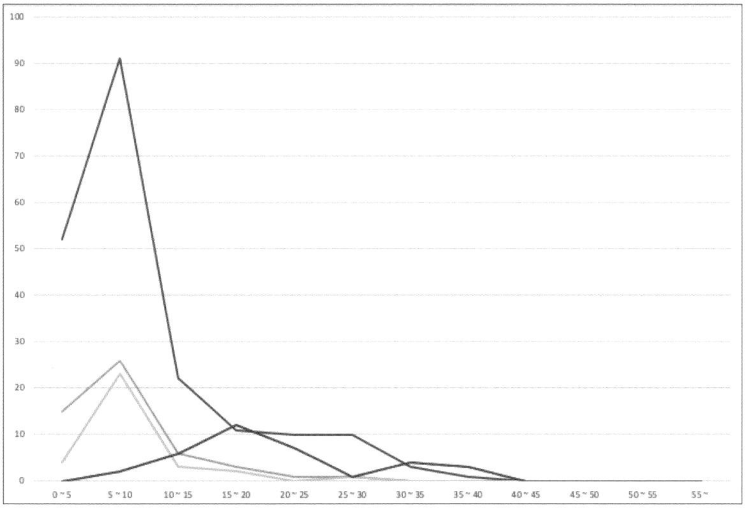

残念ながら完全な分離には至りませんでしたが、正常と異常の山がズレてきており、分離ができそうな形に近づいています。

モデルの改善[入力データの工夫・差分関数の調整]

さらに改良してみましょう。修正点は小さいですが、効果が大きい改良を2つ行います。

入力データの加工

1つ目は入力データの加工です。これまで、綺麗に復元できたため、学習時に使用する入力データと教師データを異なるデータにします[注4.12]。入力データは今まで通りグレースケールを二値化したものを使います。教師データはグレースケール化のみ行い、二値化を行わずに使用します。そのため、utils/image_loader.py内の画像の読み込み関数を**リスト4.5.4**のように変更します。

リスト4.5.4　画像読み込みモジュールのグレースケール対応（utils/image_loader.py）

```
import cv2
import glob
import numpy as np
import os


class ImageLoader():
    def __init__(self, dir_path, image_size, binary_th=120):
        self.__dir_path = dir_path
        self.__image_size = image_size
        self.__binary_th = binary_th


    def load(self, with_filenames=False, bin_flg=True):
        images = []
        files = glob.glob(os.path.join(self.__dir_path, '*.png'))
        files.sort()
        for file_path in files:
            img = cv2.imread(file_path)
            img = cv2.resize(img, self.__image_size)

            img = cv2.cvtColor(img, cv2.COLOR_BGR2GRAY)
            if bin_flg:
                img[img <= self.__binary_th] = 0
                img[img > self.__binary_th] = 255
            img = np.expand_dims(img, axis=2)
            img = img / 255

            images.append(img)
        images = np.array(images)
        if with_filenames:
            return images, files
        return images
```

注4.12 AutoEncoderとしては一般的ではない学習方法です。

変更点は、load関数の引数として二値化を行うかどうかの引数bin_flgを追加したことと（14〜33行目）、そのフラグによって二値化を制御するように変更したことです（23〜25行目）。bin_flg引数はデフォルトをTrueとすることで、今までのソースコードでも変更することなく動きます。

差分関数の変更

2つ目は、評価時に使用する差分関数の変更です。これまでは反応の不足分を計算していましたが、今回は逆に、反応の過剰分を計算してみましょう。そのために、「predict_with_diff_calculation.py」のcalc_error_valを**リスト4.5.5**のように変更します。

リスト4.5.5　calc_error_valの変更箇所（predict_with_diff_calculation.pyより抜粋）

```
def calc_error_val(img, res_img):
    exc_img = img - res_img
    exc_img[exc_img < 0] = 0

    return exc_img.sum() / img.sum()
```

以上で改良は完了です。これまで同様に学習を回してみると、筆者の環境での学習の結果は**図4.5.22**〜**図4.5.24**のようになりました。

図4.5.22　追加改良学習エラー値 - ヒストグラムデータ

min	max	train	valid	eval_ok	eval_ng	
0	10	1	1	4	0	0 ~ 10
10	20	35	9	8	0	10 ~ 20
20	30	67	22	14	0	20 ~ 30
30	40	47	11	7	0	30 ~ 40
40	50	18	3	0	0	40 ~ 50
50	60	13	3	0	0	50 ~ 60
60	70	10	2	0	4	60 ~ 70
70	80	4	1	0	5	70 ~ 80
80	90	3	0	0	8	80 ~ 90
90	100	1	0	0	8	90 ~ 100
100	110	1	0	0	4	100 ~ 110
110		0	0	0	6	110 ~

図4.5.23　追加改良学習エラー値 - ヒストグラム0-55

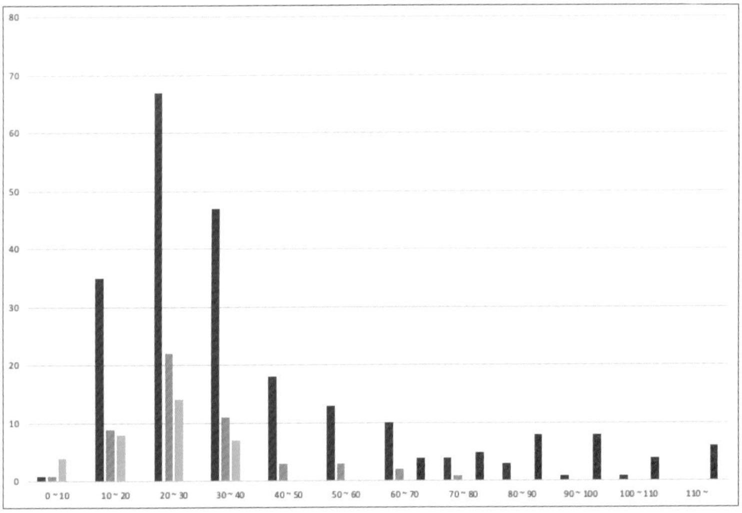

図4.5.24　追加改良学習エラー値 - 折れ線グラフ

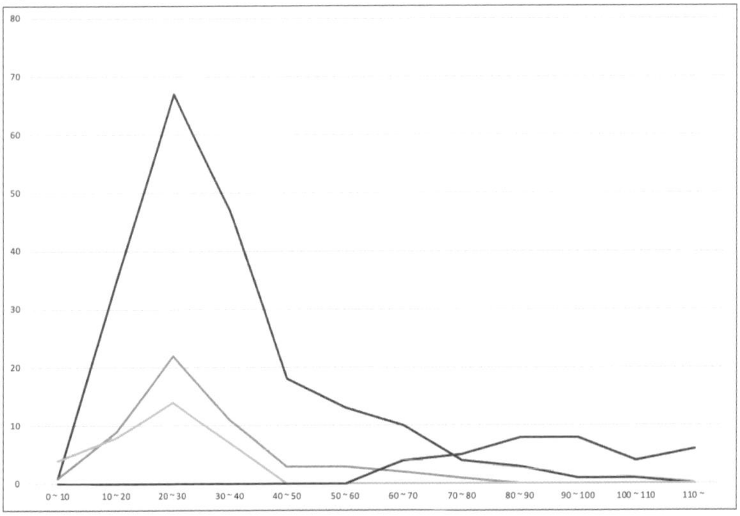

異常の山が正常の山から離れており、正常と異常を分離する閾値を決められそうです。

閾値による精度調整

ここまでの改良で、正常の山と異常の山が分離できました。正常と異常の山が完全に離れていて重なる部分がなければ、閾値を決めるのは簡単です。しかし、現実の問題では完全に分かれていることはまずありません。

そのため、閾値を決める際には閾値による精度の確認が重要です。ここでいう精度は、Recall（再現率）とPrecision（適合率）です。各閾値でのRecallとPrecisionは図4.5.25のようになります。

図4.5.25 追加改良学習エラー値 - 閾値による精度

th	Recall	Precision	f
10	1.000	0.111	0.556
20	1.000	0.134	0.567
30	1.000	0.220	0.610
40	1.000	0.372	0.686
50	1.000	0.479	0.740
60	1.000	0.614	0.807
70	0.886	0.756	0.821
80	0.743	0.839	0.791
90	0.514	0.900	0.707
100	0.286	0.909	0.597
110	0.171	1.000	0.586

Excelでデータを整理しているため、このような表も簡単に作れます。

Recallは`=COUNTIF(H:H,">="&J24)/COUNTA(H:H)`で、Precisionは`=COUNTIF(H:H,">="&J24)/(COUNTIF(B:B,">="&J24)+COUNTIF(D:D,">="&J24)+COUNTIF(F:F,">="&J24)+COUNTIF(H:H,">="&J24))`で実現できます。また、F値は`=AVERAGE(K24:L24)`としています。

ここから閾値を決めますが、th=70が一番F値が高いと見て取れます。しかし今回の課題に立ち戻ると、「正常と異常を分類し、異常なものを見つけること」です。th=70の際のRecallは0.886のため異常データを見逃します。

異常検知では見逃しが0であることが重要であり、Recallが1になるよう設定することが少なくありません。Recallを1にするように調整すると、Precisionが低下しやすいですが、異常検知においては見逃すよりも過剰に反応させたいため、許容されます。この場合はth=60に設定すると（異常検知モデルとしては）最適です。ディープラーニングの評価値・精度としてF値はよく利用されますが、F値だけでは決められないことも多いため注意しましょう。

今回のグラフのようにデータが山なりに分布すると仮定すると、折れ線グラフのように下がっていくことになります。th=60の場合、今の評価用データではRecallは1ですが、ある程度の高確率で見逃すデータが存在することが分かります。このように、現在の評価用データのみを使って、Recallが1だからと閾値を決定するのは危険です。今回であれば少し余裕をもたせて、thを50〜55あたりに設定すると良いでしょう。

閾値は学習し直す必要がないため、実際にモデルを使用して随時更新できます。th=50に設定した場合のPrecisionは0.75であり、「異常と見なされたうちの25%は、実際には正常」となります。この正常を異常とすることが問題なければ、このモデルをそのまま使えるでしょう。

ただ実際には、人手を100%省かず、「このモデルで異常と見なしたもののみ、再度人手で確認する」といったケースが多くなります。人手をなくすことはできませんが、正常と見なした分（約77%）のチェックを省くことができれば、その分のコストカットが行えます。

◆◆◆

AutoEncoderは、完全に賢く覚えすぎると、異常データまで復元できてしまいます。調整が難しいことがお分かりいただけたでしょうか。

正常・異常分類では、AutoEncoderよりもGANを使う技術が増えています。また、ただのAutoEncoderよりもVAEのような工夫を付け加える場合があります。実際のプロジェクトでは、PoCによって適用できない、またはすぐには適用できないという結果が出るかもしれません。次に繋がる部分を見つけて掘り下げ、次のプロジェクトに繋げると良いでしょう。

うまくいかなかった実験も、うまくいかなかったという重要な情報になります。どのようなデータ形式だとうまくいかず、推奨されるデータの形はこれが良いであろうといった情報が得られれば、次に活かせます。このような失敗の情報もしっかりと蓄積することが大事でしょう。本書の解説が、実際のプロジェクトを進めていくうえでのヒントになれば幸いです。

第5章

SSDによる物体検出

この章では、オープンソースコードを活用して、
データの準備から精度の計測まで一通りの作業を行います。
実際の作業を通して、気をつけるべき点や精度向上の取り組みについて学びましょう。

5.1 モデルの実装

□ オープンソースコードを利用して、物体検出モデルの実装を行います。

SSDとは

SSD (Single Shot Multibox Detector) は、画像から物体の位置と種類を出力する、Object Detectionまたは**物体検出**と呼ばれるタスクのアルゴリズムです。高速な処理と高い精度を実現しているため、さまざまな場面で活用できます。

SSDの準備

Object DetectionやInstance Segmentationのモデルの実装は大規模で、本書では紹介しきれません。そこで今回は、TensorFlowが公開している「Object Detection API」注5.1というソースコードを利用します。

まずはソースコードをローカルにダウンロードします。

```
$ git clone git@github.com:tensorflow/models --depth 1
```

このリポジトリには、今回使用するもの以外にも多くのソースコードが含まれています。本書では「models/research/object_detection」と「models/research/slim」以外は使用しないため、削除しても問題ありません。主な作業ディレクトリは「models/research/object_detection」です。

GitHubなどに公開されたソースコードを商用で利用する場合、利用する権利があるかどうかライセンスをもとに判断する必要があります。多くの場合、リポジトリのトップにLICENCEというファイルがあり、そこにライセンス条項が記述されています。オープンソースライセンスの中で、商用利用できる代表的なものは「Apahce 2.0 License」「MIT License」です。ただし、著作権表示とライセンス条項は記載しておく必要がありますので、LICENSEファイルのような著作権表示に関するものはそのまま残しておくと良いでしょう。

注5.1 https://github.com/tensorflow/models/tree/master/research/object_detection

著作権について

日本の法律における著作権は、人が作成した物に生じるため、ソースコードは書いた人に著作権があります。また、教師データなどに使用する画像データは、撮影または作成した人に著作権があります。

一方で、2019年1月1日の著作権法の改正により、「ディープラーニングのモデルの学習のためであれば、著作者の承諾を得ずに学習を行うことができる」「さらにそのモデルの著作権は、学習などを行った者が持つ」という解釈も存在します。学習用データ、ソースコード、学習済みモデルそれぞれについて、誰が著作権を有するのかを契約の段階で決めておくと、後々のトラブルを防ぐことができるでしょう。

環境構築とテスト

それでは、ダウンロードしたリポジトリが動作するよう環境を構築し、テストしてみます。まずは公式のインストールマニュアルに従い環境を構築しましょう。

https://github.com/tensorflow/models/blob/master/research/object_detection/g3doc/tf1.md

最後のコマンドを入力し、エラーが出力されなければ正しく環境が構築できています。

```
$ python object_detection/builders/model_builder_tf1_test.py
```

これで、Object Detection APIを使用する準備が整いました。GitHubには多数のディープラーニングを活用したソースコードが公開されていますが、依存するライブラリのバージョンが異なると動かないことがあります。環境構築の際には、依存ライブラリのバージョンをむやみに上げず、インストールガイドに沿ったバージョンにしましょう。

5.2 データの準備

GUIツールを活用して実際にアノテーションをしてみましょう。

画像の準備

まずは学習に使用する画像を集めましょう。今回は犬、猫、人の3クラスを対象にデータを準備します。第3章と同じクラスではありますが、対象が画像上のどこに写っているのかという情報も学習するため、対象は画像全体に大きく映っている必要はありません（図5.2.1）。

図5.2.1　学習用データの例

データを集める際は、学習したモデルを実際に使用する時の撮影条件と同じになるようにするのが望ましいです。プロジェクトでは、誰が収集しても同じようなデータが集まるよう撮影対象や撮影条件を明文化しておくと良いでしょう。

今回使用する画像データは、本書のサポートページ[注5.2]からダウンロードできます。実際のプロジェクトでは、学習用データを大量に集められない場合もありますが、そんな時はデータ拡張が有効です。左右反転やトリミングを行う場合は座標がずれるため、アノテーション後にデータ拡張を行います。

注5.2　https://gihyo.jp/book/2021/978-4-297-11942-3/support

アノテーション

物体検知では、画像の「どこ」に「なに」が写っているかを学習させる必要があります（図5.2.2）。

図5.2.2　アノテーションのイメージ

画像処理では通常、画像の左上を起点として、右方向にX軸、下方向にY軸を取ります。この時、対象が写っている領域は左上の角と右下の角の座標をもとに「xmin, ymin, xmax, ymax」で表します。図5.2.2の画像で犬が写っている領域を座標で示すと「0, 93, 438, 532」となります。この情報は、画像編集ソフトなどを利用すれば取得可能ですし、実装次第ですが、適当なCSVファイルにまとめていくだけでも学習に使用することは可能です。

とはいえ、そのような非効率的な方法で何万枚もの画像に対してアノテーションを行うのは現実的ではありません。そこで、今回はアノテーション用のツールを用います。現在、画像処理に関するアノテーションツールはいくつか公開されています。その中でも代表的なツールである、LabelImgとVoTTについて簡単に紹介します。

オープンソースで開発が進んでいるLabelImg[注5.3]は、Pythonで作成されており独自の改良を加えて使いやすいツールです。Microsoftが開発を進めているVoTT[注5.4]は、VSCodeのようなインターフェースでそのままでも使いやすいツールです。今回はVoTTを利用してアノテーションを行います。

注5.3　https://github.com/tzutalin/labelImg
注5.4　https://github.com/microsoft/VoTT

VoTTによるアノテーションの実施

VoTTはMac、Linux、Windows用にビルド済みファイルが提供されています。v2.1.0のリリースページ注5.5から、環境に合わせてビルド済みファイルをダウンロードして起動してみましょう（図5.2.3）。

図5.2.3　起動直後のVoTT

まずは［New Project］をクリックして作業用のプロジェクトを作成します（図5.2.4）。

図5.2.4　プロジェクトの作成画面

ここで設定しなければいけないのは、「Display Name」「Source Connection」「Target Connection」の3つです。Display Nameには、プロジェクトの分かりやすい名前を設定してください。残りの2つは、新たにVoTTをインストールした場合は選択肢がないので、［Add Connection］からそれぞれ作成する必要があります（図5.2.5）。

注5.5　https://github.com/microsoft/VoTT/releases/tag/v2.1.0

図5.2.5　Connectionの作成画面

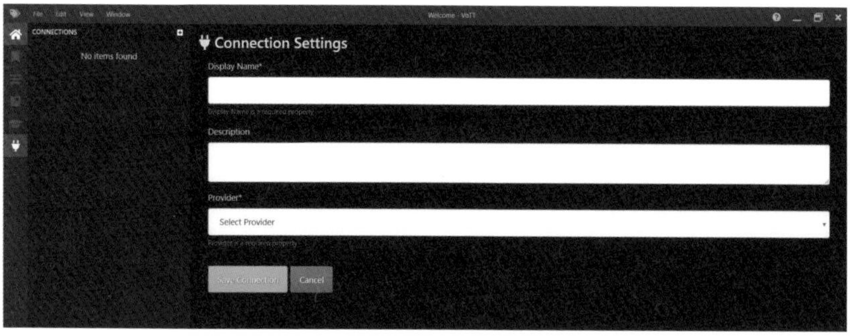

Connectionとは、データソースに関する設定の総称です。今回は、入力データとなる画像の保存先を示すConnectionと、アノテーションデータの保存先を示すConnectionの2つを作成します。ローカルで作業するため、Providerには「Local File System」を選択し、それぞれわかりやすいDisplay Nameを設定してください。

Source Connectionには教師データとして集めた画像を格納したディレクトリを、Target Connectionにはアノテーションデータを格納するためのディレクトリを設定してください。本章では、図5.2.6のディレクトリ構成を想定して進めています。

図5.2.6　本章で想定するディレクトリ構成

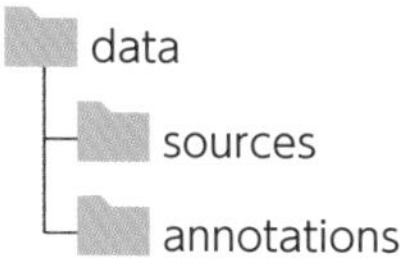

正しくプロジェクトを作成できるとアノテーション画面が表示されます（図5.2.7）。

図5.2.7　アノテーション画面

画面右のカラム上部の「TAGS」という表記付近にある[+]アイコンをクリックし、タグ(クラス)を追加します(図5.2.8)。

図5.2.8 タグを追加した様子

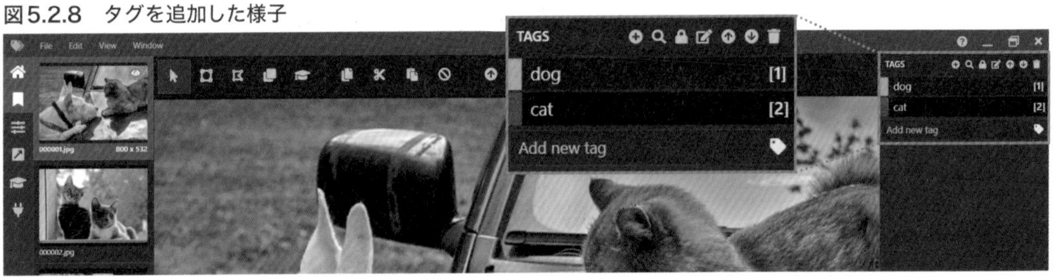

ドラッグして矩形を作成し、右側のタグ一覧から対象のクラス名を選択してください。これを繰り返してアノテーションを行います(図5.2.9)。

図5.2.9 アノテーションが完了した様子

なお、アノテーション済みのデータは本書のサポートページにあります。そのため、実際にすべてのデータに対してアノテーションを行わずに先に進んでも大丈夫です[注5.6]。

アノテーションデータをプログラムから利用するために出力を行います。まずは、画面左側に並んだアイコンの上から4番目をクリックし、出力の設定を行います(図5.2.10)。

注5.6 https://gihyo.jp/book/2021/978-4-297-11942-3/support

図5.2.10　出力設定画面

出力にはさまざまな形式が使用できますが、今回は直感的に理解しやすいCSV形式で出力します。アノテーション済みのファイルのみを対象に出力を行うよう、Asset Stateには「Only tagged Assets」を選択します。「Include Images」にチェックを入れるとタグ付けした画像を一緒に出力できるので、こちらも有効にします。

設定を保存したら、実際に出力してみましょう。図5.2.11の矢印で示したアイコンをクリックしてください。

図5.2.11　出力の実行

Target Connectionで設定したディレクトリ配下に新しくディレクトリが作成されて、アノテーションデータが保存されます。たとえば3つのファイルにアノテーションを行った場合、図5.2.12のような出力になります。

図5.2.12　出力されるディレクトリ構成の例

```
data
├─ sources
├─ annotations
│   ├─ vott-csv-export
│   │   ├─ 000001.jpg
│   │   ├─ 000002.jpg
│   │   ├─ 000003.jpg
│   │   └─ Chapter5-export.csv
│   ├─ 1d645b3b961f11614f0e042bce40ae00-asset.json
│   ├─ 7e4e196946b74798a072708617d0ab5b-asset.json
│   ├─ 55bf21e7841ee43c1b93c11148c2f487-asset.json
│   └─ Chapter5.vott
```

「vott-csv-export」ディレクトリには、アノテーションを行った画像のコピーと1つのCSVファイルがあります。このCSVは表5.2.1のような内容になっています。

表5.2.1　Chapter5-export.csvの例

image	xmin	ymin	xmax	ymax	label
000003.jpg	30.580371705375782	38.506967868645546	279.6325760046973	367.4206372954387	human
000003.jpg	492.8768430323591	135.8440193027507	640	223.5543134684018	cat
000003.jpg	301.81212486951983	314.47355392583563	463.7494699243215	480	dog
000001.jpg	370.48852590031316	205.37048169829387	566.096074177975	349.77159590442204	dog
000001.jpg	246.49685216597078	234.7855234810237	348.57621672755744	370.62954278377435	cat
000001.jpg	58.37160751565762	117.12535635010445	444.2421548799582	416.6239635924443	human
000002.jpg	240.30462687724346	136.54930752299956	615.9009920412356	403.51087131340853	cat
000002.jpg	0	0	639	428.570489144923	human
000002.jpg	0	80.29304011352879	639	458.23286127712066	dog

この出力をもとに学習を行います。

◆◆◆

こういったアノテーション作業が大変な場合は、アウトソーシングも検討しましょう。具体的には、アノテーションを専門とする企業へ依頼したり、クラウドソーシングで依頼したりすることができます。

ただし、誰が行っても同じ結果とならなければ学習に悪影響が出ます。外部へ依頼する場合は、正確な依頼を行う必要がある点に注意しなければいけません。また、教師データを第三者に渡して良いかについて、契約の際には慎重に確認してください。

5.3 学習

□ **仕事でも使える効率的な学習方法を学びます。**

転移学習とファインチューニング

ディープラーニングでは、大量の変数を最適化するため計算量は膨大です。

タスクが複雑化して計算量が増えると学習時間は長くなり、試行錯誤のサイクルを回すのが難しくなります。ここでは、効率的に学習を進める方法として、転移学習とファインチューニングを紹介します。

転移学習

転移学習とは、同じような学習済みモデルを一部修正し、修正部分のみを学習する方法です。たとえば「車」「バイク」「船」「飛行機」の4種類の画像を分類したい場合は、3種類の画像を分類するモデルを元に、元のモデルの最後の層を4種類に分類するよう変更します。画像分類のタスクに関しては、畳み込み処理とプーリングの連続する特徴抽出を行う前半と、全結合が連続する分類を行う後半に分かれます。前半の画像から特徴を抽出する部分は、画像に関わるさまざまなタスクに応用できるため、転移学習として流用することがよくあります。

ファインチューニング

ファインチューニングとは、本来であれば変数に乱数が用いられるところを、あらかじめ学習された値を用いることにより学習の効率化を図る手法です。同じような学習モデルを修正して**ネットワーク全体**を学習します。転移学習より学習する量は増えますが、タスクに特化しやすくなるため、精度を高める際に有効です。最初は転移学習を行い、Lossが下がらなくなったらファインチューニングへ切り替えてさらに学習を進めると、より効率的に学習できます。

この章ではファインチューニングを行います。まずは通常の学習とファインチューニングの違いを確認してみましょう。

学習のための準備

「5.1　SSDの準備」でセットアップしたObejct Detection APIを用いて、1ステップだけの学習を行うことで必要なファイルを準備します。Object Detection APIでは、学習用データをTFRecordというデータ形式に変換する必要があります。TFRecordは、TensorFlowが提供する共通のデータ形式であり、大量の学習データを効率的に読み出すのに有効です。また、モデル構造や学習率などのハイパーパラメータは1つのファイルにまとめて記述する必要があります。Object Detection APIのドキュメントに従って図5.3.1の構成で準備を進めていきましょう。

図5.3.1　学習のためのディレクトリ構成

```
─ models (Object Detection API用のリポジトリ)
─ chapter5
   ├ create_tf_record.py
   ├ data
   │  ├ chapter5.pbtxt
   │  ├ train.record
   │  └ eval.record
   ├ dataset
   │  ├ chapter5-train.csv
   │  ├ chapter5-eval.csv
   │  └ images
   └ models
      └ model
         ├ chapter5.config
         ├ chapter5_fine_tune.config
         ├ train
         └ train_fine_tune
```

「chapter5/data」ディレクトリには変換したTFRecordデータが、「chapter5/dataset」ディレクトリにはVoTTで出力したCSVが、「chapter5/models」ディレクトリには設定ファイルと学習時のログデータが保存されます。

クラス名・クラスIDの変換表の準備

Object Detection APIでは、クラス名とクラスを表すIDを特定の形式で保存する必要があります。準備したデータに合わせて変換表をdataディレクトリ内に作成しましょう（リスト5.3.1）。

リスト5.3.1　クラス名とクラスIDの変換表（data/chapter5.pbtxt）

```
item {
  id: 1
  name: 'human'
}


item {
  id: 2
  name: 'cat'
}


item {
  id: 3
  name: 'dog'
}
```


TFRecordの準備

TensorFlowには、TFRecord形式に変換するためのPythonモジュールが含まれています。Object Detection APIのサンプルに従い、VoTTの出力CSVからTFRecordを生成するPythonプログラムを実装しましょう（リスト5.3.2）。

リスト5.3.2　アノテーションデータをTFRecordに変換する実装（create_tf_record.py）

```
import os

import tensorflow as tf
from PIL import Image

from object_detection.utils import dataset_util


flags = tf.app.flags
flags.DEFINE_string('input_path', '', 'Path to input CSV')
flags.DEFINE_string('output_path', '', 'Path to output TFRecord')
FLAGS = flags.FLAGS


```

次ページへ続く

```python
def create_tf_example(example):
    height = example['height']
    width = example['width']
    filename = example['filename']
    encoded_image_data = example['encoded_image_data']
    image_format = b'jpg'

    xmins = example['xmins']
    xmaxs = example['xmaxs']
    ymins = example['ymins']
    ymaxs = example['ymaxs']
    classes_text = example['classes_text']
    classes = example['classes']

    tf_example = tf.train.Example(features=tf.train.Features(feature={
        'image/height': dataset_util.int64_feature(height),
        'image/width': dataset_util.int64_feature(width),
        'image/filename': dataset_util.bytes_feature(filename),
        'image/source_id': dataset_util.bytes_feature(filename),
        'image/encoded': dataset_util.bytes_feature(encoded_image_data),
        'image/format': dataset_util.bytes_feature(image_format),
        'image/object/bbox/xmin': dataset_util.float_list_feature(xmins),
        'image/object/bbox/xmax': dataset_util.float_list_feature(xmaxs),
        'image/object/bbox/ymin': dataset_util.float_list_feature(ymins),
        'image/object/bbox/ymax': dataset_util.float_list_feature(ymaxs),
        'image/object/class/text': dataset_util.bytes_list_feature(classes_text),
        'image/object/class/label': dataset_util.int64_list_feature(classes),
    }))
    return tf_example


def main(_):
    writer = tf.python_io.TFRecordWriter(FLAGS.output_path)

    data = {}
    with open(FLAGS.input_path) as f:
        f.readline()  # ignore header
        for line in f.readlines():
            filename, xmin, ymin, xmax, ymax, label = line[:-1].split(',')
            if filename not in data:
                data[filename] = []
            data[filename].append([xmin, ymin, xmax, ymax, label])

    labels = ['background', 'human', 'cat', 'dog']
    for filename, anns in data.items():
        if len(anns) == 1:
            continue
        fp = os.path.join(os.path.dirname(FLAGS.input_path), 'images', filename)
        img = Image.open(fp)
```

次ページへ続く

```
64         with open(fp, 'rb') as f:
65             encoded_image_data = f.read()
66         example = {
67             'height' : img.height,
68             'width' : img.width,
69             'filename' : filename.encode('utf-8'),
70             'encoded_image_data' : encoded_image_data,
71             'xmins' : [],
72             'xmaxs' : [],
73             'ymins' : [],
74             'ymaxs' : [],
75             'classes_text' : [],
76             'classes' : []
77         }
78         for xmin, ymin, xmax, ymax, label in anns:
79             example['xmins'].append(float(xmin) / img.width)
80             example['xmaxs'].append(float(xmax) / img.width)
81             example['ymins'].append(float(ymin) / img.height)
82             example['ymaxs'].append(float(ymax) / img.height)
83             example['classes_text'].append(label.encode('utf-8'))
84             example['classes'].append(labels.index(label))
85 
86         tf_example = create_tf_example(example)
87         writer.write(tf_example.SerializeToString())
88 
89     writer.close()
90 
91 
92 if __name__ == '__main__':
93     tf.app.run()
```

関数create_tf_exampleは、Object Detection APIのUsing Your Own Datasetのドキュメントからそのまま引用しています[注5.7]。

create_tf_exampleでは、画像ごとにアノテーションデータ（TFRecordファイル）を作成します（49行目）。そして、矩形の座標を0〜1になるように正規化し、TFRecordに、正規化した座標・クラス名・クラスIDを追加します（78行目）。アノテーションデータがCSV以外の独自形式の場合は、TFRecordに変換する際に同じ形式に変換することで、今回の学習を行うことができます。

注5.7 https://github.com/tensorflow/models/blob/master/research/object_detection/g3doc/using_your_own_dataset.md#conversion-script-outline-conversion-script-outline

このPythonプログラムは、コマンドオプションinput_path、output_pathを以下のように受け取

```
$ python create_tf_record.py \
    --input_path dataset/chapter5-train.csv \
    --output_path data/train.record
$ python create_tf_record.py \
    --input_path dataset/chapter5-eval.csv \
    --output_path data/eval.record
```

学習用設定ファイルの準備

学習用設定ファイルには、大きく分けて5つの項目を記述します[注5.8]。

- model
- train_config
- train_input_reader
- eval_config
- eval_input_reader

学習時のバッチサイズ、学習率、学習回数などの設定は「train_config」「eval_config」に、入力データの設定は「train_input_reader」「eval_input_reader」に、特徴抽出を行う構造、分類器の構造、Loss関数の設定などモデルに関わるものは「model」に記述します。

Object Detection APIでは、サンプルの設定ファイルを数多く用意しています。ここでは、そのうちの1つである「ssd_mobilenet_v2_coco.config」[注5.9]を元に、**リスト5.3.3**のような設定ファイルを作成します。ファイルは「/models/model/chapter5.config」として保存します。

リスト5.3.3　設定ファイル(/models/model/chapter5.config)

```
model {
  num_classes: 3
  ... # 他はサンプルよりそのまま利用
}

train_config : {
  batch_size: 24
```

次ページへ続く

注5.8　https://github.com/tensorflow/models/blob/master/research/object_detection/g3doc/configuring_jobs.md#overviewより。

注5.9　https://github.com/tensorflow/models/blob/master/research/object_detection/samples/configs/ssd_mobilenet_v2_coco.config

```
  optimizer {
    rms_prop_optimizer: {
      learning_rate: {
        exponential_decay_learning_rate {
          initial_learning_rate: 0.004
          decay_steps: 800720
          decay_factor: 0.95
        }
      }
      momentum_optimizer_value: 0.9
      decay: 0.9
      epsilon: 1.0
    }
  }
}

train_input_reader: {
  tf_record_input_reader {
    input_path: "/path/to/working_dir/chapter5/data/train.record"
  }
  label_map_path: "/path/to/working_dir/chapter5/data/chapter5.pbtxt"
}

eval_config: {
  num_examples: 1865  # サンプルで配布しているCSVデータは1865枚
}

eval_input_reader: {
  tf_record_input_reader {
    input_path: "/path/to/working_dir/chapter5/data/eval.record"
  }
  label_map_path: "/path/to/working_dir/chapter5/data/chapter5.pbtxt"
}
```

設定ファイルではパスやサンプル数の調整を行います。まずは通常の学習を実施するため、ファインチューニングに関する記述はいったん削除しています。

学習を1Epoch実行

まずは1Epochだけ学習してみましょう。作成した設定ファイル、ログと学習済みモデルの出力先ディレクトリ、学習回数のオプションを図5.3.2のように設定して実行します。

図5.3.2　学習の実行（1Epoch）

```
$ python models/research/object_detection/model_main.py \
    --pipeline_config_path=chapter5/models/model/chapter5.config \
    --model_dir=chapter5/models/model/train/ \
    --num_train_steps=1 \
    --alsologtostderr
```

ログの出力先ディレクトリに「model.ckpt」から始まるファイルがあれば学習は成功です。

学習の実行

これで学習の準備が整いました。通常通りの学習とファインチューニングによる学習を行い、その効果を検証してみましょう。対象の複雑さにもよりますが、100,000枚分の学習を行えば十分にLossの変化を見ることができるでしょう。今回は10,000Step（60Epoch）の学習で比較します[注5.10]。

まずは通常の学習を、図5.3.2のStep数を変更して実行します（図5.3.3）。Object Detection APIでは、同じ設定でStep数のみ変更した場合は学習を継続することができます。なお、筆者の環境であるNVIDIA K80を1台搭載したサーバでは、学習の完了までに約2時間かかりました。

図5.3.3　学習の実行

```
$ python models/research/object_detection/model_main.py \
    --pipeline_config_path=chapter5/models/model/chapter5.config \
    --model_dir=chapter5/models/model/train/ \
    --num_train_steps=10000 \
    --alsologtostderr
```

次にファインチューニングを行うために学習済みモデル[注5.11]をダウンロードします（図5.3.4）。

図5.3.4　学習済みモデルのダウンロード

```
$ cd chapter5/models
$ wget http://download.tensorflow.org/models/object_detection/ssd_mobilenet_v2_coco
_2018_03_29.tar.gz
$ tar -xf ssd_mobilenet_v2_coco_2018_03_29.tar.gz
```

注5.10　60Epoch＝10,000step×24batch÷4,000枚のデータ。

注5.11　さまざまな機関が学習済みモデルを配布しています。Object Detection APIの学習済みモデル一覧は「Detection Model zoo」のドキュメントで参照できます。
https://github.com/tensorflow/models/blob/master/research/object_detection/g3doc/tf1_detection_zoo.md#coco-trained-models

次に、既存の設定ファイルを「/models/model/chapter5_fine_tune.config」としてコピーし、ファインチューニング用の設定を書き加えます（リスト5.3.4）。

リスト5.3.4 ファインチューニング用の設定ファイル（models/model/chapter5_fine_tune.config）

```
（省略）

train_config : {
  （省略）
  fine_tune_checkpoint: "/path/to/working_dir/chapter5/models/ssd_mobilenet_v2_coco_
2018_03_29/model.ckpt"
  fine_tune_checkpoint_type:  "detection"
}

（省略）
```


ダウンロードした学習済みモデルを元に、ファインチューニングを10,000Step回してみましょう（図5.3.5）。

図5.3.5 ファインチューニングの実行

```
$ python models/research/object_detection/model_main.py \
    --pipeline_config_path=chapter5/models/model/chapter5_fine_tune.config \
    --model_dir=chapter5/models/model/train_fine_tune/ \
    --num_train_steps=10000 \
    --alsologtostderr
```

こちらの学習も、筆者の環境では約2時間ほどかかりました。TensorBoardを用いて学習曲線を確認します（図5.3.6）。

```
$ tensorboard --logdir=chapter5/models/model
```

グラフには学習時のLossが表示されており、Lossは低いほど学習できていることになります。ランダムな初期値から学習する従来の方式では、初期で高い値を指し示していたLossが徐々に下がっていく様子が確認できます。一方、ファインチューニングしたモデルのLossは初期からさほど高くはなく、従来の学習方式よりも低い値が続いています。ファインチューニングにより、早い段階で最適化が進んでいることが確認できました。

ファインチューニングには、学習を効率化する以外にもメリットがあります。一例を挙げると、実装したモデルの学習に対して複雑なオーグメンテーションをかけると、Lossが減少しない場合がまれに発生します。こうした場合、オーグメンテーションを行っていない学習済みモデルに対し、画像を平行移動させるシフトやランダムクロップなどの単純なオーグメンテーションを行ってファインチューニングを実施し、そのモデルを元にさらに複雑なオーグメンテーションを行ってファインチューニングを実施……というように学習を進めていくことで、問題を解決できる場合があります。

図5.3.6　学習曲線

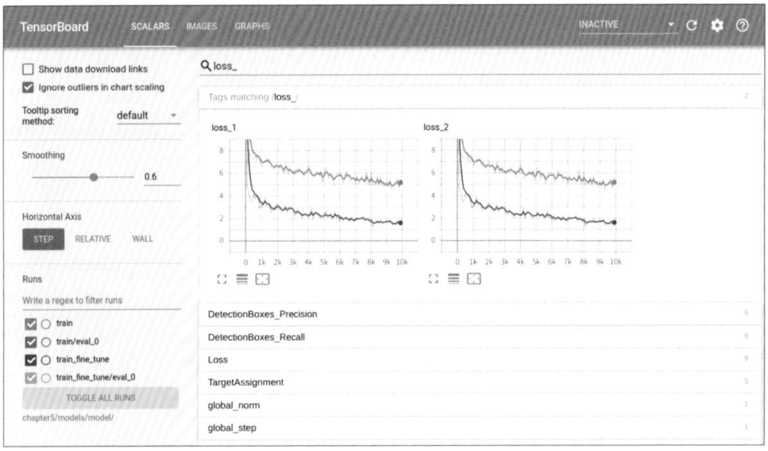

5.4 評価

物体検出に特有の評価指標について、評価値を求める実装を通して学びます。

IoUとは

IoU (Intersection over Union) は、正解の領域と推論結果の領域がどれだけ一致しているかを判断するための指標です (図5.4.1)。

図5.4.1　IoU

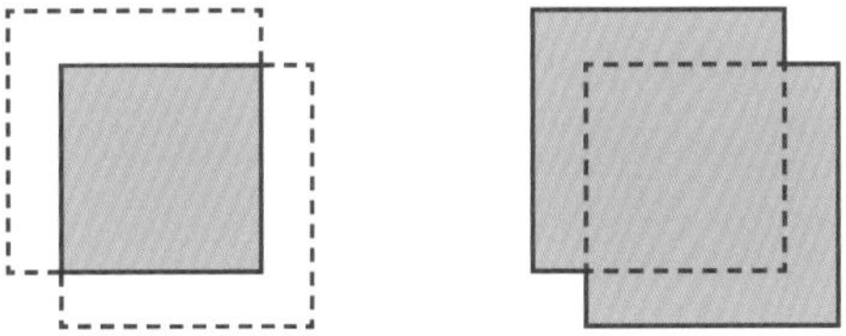

数学的に表現すると、2つの領域の和集合に対する積集合の比率です。いくつかの例とともに、IoUについての理解を進めていきましょう。

検出結果が正解よりずれている場合

図5.4.2は検出結果がずれている例です。正解も検出結果も幅と高さが2で、横方向と縦方向にそれぞれ1ずつずれているとします。この時、IoUは1/7=0.14となります。なお、IoUは指標であって一致率ではない点に注意してください。正解に対する単純な一致率を求めた場合、検出結果が正解を大きく囲っている場合はすべて一致していることになってしまいます。それを防ぐためにIoUを使い、正解の領域を基準に一致度を算出します。

図5.4.2 検出結果がずれた例

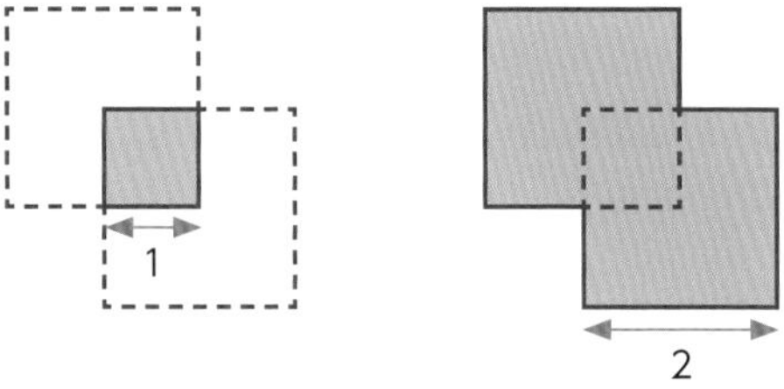

正解と検出結果のいずれかが大きい場合

図5.4.3は、正解と検出結果のいずれかが大きい例です。

図5.4.3 正解と検出結果のいずれかが大きい例

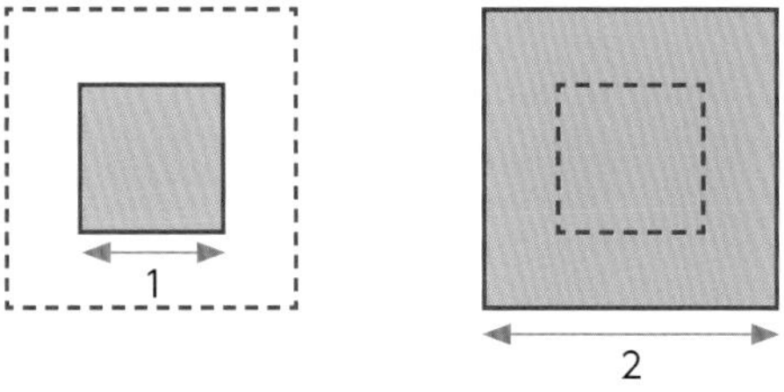

たとえば、正解に対して検出結果が幅と高さの両方において2倍であったとします。この時のIoUは1/4=0.25となります。むやみに正解の領域を埋めるように大きく検出したとしても、IoUは高い数値になりません。

◆◆◆

IoUはさまざまな論文で指標として用いられています。しかし、上記の例のようにその値はあまり直感的ではありません。

IoUによる検出精度評価

物体検出の精度は、IoUの値に閾値を設定することで物体検出に成功したかを決定し、評価します。この時に用いるのは一般的に**適合率**(Precision)、出力に対する正解の割合です。しかし、物体検出ではそれぞれの検出結果が**確信度**を含むため、確信度の閾値を下げることによって適合率を意図的に上げることができてしまいます。そのような偏った精度とならないよう用いる評価方法がmAPです。検出結果の例(**表5.4.1**)を元に、mAPの求め方について学んでいきましょう。

表5.4.1　検出結果の例

クラス	確信度	IoU (最大)
犬	0.99	0.93
犬	0.98	0.48
猫	0.97	0.61
人	0.95	0.23
猫	0.90	0.77
犬	0.85	0.89
犬	0.81	0.40
猫	0.79	0.34
人	0.95	0.60
犬	0.78	0.47
人	0.76	0.32
犬	0.70	0.87
猫	0.68	0.35
猫	0.66	0.76
犬	0.63	0.92
犬	0.58	0.81
人	0.52	0.25

この表は犬が5匹、猫が3匹、人が1人写っている画像に対する検出結果の例です。まずは、混在するクラスから対象を1つに絞ります(**表5.4.2**)。

表5.4.2 犬だけの検出結果

クラス	確信度	IoU (最大)
犬	0.99	0.93
犬	0.98	0.48
犬	0.85	0.89
犬	0.81	0.40
犬	0.78	0.47
犬	0.70	0.87
犬	0.63	0.92
犬	0.58	0.81

次に、確信度がいくつ以上であれば出力として採用するかの閾値を設定します。閾値を0.99とした場合は1行目のみ、0.58とした場合はすべての行を採用することになります。徐々に閾値を下げつつ適合率 (Precision) と再現率 (Recall) を求めていくと、適合率は下がり、再現率は上がります[注5.12]。今回はIoUが0.5以上の場合を正解としたうえで、徐々に確信度の閾値を下げて計算してみます。

$$\text{適合率} = \frac{\text{正解数}}{\text{出力数}} \qquad \text{再現率} = \frac{\text{正解数}}{\text{実際に写っている数}}$$

※詳しくは「3.4 評価」を参照してください

確信度の閾値を0.99とした場合、出力は1つになります (**表5.4.3**)。出力数1に対して正解数1であるため適合率は1/1、実際に写っている数5に対して正解数は1であるため再現率は1/5です。

表5.4.3 確信度の閾値が0.99、出力結果が1つのみの場合

クラス	確信度	IoU (最大)	正解/不正解
犬	0.99	0.93	正解

確信度の閾値を0.98とした場合、出力は2つになります (**表5.4.4**)。出力数2に対して正解数1であるため適合率は1/2、実際に写っている数5に対して正解数は1であるため再現率は1/5です。

表5.4.4 確信度の閾値が0.98、出力結果が2つの場合

クラス	確信度	IoU (最大)	正解/不正解
犬	0.99	0.93	正解
犬	0.98	0.48	不正解

確信度の閾値を0.85とした場合、出力は3つになります (**表5.4.5**)。出力数3に対して正解数2であるため適合率は2/3、実際に写っている数5に対して正解数は2であるため再現率は2/5です。

注5.12 適合率と再現率はトレードオフの関係にあります。

表5.4.5　確信度の閾値が0.85、出力結果が3つの場合

クラス	確信度	IoU（最大）	正解／不正解
犬	0.99	0.93	正解
犬	0.98	0.48	不正解
犬	0.85	0.89	正解

再現率と適合率の計算結果をまとめると、表5.4.6の通りになります。

表5.4.6　検出結果と再現率、適合率

クラス	確信度	IoU（最大）	正解／不正解	再現率	適合率
犬	0.99	0.93	正解	0.2	1.00
犬	0.98	0.48	不正解	0.2	0.50
犬	0.85	0.89	正解	0.4	0.67
犬	0.81	0.40	不正解	0.4	0.50
犬	0.78	0.47	不正解	0.4	0.40
犬	0.70	0.87	正解	0.6	0.50
犬	0.63	0.92	正解	0.8	0.57
犬	0.58	0.81	正解	1.0	0.63

適合率は徐々に下がり、再現率は徐々に上がっています。mAPを求めるために、まずは1クラスごとの再現率と適合率の表を作成します。適合率は、再現率を基準に0.1刻みで算出します。算出方法は、その再現率以上の検出結果を適合率が高い順に並べたときの、最も高い適合率の値です。今回の検出結果をもとに作成すると、表5.4.7のようになります。

表5.4.7　再現率ごとの適合率

再現率	適合率
0.0	1.00
0.1	1.00
0.2	1.00
0.3	0.67
0.4	0.67
0.5	0.63
0.6	0.63
0.7	0.63
0.8	0.63
0.9	0.63
1.0	0.63

表の11個の適合率を平均したものがAP (Average Precision) であり、全クラス分のAPを平均したものがmAP (mean Average Precision) です。この表の11個の適合率を平均すると0.73となるため、犬クラスのAPは0.73です。同様に猫は0.85、人は0.50となり、それらの平均を求めるとmAPは0.70となります。

◆◆◆

今回は基本的な理解のために0.1刻みの11点で説明しましたが、一般的には0.01刻みの101点で平均を取ります。また、IoUを変化させながらすべてのクラスをまとめたうえで求めたAPを平均する場合もあります。

mAPの算出

ファインチューニングしたモデルを使ってmAPの計測を行いましょう。TensorBoardにいくつかmAPが表示されていますが、APが記載されていないためクラスごとの精度の差を確認できません。独自に実装することを通して、物体検出モデルの推論方法とIoU/mAPの計算方法を学習しましょう。

学習済みモデルの変換

Object Detection APIの学習済みモデルを、TensorFlowが提供するSavedModel形式に変換します。モデル形式の変換をドキュメントに沿って実行します (図5.4.4)。

https://github.com/tensorflow/models/blob/master/research/object_detection/g3doc/exporting_models.md

図5.4.4 モデル形式の変換

```
$ python object_detection/export_inference_graph.py \
    --input_type=image_tensor \
    --pipeline_config_path=../../chapter5/models/model/chapter5.config \
    --trained_checkpoint_prefix=../../chapter5/models/model/train_fine_tune/model.
ckpt-10000 \ (実際は1行)
    --output_directory=../../chapter5/models/model/train_fine_tune/inference_model
```

変換したモデルを読み込み、推論を行う部分の実装を行いましょう。以降、mAPを求める部分は「calc_mAP.py」として実装を進めます。

リスト5.4.1　mAPを求める実装(calc_mAP.py)

```
import tensorflow as tf
from tensorflow.python.saved_model import tag_constants

sess = tf.Session()
meta_graph = tf.saved_model.loader.load(
    sess, [tag_constants.SERVING],
    'models/model/train_fine_tune/inference_model/saved_model')
model_signature = meta_graph.signature_def['serving_default']
input_signature = model_signature.inputs
output_signature = model_signature.outputs

print(list(model_signature.inputs))
print(list(model_signature.outputs))
```

変換したモデルをtf.saved_model.loader.loadで読み込みます。入出力データのキーはモデルによって異なるため、都度確認する必要があります。**リスト5.4.1**では、モデルを読み込んだ後にそのキーを出力しています(**図5.4.5**)。

図5.4.5　出力されるキーの例

```
['inputs']
['detection_scores', 'raw_detection_scores', 'detection_multiclass_scores',
'detection_classes', 'num_detections', 'detection_boxes', 'raw_detection_boxes']
```

乱数を用いて生成した擬似的な画像を、このキーを元に入力に渡して推論できるか確認します。**リスト5.4.2**のソースコードを「calc_mAP.py」に追記しましょう(**図5.4.6**)。

リスト5.4.2　推論のためのソースコード(calc_mAP.pyに追記する内容)

```
input_tensor = sess.graph.get_tensor_by_name(input_signature["inputs"].name)
fetches = [
    sess.graph.get_tensor_by_name(output_signature["detection_boxes"].name),
    sess.graph.get_tensor_by_name(output_signature["detection_classes"].name),
    sess.graph.get_tensor_by_name(output_signature["detection_scores"].name),
]

img = np.random.randint(low=0, high=255, size=(512, 512, 3), dtype=np.uint8)
boxes, classes, scores = sess.run(fetches, feed_dict={input_tensor: [img]})

print(f'boxes\n{boxes}')
print(f'classes\n{classes}')
print(f'scores\n{scores}')
```

図5.4.6 推論実行時の出力例

```
boxes
[[[0.29742408 0.00640699 0.9709903  0.59975815]
  [0.6004995  0.63503    1.         1.        ]
  [0.5709183  0.3896414  1.         0.99563575]
  ...
  [0.26147687 0.12715305 0.8482691  0.35309196]
  [0.7112111  0.00179972 1.         0.44473463]
  [0.73525244 0.3273307  1.         0.7883427 ]]]
classes
[[1. 1. 1. ... 3. 3. 1.]]
scores
[[0.00722426 0.00685674 0.00603485 ... 0.00164407 0.00164044 0.00163636]]
```

これで推論部分の実装が完了しました。

IoU算出の実装

検証用のアノテーションデータを格納したCSVファイルを元に、精度を算出します。各画像の推論結果ごとに、同じクラスの全アノテーションデータから最大となるIoUを算出します。このIoUが閾値を超えていたら、その推論結果は正しく検出できたとみなします。

まずはCSVデータを画像ごとにまとめます。「calc_mAP.py」に**リスト5.4.3**を追記しましょう。変数dataの形式はコメントアウトで記述しています。

リスト5.4.3 IoU算出のためのソースコード(calc_mAP.pyに追記する内容)

```
labels = ['background', 'human', 'cat', 'dog']
data = {
#     'filename': {
#         'boxes': [
#             [xmin, ymin, xmax, ymax],
#             ...
#         ],
#         'classes': [ label_index, ...]
#     },
#     ...
}
with open('dataset/chapter5_eval.csv') as f:
    f.readline()  # ignore header
    for line in f.readlines():
        filename, xmin, ymin, xmax, ymax, label = line[:-1].split(',')
        xmin = float(xmin)
        ymin = float(ymin)
        xmax = float(xmax)
        ymax = float(ymax)
```

次ページへ続く

```
        if filename not in data:
            data[filename] = {
                'boxes': [],
                'classes': []
            }
        data[filename]['boxes'].append([xmin, ymin, xmax, ymax])
        data[filename]['classes'].append(labels.index(label))
```

IoUは、以下の計算式で算出します。

```
IoU = (A∩B)/(A+B-A∩B)
```

A∩Bの面積は以下のように計算できます。

```
width = max(0, min(a_xmax, b_xmax) - max(a_xmin, b_xmin))
height = max(0, min(a_ymax, b_ymax) - max(a_ymin, b_ymin))
inner_area = width * height
```

上記の式を元にIoUを求めて可視化します。「calc_mAP.py」の冒頭に**リスト5.4.4**を追記しましょう。

リスト5.4.4　IoU可視化のためのソースコード①(calc_mAP.pyの冒頭に追記する内容)

```
import os

from PIL import Image, ImageDraw
import matplotlib.pyplot as plt
```

さらに、「calc_mAP.py」の末尾に**リスト5.4.5**を追記します。

リスト5.4.5 IoU可視化のためのソースコード②（calc_mAP.pyの末尾に追記する内容）

```
results = {
#     'label': [],
#     ...
    k: [] for k in labels[1:]
}
for filename, anns in data.items():
    # 画像の読み込み
    fp = os.path.join('dataset', 'images', filename)
    img = Image.open(fp)
    np_img = np.asarray(img.convert('RGB'))

    # 推論
    boxes, classes, scores = sess.run(fetches, feed_dict={input_tensor: [np_img]})

    # 推論結果を整形
    # 確信度の高い順に並び替え
    sorted_indexes = np.argsort(scores[0])[::-1]
    detected_ymins = boxes[0, sorted_indexes, 0] * img.height
    detected_xmins = boxes[0, sorted_indexes, 1] * img.width
    detected_ymaxs = boxes[0, sorted_indexes, 2] * img.height
    detected_xmaxs = boxes[0, sorted_indexes, 3] * img.width
    detected_areas = (detected_xmaxs - detected_xmins) * (detected_ymaxs - detected_ymins)
    detected_classes = classes[0, sorted_indexes]

    # 正解データを整形
    groundtruth_boxes = np.asarray(anns['boxes'])
    groundtruth_xmins = groundtruth_boxes[:, 0]
    groundtruth_ymins = groundtruth_boxes[:, 1]
    groundtruth_xmaxs = groundtruth_boxes[:, 2]
    groundtruth_ymaxs = groundtruth_boxes[:, 3]
    groundtruth_areas = \
        (groundtruth_xmaxs - groundtruth_xmins) * (groundtruth_ymaxs - groundtruth_ymins)
    groundtruth_classes = np.asarray(anns['classes'])

    # 対象のクラス(label)の
    # 検出結果(detected_*)および正解データ(groundtruth_*)
    # を対象に処理を行う
    for class_id, label in list(enumerate(labels))[1:]:
        # (例) class_id = 1, label = 'human'
        target_groundtruth_indexes = np.where(groundtruth_classes == class_id)[0]
        if len(target_groundtruth_indexes) == 0:
            continue
        # 検出結果ごとに「GroundtruthとのIoU」を求める
        matched = []
        for i in range(len(detected_classes)):
            inter_widths = np.maximum(
                0,
                np.minimum(
```

次ページへ続く

第5章

```
            detected_xmaxs[i],
            groundtruth_xmaxs[target_groundtruth_indexes]
        ) - np.maximum(
            detected_xmins[i],
            groundtruth_xmins[target_groundtruth_indexes]
        )
    )
    inter_heights = np.maximum(
        0,
        np.minimum(
            detected_ymaxs[i],
            groundtruth_ymaxs[target_groundtruth_indexes]
        ) - np.maximum(
            detected_ymins[i],
            groundtruth_ymins[target_groundtruth_indexes]
        )
    )
    inter_areas = inter_widths * inter_heights
    ious = inter_areas / (
        detected_areas[i]
        + groundtruth_areas[target_groundtruth_indexes]
        - inter_areas
    )

    # ここから可視化のための実装
    draw = ImageDraw.Draw(img)
    target_index = np.argmax(ious)
    draw.rectangle([
        groundtruth_xmins[target_index],
        groundtruth_ymins[target_index],
        groundtruth_xmaxs[target_index],
        groundtruth_ymaxs[target_index]
    ], outline=(255, 0, 0))
    draw.rectangle([
        detected_xmins[target_index],
        detected_ymins[target_index],
        detected_xmaxs[target_index],
        detected_ymaxs[target_index]
    ], outline=(0, 255, 0))
    print('IoU\t', ious[target_index])
    plt.figure(figsize=(14, 14))
    plt.imshow(img)
    plt.pause(5.)  # 表示して5秒スリープ
```

実際に可視化してみると、どのくらい重なっているのかを確認できます（図5.4.7）。

図5.4.7　IoUを可視化した例

mAP算出の実装

IoUを元にmAPを求めます。まず、1ファイルずつクラス別のAPを求めます。APを求めるには、確信度が高いものから順に検出できた正解の数を累積します。ここでは、IoUが閾値(0.5)以上、かつより高い確信度の推論結果ですでに検出成功となっていない場合に限り、検出できたとみなします。

検出に成功した出力結果はTruePositive、失敗した出力結果はFalsePositiveです。いずれにも当てはまらないアノテーションデータはFalseNegativeです。これらを元にAPを求める実装を行います。mAP算出に伴い可視化部分はコメントアウトします(**リスト5.4.6**)。

リスト5.4.6 mAPを算出するためのcalc_mAP.py(変更点のみ抜粋)

```
(省略)

for filename, anns in data.items():

    (省略)

    for class_id, label in list(enumerate(labels))[1:]:

        (省略)

        for i in range(len(detected_classes)):
            (省略)

            # ここから可視化のための実装
            # draw = ImageDraw.Draw(img)
            # target_index = np.argmax(ious)
            # draw.rectangle([
            #     groundtruth_xmins[target_index],
            #     groundtruth_ymins[target_index],
            #     groundtruth_xmaxs[target_index],
            #     groundtruth_ymaxs[target_index]
            # ], outline=(255, 0, 0))
            # draw.rectangle([
            #     detected_xmins[target_index],
            #     detected_ymins[target_index],
            #     detected_xmaxs[target_index],
            #     detected_ymaxs[target_index]
            # ], outline=(0, 255, 0))
            # print('IoU\t', ious[target_index])
            # plt.figure(figsize=(14, 14))
            # plt.imshow(img)
            # plt.show()
            # plt.pause(5.)  # 表示して5秒スリープ

            # 最も高いIoUが0.5を超えていたらその正解データのインデックスを
            # 超えていなければ-1となる配列を定義する
            if ious.max() >= 0.5:
                matched.append(ious.argmax())
            else:
                matched.append(-1)
        matched = np.asarray(matched)
        # 確信度の高い順に正解/不正解を確認する
        # すでに検出した正解データを無視するため
        # 初めて登場した正解データ以外を-1にする
        _, unique_index = np.unique(matched, return_index=True)
        false_indexes = np.ones(len(matched), dtype=bool)
        false_indexes[unique_index] = False
        matched[false_indexes] = -1
```

次ページへ続く

```
        # 各推論結果までを出力とした場合のTPとFPを求める
        true_positive = np.cumsum(matched >= 0)
        false_positive = np.cumsum(matched < 0)
        # precision = TP / (TP + FP)
        precision = true_positive / (true_positive + false_positive)
        # recall = TP / (TP + FN ) = TP / len(classes==class_id)
        recall = true_positive / len(target_groundtruth_indexes)
        # APを計算
        precisions = []
        for recall_threshold in np.linspace(0, 1, 10):
            target_precisions = precision[recall >= recall_threshold]
            if len(target_precisions) > 0:
                precisions.append(target_precisions.max())
            else:
                precisions.append(0)
        average_precision = np.average(precisions)
        results[label].append(average_precision)

average_precisions = []
for label in labels[1:]:
    average_precision = np.average(results[label])
    print(label, average_precision)
    average_precisions.append(average_precision)
print('-' * 30)
print('mAP', np.average(average_precisions))
```

出力は図5.4.8のようになります。

図5.4.8 リスト5.4.6の出力例

```
human 0.9369094132632688
cat 0.8806539851578556
dog 0.8469049279790968
------------------------------
mAP 0.8881561088000737
```

出力した各クラスのAPおよびmAPを見てみると、人以外の認識率がやや低い結果となりました。一方mAPは、SSDの論文に記載されているmAP約0.7と比較して高い値になっています。クラス数が少ないこともあり、モデル自体の学習はうまくいっているようです。

次の節では、さらなる精度向上のために何ができるか確認してみましょう。

5.5 性能向上

精度の偏りの原因を調査し、学習を行わずに精度の向上を行う方法について学びます。

原因の特定

精度評価では、人のAPが他に比べて高い結果となりました。特定のクラスの精度に差が出る原因はいくつか考えられます。

対象のパターンが多い

まず疑うのは対象のパターンの多さです。今回の例で言うと、人間にはさまざまな人種に加え、年齢による体格の差、服装による様相の変化があり、犬や猫の種族の差に比べてさまざまなパターンが存在します。検出対象のパターンが多いほど学習が難しく、mAPは低くなります。

タスクの設定に関する話になりますが、ディープラーニングで学ぶ際にどの粒度でクラス分けを行うのかは、精度を向上していくうえで非常に重要です。ありとあらゆるタスクに当てはまる最適解は存在しません。そのため、学習を行う中でクラス分けの粒度を調整していくこともあります。こうなることを予想して細かめにアノテーションしておくと、のちの精度向上の際に役に立ちます。

今回は人間のほうがパターンが多いためmAPは低くなりそうですが、実際は他のクラスより高いため、別の可能性を疑います。

データ数に偏りがある

データは多いほうが学習に効果的ですが、偏りがある場合は要注意です。特定のクラスのみ学習がうまく進まなかったり、正しく評価できていなかったりする可能性があります。全体を通した精度を見ることが多いため、特定のクラスの精度が上がっていない状況は気づきにくいです。

複数クラスが存在するタスクにおいては、物体検出以外においても、クラスごとにどれだけの精度が出ているかを検証すると良いでしょう。今回使用した学習用データの内訳は**表5.5.1**の通りです。

表5.5.1 学習に使用したデータの数

クラス	画像枚数	インスタンス数
人	41,871	65,488
猫	3,490	3,813
犬	2,814	3,131

人クラスだけ他に比べて学習用データが多くなっています。あるクラスのみ精度が悪く、かつデータ量も少ない場合は、他のクラスが及ぼす勾配降下法の演算への影響で学習がうまく進まなくなることがあります。今回の場合は人クラスだけ学習用データが多かったため、人のmAPだけが高くなったと予想されます。

小さく密集して存在していることが多い

他にも、写っている大きさが影響している可能性が考えられます。SSDは物体検出アルゴリズムの中でもSingle Shot Detectorと呼ばれる系統のアルゴリズムで、その構造上、小さな物体の検出が苦手で精度が低くなる傾向にあります（**図5.5.1**）。

図5.5.1 SSDのモデル構造（出典：https://arxiv.org/pdf/1512.02325.pdf Fig.2を元に作成）

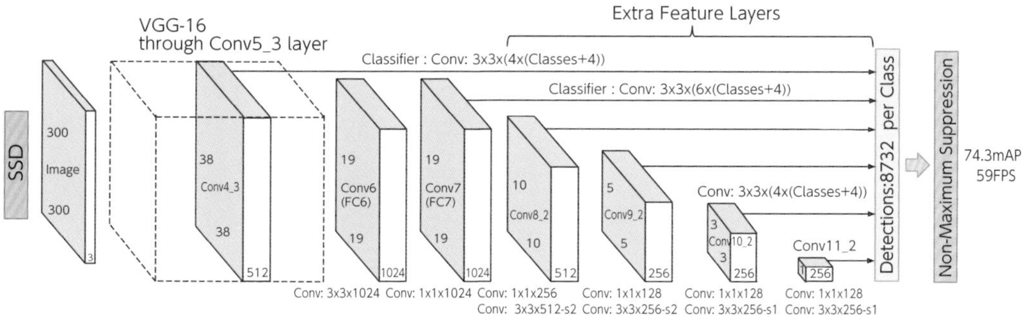

モデル構造を見ると、Convolution層とPooling層により左から徐々に特徴マップの解像度が小さくなっています。SSDがDetectionsで用いている特徴マップのうち最も大きいのはConv4_3で、その高さと幅は38です。このConv4_3では、入力画像の解像度が1/38になります。これは300/38px四方分の特徴が1px四方にまとめられてしまうイメージです。このことからSSDは、入力画像の1/38より小さい物体はうまく認識できない可能性があると判断できます。加えて、どのアルゴリズムも小さい物体のほうが特徴が捉えにくく間違えやすいため、検出精度が低くなる傾向にあります。

画像上の大きさと密集度についても調べてみましょう。今回使用した学習用データにおける、クラスごとの写り方は**表5.5.2**の通りです。

表5.5.2 クラスごとの写り方

クラス	最小の大きさ(%)	1枚あたりの最大インスタンス数
人	2.4%	11
猫	2.5%	6
犬	2.6%	5

写っている最小の大きさは、画像に対していずれも約2.5%と同程度ではあるものの、1枚あたりに人だけが多く写り込んでいます。人クラスの2.4%という大きさは、SSDのConv4_3における解像度が最小となる$1/8^2 = 1.6\%$の面積であることから考えると、検出できないことはないと考えられます。

◆◆◆

ここまで、精度の差について考察してきました。今回は、データの多い人間はうまく学習できており、犬と猫については、データが少ないという点以外は問題はなさそうです。今後は犬と猫のデータを増やすことで、精度を上げていくことができるでしょう。しかし、この章では今までと違った方法で精度の向上を目指してみます。

前処理と後処理

ディープラーニングはそれ単体で目標としている精度が出なくても、入力に渡すデータや出力結果を加工することで、精度を向上できます。

前処理での精度向上

入力に渡すデータを加工して精度の向上を目指します。物体検出で効果的なのは、入力画像を分割した上で別の画像として処理する手法です。こうすることで、従来は検出できなかった小さい物体も検出できるようになります。ディープラーニングモデルは入力の解像度が決まっており、その解像度も300ピクセル四方や500ピクセル四方あたりが主流です。たとえば、元のデータがフルハイビジョンで1920ピクセル×1080ピクセルの解像度を持っていたとしても、モデルの入力解像度にダウンサンプリングした上で処理することになるため、その解像度は生かされません。しかし、画像を4分割して推論を行えばダウンサンプリングされる量も少なくなり、モデルの入力サイズに対する対象物の大きさも大きくなります。ただし、この手法は推論時間が長くなるため、要件に応じて活用するか考える必要があります。また、物体が分割されると認識できなくなってしまう可能性があるため、画像同士が少しずつ重なるように分割する点に注意が必要です。

物体検出は、極端に長いものの検出が苦手です。事前に決めた縦横比の候補を元に処理を行うため、それに近い縦横比が候補にない場合は検出精度が低くなります。モデルに画像を渡す時300ピクセル四方へリサイズする必要がありますが、そのリサイズ方法によっては物体が細長くなる可能性があります。その場合は、縦横比を維持したまま黒い帯を追加するようにリサイズするとよいでしょう。

後処理での精度向上

結果に誤検出が多く含まれる場合は、対象外となる領域の検出結果を排除する方法が有効です。たとえば、アングルが変わらない固定カメラの映像に対する処理の場合、対象物が映るはずのない領域があればその部分を排除できます。このような単純なロジックでも、誤検出を排除することで精度を高められます。

前処理の実装

今回は前処理として、画像の分割を行ってみましょう。分割数は4とし、各画像は全体の2/3の大きさにすることで、1/3ずつ重なり合うようにします。その前に、写り込みの小さい対象を含んだテストデータでmAPを再計測してみましょう（図5.5.2）。

図5.5.2 写り込みの小さい対象を含むテストデータのmAP出力例

```
human 0.1567245469273378
cat 0.35600198412698414
dog 0.214121906963268
------------------------------
mAP 0.24228281267252996
```

写り込みの小さいデータだけを集めたため、mAPがかなり低い結果となりました。このデータに対するmAPを上げるため、推論の処理を置き換える関数predictを追加実装します（リスト5.5.1）。この関数は、受け取った画像を2/3の大きさで切り取って推論し、結果を結合したうえで通常の推論の関数と同じように結果を返します。

リスト5.5.1　calc_mAP.pyへの追加実装部分

```
import itertools

def predict(input_np_img):
    global sess, fetches, input_tensor

    height, width = input_np_img.shape[:2]

    crop_areas = [
        # [xmin, ymin, xmax, yamx]
        [0, 0, 2/3, 2/3],
        [1/3, 0, 1, 2/3],
        [0, 1/3, 2/3, 1],
        [1/3, 1/3, 1, 1],
        [0, 0, 1, 1]
    ]

    all_boxes = []
    all_classes = []
    all_scores = []
    for i, (xmin, ymin, xmax, ymax) in enumerate(crop_areas):
        cropped_img = input_np_img[
            int(ymin * height):int(ymax * height),
            int(xmin * width):int(xmax * width)
        ]
        boxes, classes, scores = sess.run(fetches, feed_dict={input_tensor: [cropped_img]})
        # スケールを元に戻す
        boxes[0, :, 0] *= (ymax - ymin)
        boxes[0, :, 1] *= (xmax - xmin)
        boxes[0, :, 2] *= (ymax - ymin)
        boxes[0, :, 3] *= (xmax - xmin)
        # 切り取ったオフセットを元に戻す
        boxes[0, :, 0] += ymin
        boxes[0, :, 1] += xmin
        boxes[0, :, 2] += ymin
        boxes[0, :, 3] += xmin

        all_boxes.append(boxes)
        all_classes.append(classes)
        all_scores.append(scores)

    # 検出結果を扱いやすいように整形
    all_boxes = np.asarray(all_boxes).reshape((-1, 4))
    all_classes = np.asarray(all_classes).reshape(-1)
    all_scores = np.asarray(all_scores).reshape(-1)

    # 重なっている検出結果を一つに絞り込む
    # すべての検出結果の組み合わせに対しIoUを求める
    index_combinations = np.asarray(list(itertools.combinations(range(len(all_scores)), 2)))
    a_boxes = all_boxes[index_combinations[:, 0]]
    b_boxes = all_boxes[index_combinations[:, 1]]
```

次ページへ続く

```
    a_ymins = a_boxes[:, 0]
    a_xmins = a_boxes[:, 1]
    a_ymaxs = a_boxes[:, 2]
    a_xmaxs = a_boxes[:, 3]
    b_ymins = b_boxes[:, 0]
    b_xmins = b_boxes[:, 1]
    b_ymaxs = b_boxes[:, 2]
    b_xmaxs = b_boxes[:, 3]
    a_areas = (a_ymaxs - a_ymins) * (a_xmaxs - a_xmins)
    b_areas = (b_ymaxs - b_ymins) * (b_xmaxs - b_xmins)
    inter_areas = np.maximum(
        0,
        np.minimum(a_xmaxs, b_xmaxs) - np.maximum(a_xmins, b_xmins)
    ) * np.maximum(
        0,
        np.minimum(a_ymaxs, b_ymaxs) - np.maximum(a_ymins, b_ymins)
    )
    ab_ious = inter_areas / (a_areas + b_areas - inter_areas)
    # IoU0.5以上を対象に削除対象となるindex一覧を作成する
    index_combinations = index_combinations[ab_ious.argsort()[::-1][:sum(ab_ious > 0.5)]]
    # 確信度が低い方を削除対象とする
    delete_target_indexes = []
    i = 0
    while True:
        a_index, b_index = index_combinations[i]
        target_index = a_index if all_scores[a_index] < all_scores[b_index] else b_index
        delete_target_indexes.append(target_index)
        index_combinations = index_combinations[
            np.logical_and(
                index_combinations[:, 0] != target_index,
                index_combinations[:, 1] != target_index
            )
        ]
        if len(index_combinations) == 0:
            break
    # 対象の削除
    leave_target_indexes = np.ones(len(all_scores), dtype=bool)
    leave_target_indexes[delete_target_indexes] = False
    all_boxes = all_boxes[leave_target_indexes]
    all_classes = all_classes[leave_target_indexes]
    all_scores = all_scores[leave_target_indexes]

    # 確信度の高い順に並び替え、増やしたパターン分削減する
    target_indexes = all_scores.argsort()[::-1][:int(len(all_scores)/len(crop_areas))]

    # 従来の推論結果と同じ形式に変換して値を返す
    all_boxes = all_boxes[target_indexes].reshape((1, -1, 4))
    all_classes = all_classes[target_indexes].reshape((1, -1))
    all_scores = all_scores[target_indexes].reshape((1, -1))
    return all_boxes, all_classes, all_scores
```

第5章

推論を行い、mAPを計測してみましょう。calc_mAP.pyの推論部分をリスト5.5.2のように書き換えます（図5.5.3）。

リスト5.5.2　calc_mAP.pyの推論部分の書き換え

```
# 推論
# boxes, classes, scores = sess.run(fetches, feed_dict={input_tensor: [np_img]})
boxes, classes, scores = predict(np_img)
```

図5.5.3　出力例

```
human 0.24981371507652825
cat 0.6188690476190477
dog 0.2765333846921276
------------------------------
mAP 0.3817387157959012
```

どのクラスもAPが向上し、精度向上の効果を見ることができました。ただし、この手法においても精度は処理時間とトレードオフの関係にあるため、要件に照らし合わせて実装する必要があります。

第6章

U-Netによる画像からの領域検出［実装～データの準備～学習］

U-Netを使用して画像からの領域検出を実践してみましょう。
この章では、モデルの実装から学習までのプロセスを解説します。

6.1 モデルの実装

領域検出に使用される基礎的なネットワークであるU-Netについて学び、モデルを実装してみましょう。

U-Netとは

U-Netとは、2015年にMICCAI（Medical Image Computing and Computer-Assisted Intervention）で発表された**セマンティックセグメンテーション**（Semantic Segmentation）手法です。論文は、『U-Net: Convolutional Networks for Biomedical Image Segmentation』（https://arxiv.org/abs/1505.04597）という名前で発表されており、アルベルト・ルートヴィヒ大学Computer Vision Groupのページ（https://lmb.informatik.uni-freiburg.de/people/ronneber/u-net/）で著者による解説が読めます（図6.1.1）。

図6.1.1　アルベルト・ルートヴィヒ大学のComputer Vision Groupのページ

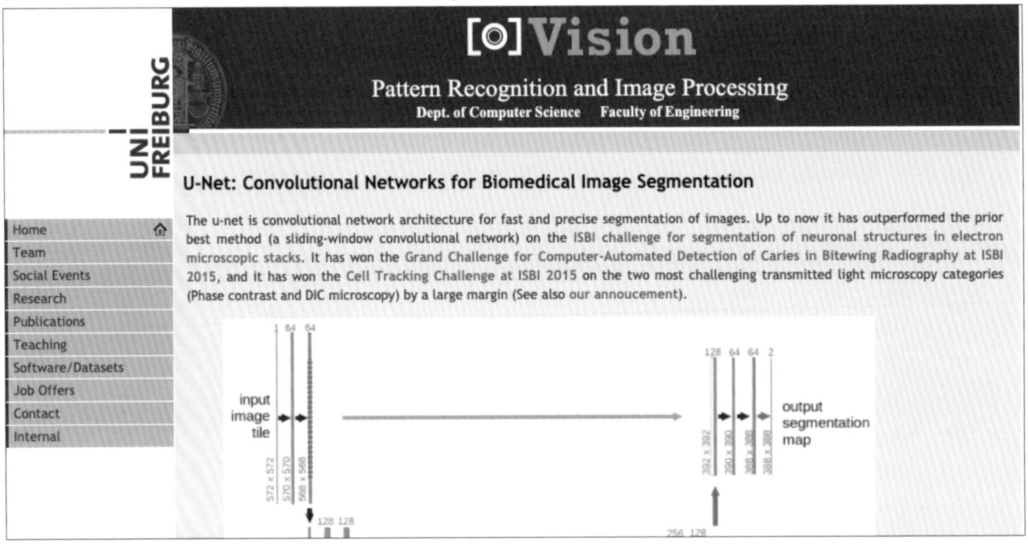

FCN（Full Convolutional Neuralnetwork）になっています。4章で解説したAutoEncoderと似たような構造で、入力された画像を畳み込んで特徴を抽出するエンコーダ側と、抽出された特徴からセマンティックセグメンテーション後の画像へと出力するデコーダ側が存在します。

U-Netの構造の特徴は、エンコーダ側とデコーダ側の対応する位置における**スキップコネクション**（Skip Connection）です。対応する位置は、エンコーダ側の第1層とデコーダ側の最終層、エンコーダ側の第2層とデコーダ側の最終層1つ前……のように、エンコーダ側とデコーダ側で逆順に結びつきます。これにより、入力側に色濃く残る元画像の情報を出力側に伝搬でき、情報落ちを減らすことで精度を向上できます。

著者たちは、これをわかりやすく表すために、**図6.1.2**のような工夫したネットワーク図を作成しました。このネットワーク図が、アルファベットUに見えるためU-Netと呼ばれます。いまだにこのU-Netをベースにしたネットワークがいくつか研究されており、U-Net構造に取り入れられたスキップコネクションの有用さが伺えます。

図6.1.2　U-Net構造（出典：https://lmb.informatik.uni-freiburg.de/people/ronneber/u-net/ を元に作成）

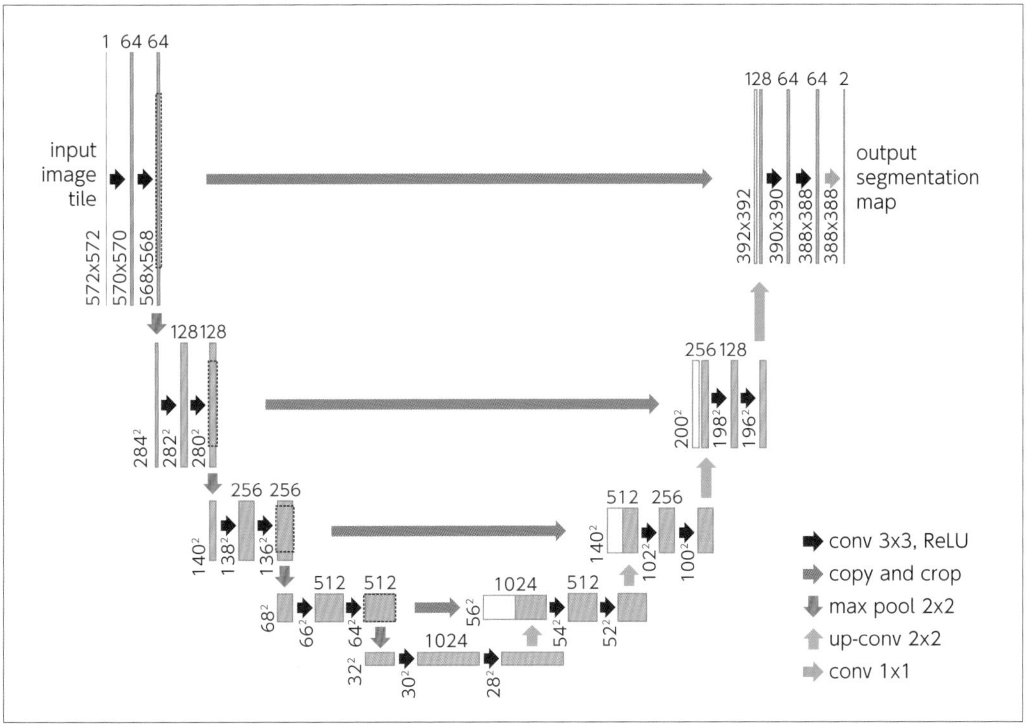

U-Net（複数クラスセグメンテーション）の実装

論文では、細胞壁を対象としているため1クラスのセグメンテーション（バイナリセグメンテーション）でしたが、最終層のチャンネル数を拡張することで複数クラスのセグメンテーションが可能です。実際のセグメンテーションのタスクでは複数クラスであることが多いため、それに対応できるネットワークを実装してみましょう。図6.1.3のような構造で実装します。

複数クラスセグメンテーション対応のU-Net実装

U-Netを実装したコードはリスト6.1.1の通りです。

リスト6.1.1　U-Netの実装（models/unet.py）

```
from keras.utils import multi_gpu_model
from keras.models import Model
from keras.optimizers import Adam
from keras.layers import Input, Conv2D, MaxPooling2D, UpSampling2D, Concatenate


def UNet(class_num, gpu_num=1):
    input_layer = Input(shape=(128, 128, 3))

```

次ページへ続く

図6.1.3　実装するモデル構造

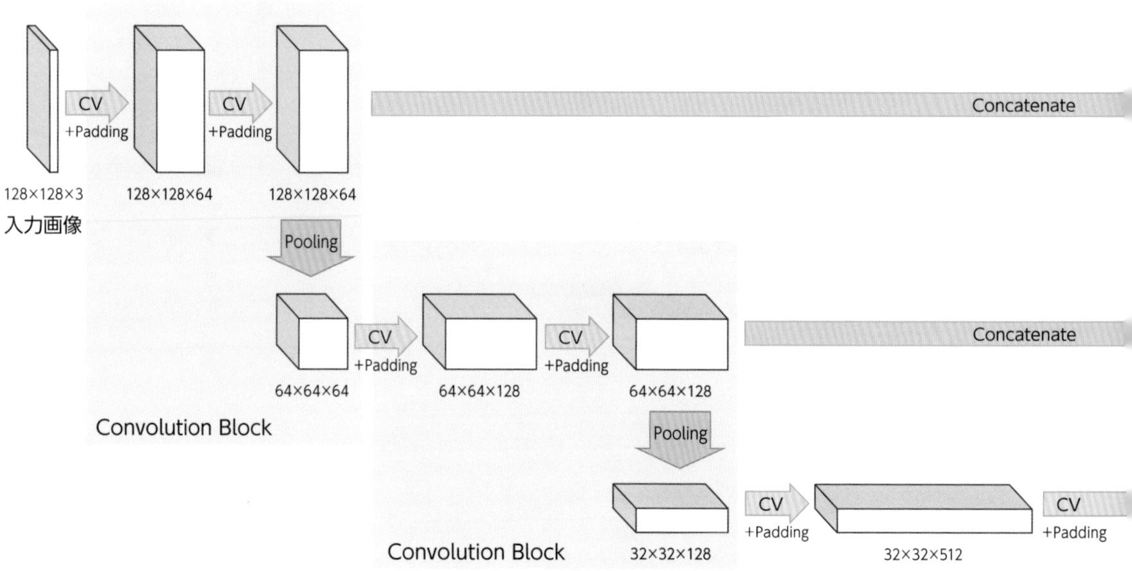

```
    conv11 = Conv2D(64, (3, 3), activation='relu', padding='same')(input_layer)
    conv12 = Conv2D(64, (3, 3), activation='relu', padding='same')(conv11)
    pool1 = MaxPooling2D()(conv12)

    conv21 = Conv2D(128, (3, 3), activation='relu', padding='same')(pool1)
    conv22 = Conv2D(128, (3, 3), activation='relu', padding='same')(conv21)
    pool2 = MaxPooling2D()(conv22)

    conv31 = Conv2D(512, (3, 3), activation='relu', padding='same')(pool2)
    conv32 = Conv2D(512, (3, 3), activation='relu', padding='same')(conv31)

    up1 = UpSampling2D()(conv32)
    concat1 = Concatenate()([up1, conv22])
    conv41 = Conv2D(128, (3, 3), activation='relu', padding='same')(concat1)
    conv42 = Conv2D(128, (3, 3), activation='relu', padding='same')(conv41)

    up2 = UpSampling2D()(conv42)
    concat2 = Concatenate()([up2, conv12])
    conv51 = Conv2D(64, (3, 3), activation='relu', padding='same')(concat2)
    conv52 = Conv2D(64, (3, 3), activation='relu', padding='same')(conv51)

    output_layer = Conv2D(class_num, (1, 1), activation='sigmoid', padding='same')(conv52)

    model = Model(inputs=input_layer, outputs=output_layer)

```

次ページへ続く

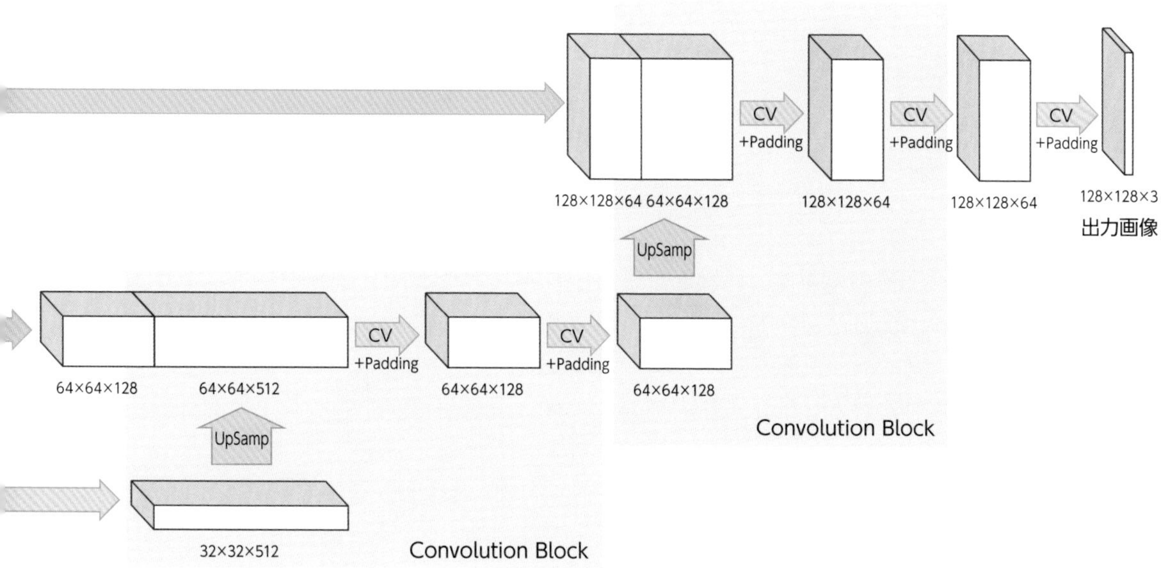

```
35      if gpu_num >= 2:
36          model = multi_gpu_model(model, gpus=gpu_num)
37
38      adam = Adam(lr=0.001)
39      model.compile(optimizer=adam, loss='categorical_crossentropy', metrics=['acc'])
40
41      return model
```

エンコーダ側

まずは、入力された画像を畳み込んで特徴を抽出するエンコーダ側を作成します。今までと同様、2つのConvolution層と1つのMaxPooling層からなるConvolution Blockを使用します（**図6.1.4**）。

図6.1.4　モデル構造－エンコーダ側（図6.1.3のエンコーダ部分を抜粋）

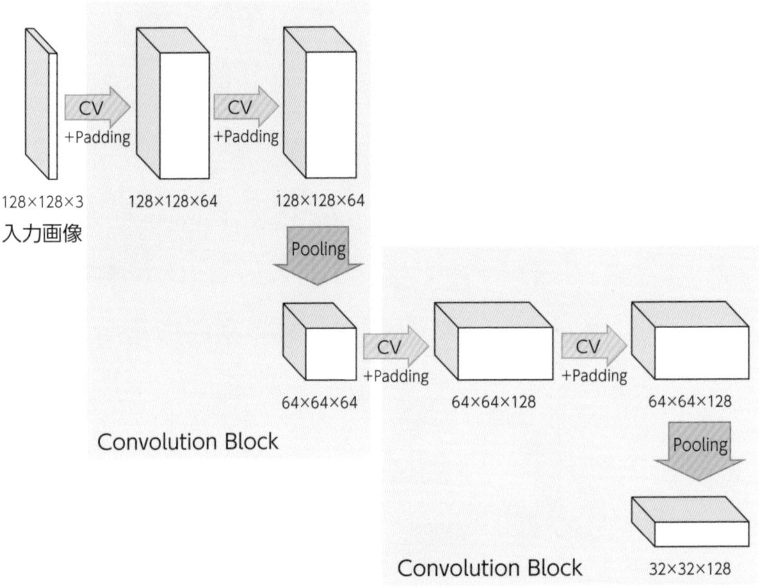

入力として128×128のRGBカラー画像を想定してInput層を準備します（8行目）。1つ目のConvolution Blockでは3×3カーネルでサイズを維持しながら特徴マップを64にし、最後にMaxPooling層で縦横のサイズを半分にします（10～12行目）。ここでは、Convolution Block内の2つ目のConvolution層の出力（11行目のconv12）が、この後で再度必要になる点に注意が必要です。

2つ目のConvolution Blockは同じく3×3カーネルでサイズを維持しながら特徴マップを128にし、最後にMaxPooling層で縦横のサイズを半分にします（14～16行目）。同様に、このConvolution Block内の2つ目のConvolution層の出力（15行目のconv22）が、この後で再度必要です。ここまでがエンコーダ側のネットワークです。

中間部分

U-Net構造の最下部分はエンコーダとデコーダが入れ替わる中間部分です(18～19行目)。ここでは、MaxPooling等は行わず、Convolutionのみを行います。今回は、3×3カーネルでサイズを維持しながら特徴マップを512にするConvolution層を2つ追加します(図6.1.5)。

図6.1.5 モデル構造ー中間部分(図6.1.3の中間部分を抜粋)

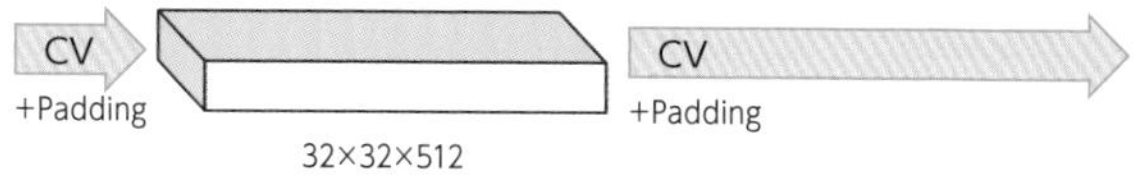

デコーダ側

畳み込まれた特徴量からセグメンテーションした画像を作成するデコーダ側を作成します。1つのUpSampling層と2つのConvolution層からなるTransposed Convolution Blockを使用します(図6.1.6)。

図6.1.6 モデル構造ーデコーダ側(図6.1.3のデコーダ部分を抜粋)

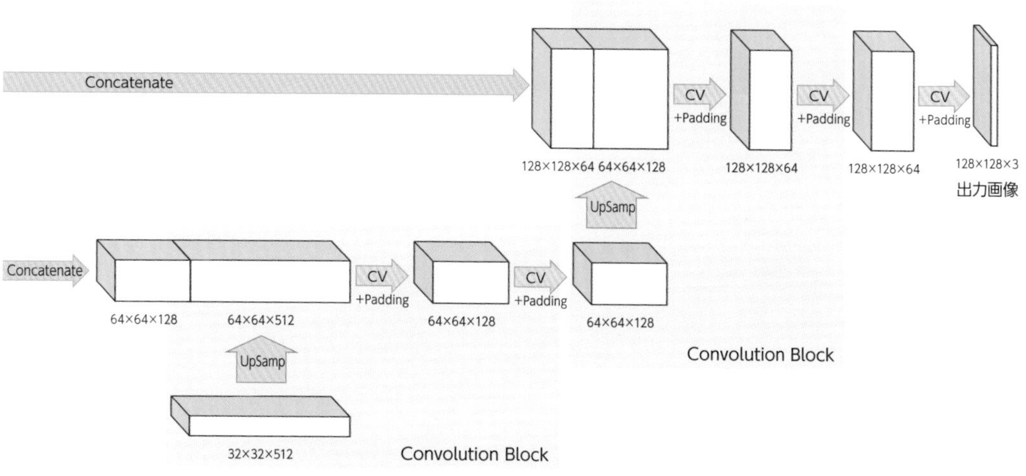

1つ目のTransposed Convolution Blockでは、入力されたデータにデフォルトのUpSampling層(2×2カーネルで2×2ストライド)を追加して、縦横のサイズを2倍にします(21～24行目)。

U-Net最大の特徴である、エンコーダ側とデコーダ側を繋ぐSkip Connectionを追加します(22行目)。2つ目のConvolution Blockの2つ目のConvolution層と先ほどのUpSamplingの出力サイズは同じです。この2つの出力をConcatenate層で結合します。特徴マップの結合とするために、チャンネルの軸 (axis=2) でConcatenateします。これによって、画像サイズは変わらず、特徴マップの数が512＋128＝640となります。

そして3×3カーネルでサイズを維持しながら特徴マップを128にするConvolution層を2つ追加します (23～24行目)。これで、1つ目のTransposed Convolution Blockの処理は終わりです。

2つ目のTransposed Convolution Blockも同様に、UpSamplingしてSkip Connectionを行います (26～29行目)。ここでは1つ目のConvolution Blockの2つ目のConvolution層とUpSampling層の出力をConcatenateします。これらをチャンネルの軸で結合した後、3×3カーネルでサイズを維持しながら特徴マップを64にするConvolution層を2つ追加します。ここまでがデコーダ側のネットワークです。

調整処理

出力する特徴マップ数をクラス数に合わせるため、1×1カーネルのConvolution層を追加します (31行目)。出力クラス数はclass_num引数で受け取ります。その後、Modelクラスに入力 (input_layer) と出力 (output_layer) を渡してモデル生成をします。

複数のGPUを使用する場合には「multi_gpu_model」を使用します (35～36行目)。最後にモデルをコンパイルします (38～39行目)。今回のOptimizerには、Adamをlearning rate = 0.001で使用します。Loss関数は、チャンネル軸で見ると複数クラス分類のため「categorical_crossentropy」を指定します。

以上で、最初に示した複数クラス対応のU-Netが実装できました。**リスト6.1.2**のコードを実行して、実装を確認しましょう。

リスト6.1.2　U-Netの実装確認(check_unet.py)

```
from models import UNet

model = UNet(3)

model.summary()
```

図6.1.7のような結果が出れば実装は成功です。

図6.1.7　U-Net実装確認の結果

```
Model: "model_1"
__________________________________________________________________________________________________
Layer (type)                    Output Shape         Param #     Connected to
==================================================================================================
input_1 (InputLayer)            (None, 128, 128, 3)  0
__________________________________________________________________________________________________
conv2d_1 (Conv2D)               (None, 128, 128, 64) 1792        input_1[0][0]
__________________________________________________________________________________________________
conv2d_2 (Conv2D)               (None, 128, 128, 64) 36928       conv2d_1[0][0]
__________________________________________________________________________________________________
max_pooling2d_1 (MaxPooling2D)  (None, 64, 64, 64)   0           conv2d_2[0][0]
__________________________________________________________________________________________________
conv2d_3 (Conv2D)               (None, 64, 64, 128)  73856       max_pooling2d_1[0][0]
__________________________________________________________________________________________________
conv2d_4 (Conv2D)               (None, 64, 64, 128)  147584      conv2d_3[0][0]
__________________________________________________________________________________________________
max_pooling2d_2 (MaxPooling2D)  (None, 32, 32, 128)  0           conv2d_4[0][0]
__________________________________________________________________________________________________
conv2d_5 (Conv2D)               (None, 32, 32, 512)  590336      max_pooling2d_2[0][0]
__________________________________________________________________________________________________
conv2d_6 (Conv2D)               (None, 32, 32, 512)  2359808     conv2d_5[0][0]
__________________________________________________________________________________________________
up_sampling2d_1 (UpSampling2D)  (None, 64, 64, 512)  0           conv2d_6[0][0]
__________________________________________________________________________________________________
concatenate_1 (Concatenate)     (None, 64, 64, 640)  0           up_sampling2d_1[0][0]
                                                                 conv2d_4[0][0]
__________________________________________________________________________________________________
conv2d_7 (Conv2D)               (None, 64, 64, 128)  737408      concatenate_1[0][0]
__________________________________________________________________________________________________
conv2d_8 (Conv2D)               (None, 64, 64, 128)  147584      conv2d_7[0][0]
__________________________________________________________________________________________________
up_sampling2d_2 (UpSampling2D)  (None, 128, 128, 128 0           conv2d_8[0][0]
__________________________________________________________________________________________________
concatenate_2 (Concatenate)     (None, 128, 128, 192 0           up_sampling2d_2[0][0]
                                                                 conv2d_2[0][0]
__________________________________________________________________________________________________
conv2d_9 (Conv2D)               (None, 128, 128, 64) 110656      concatenate_2[0][0]
__________________________________________________________________________________________________
conv2d_10 (Conv2D)              (None, 128, 128, 64) 36928       conv2d_9[0][0]
__________________________________________________________________________________________________
conv2d_11 (Conv2D)              (None, 128, 128, 3)  195         conv2d_10[0][0]
==================================================================================================
Total params: 4,243,075
Trainable params: 4,243,075
Non-trainable params: 0
__________________________________________________________________________________________________
```

6.2 データの準備

□ 今回は、オープンソースなデータセットの1つであるPascal VOC (Visual Object Classes)のデータを使ってみましょう。

Pascal VOCデータの準備

Pascal VOCのデータは、2005〜2012までの8年間分が公開されており、無料で入手可能です。今回は、2012年のデータを使用します。2012年のデータは、学習／検証用データ（training/validation）と評価用データ（test）がダウンロードできます。データには、入力になる画像データ、Classification/Object Detection用のアノテーションデータ、Segmentation用のアノテーション画像データが含まれます。

まずは、学習／検証用データをダウンロードします。以下のURLでアクセスした先にある「training/validation data」をクリックしてダウンロードを開始します（容量が約2GBと大きいため注意してください）。

http://host.robots.ox.ac.uk/pascal/VOC/voc2012/index.html#devkit

ダウンロードしたファイルを展開すると**図6.2.1**のような構成になります。

図6.2.1　voc2012のtarボールファイルの中身

```
VOC2012/
├─ Annotations
├─ ImageSets
├─ JPEGImages
├─ SegmentationClass
└─ SegmentationObject
```

今回使用するのは「JPEGImages」「SegmentationClass」の2つです。「JPEGImages」には入力用の画像が入っており、「SegmentationClass」にはセマンティックセグメンテーション用のアノテーション画像（マスク画像）が入っています[注6.1]。

「JPEGImages」「SegmentationClass」それぞれの中にある同じ名前の画像が、対応する1セットのデータです。「JPEGImages」には17,125枚の画像が存在しますが、「SegmentationClass」には2,913枚のマスク画像しか存在しないため、セマンティックセグメンテーションに使用できるデータは全部で2,913セットです。

マスク画像の確認

セマンティックセグメンテーション用のマスク画像を確認しましょう。まず、PILモジュールで画像を読み込んで確認します。データの確認や処理の確認、変換処理等は、Jupyter Notebookを使用すると便利です。

Pascal VOCを展開した「VOC2012」ディレクトリと同じ階層でJupyter Notebookを起動します。また、同じ階層の「utils」ディレクトリにjupyter_utils.pyを作成します。新しくノートを作成し、**リスト6.2.1**と**リスト6.2.2**の2つを実行します。

注6.1　今回は使用しませんが、「SegmentationObject」にはインスタンスセグメンテーション用のアノテーション画像（マスク画像）が入っています。

リスト6.2.1 Notebookの1セル目で実行するインポート文(サンプル内のlist6-2-1.pyを参照)

```
import os
import glob

import cv2
import matplotlib.pyplot as plt
import numpy as np
from PIL import Image, ImageFilter

from utilsjupyter_utils import ImageLinePlotter

%matplotlib inline
```

リスト6.2.2 VOC2012の画像とマスク画像の確認(サンプル内のlist6-2-2.pyを参照)

```
ORG_DIR = os.path.join('.', 'VOC2012', 'JPEGImages')
SEG_DIR = os.path.join('.', 'VOC2012', 'SegmentationClass')

segs = glob.glob(os.path.join(SEG_DIR, '*.png'))
segs.sort()

for seg_file in segs[:5]:
    print('# ', os.path.basename(seg_file))
    fname, _ = os.path.splitext(os.path.basename(seg_file))
    org_file = os.path.join(ORG_DIR, fname + '.jpg')
    if not os.path.exists(org_file):
        print('not found org_file : ', org_file)
    org_img = cv2.imread(org_file)
    seg_img_PIL = np.array(Image.open(seg_file))

    plotter = ImageLinePlotter(plot_area_num=2)
    plotter.add_image(org_img, title='input')
    plotter.add_image(seg_img_PIL, title='mask (load with PIL)')
    plotter.show_plot()
```

図6.2.2のような結果が出力されます。マスク画像は白黒の画像で、白く輪郭が表示されているように見えます。

図6.2.2 実行結果（PILモジュールによる画像読み込み）

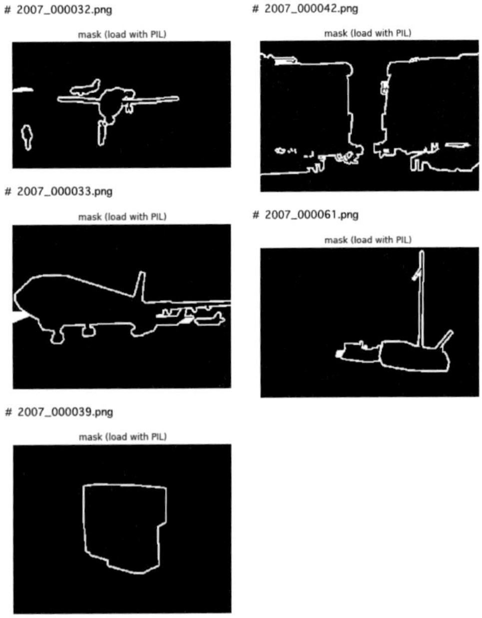

次にcv2（OpenCV）モジュールで読み込むために、リスト6.2.3のように修正して実行します。

リスト6.2.3　VOC2012の画像とカラーでのマスクの確認（サンプル内のlist6-2-3.pyを参照）

```
ORG_DIR = os.path.join('.', 'VOC2012', 'JPEGImages')
SEG_DIR = os.path.join('.', 'VOC2012', 'SegmentationClass')

segs = glob.glob(os.path.join(SEG_DIR, '*.png'))
segs.sort()

for seg_file in segs[:5]:
    print('# ', os.path.basename(seg_file))
    fname, _ = os.path.splitext(os.path.basename(seg_file))
    org_file = os.path.join(ORG_DIR, fname + '.jpg')
    if not os.path.exists(org_file):
        print('not found org_file : ', org_file)
    org_img = cv2.imread(org_file)
    seg_img_PIL = np.array(Image.open(seg_file))
    seg_img_cv2 = cv2.imread(seg_file)

    plotter = ImageLinePlotter(plot_area_num=3)
    plotter.add_image(org_img, title='input')
    plotter.add_image(seg_img_PIL, title='mask (load with PIL)')
    plotter.add_image(seg_img_cv2, title='mask (load with cv2)')
    plotter.show_plot()
```

図6.2.3のような結果が表示され、cv2モジュールで読み込んだ画像はクラスごとの色が付いて表示されました。

PILとcv2でロードしたデータの各画素の値を確認するため、リスト6.2.4のように変更して実行します。

図6.2.3 実行結果（PILモジュール、cv2モジュールでの画像読み込み）

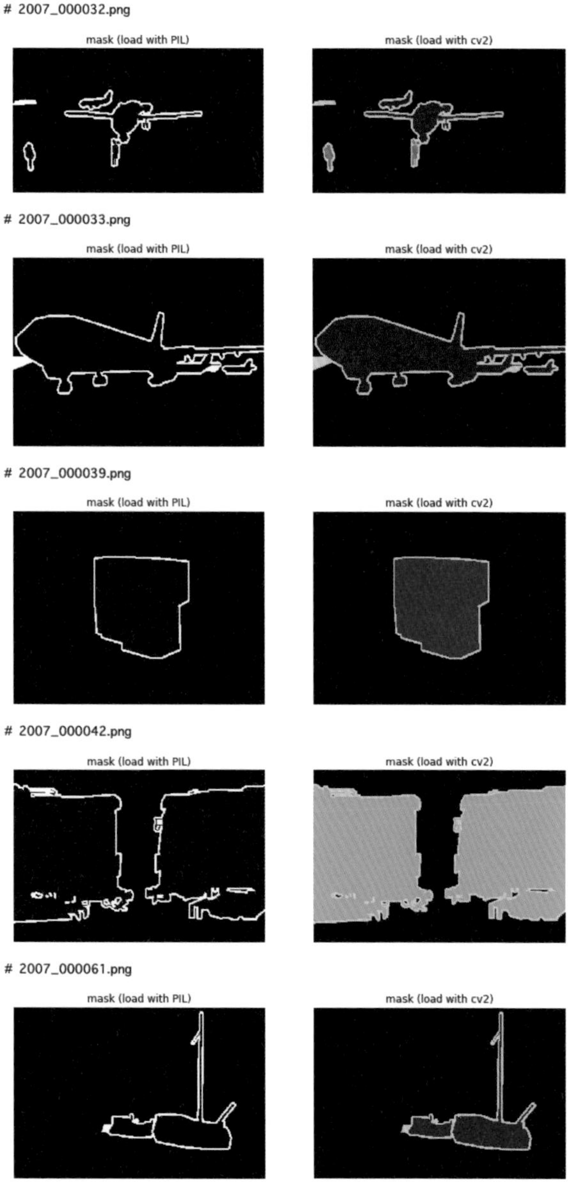

リスト6.2.4　PILでのロードとcv2でのロードの違いの確認(サンプル内のlist6-2-4.pyを参照)

```
ORG_DIR = os.path.join('.', 'VOC2012', 'JPEGImages')
SEG_DIR = os.path.join('.', 'VOC2012', 'SegmentationClass')

segs = glob.glob(os.path.join(SEG_DIR, '*.png'))
segs.sort()

for seg_file in segs[:5]:
    print('# ', os.path.basename(seg_file))
    fname, _ = os.path.splitext(os.path.basename(seg_file))
    org_file = os.path.join(ORG_DIR, fname + '.jpg')
    if not os.path.exists(org_file):
        print('not found org_file : ', org_file)
    org_img = cv2.imread(org_file)
    seg_img_PIL = np.array(Image.open(seg_file))
    seg_img_cv2 = cv2.imread(seg_file)

    print('seg_img_PIL values : ', np.unique(seg_img_PIL))
    print('seg_img_cv2 values : ', np.unique(seg_img_cv2))
```

図6.2.4のような結果が表示され、PILで読み込んだ場合には1、15、20といった小さな値が入っていると分かります。

この小さな値は、Pascal VOCにおける各クラスのIDです。Pascal VOCのセグメンテーション用のアノテーション画像（マスク画像）では、各画素に対応するクラスのIDが入っています。このような画像を**インデックスマップ**と言います。セグメンテーションでは、各画素のクラスを教師データとするため、インデックスマップと非常に親和性があります。そのため、Pascal VOC以外でもセグメンテーション用のアノテーション画像ではインデックスマップがよく使われます。

ただし、インデックスマップは人が目で確認するには見づらいため、cv2モジュールでは画像に含まれるパレットの色を割り当てて読み込みます。Pascal VOCのデータでは、**表6.2.1**のようなクラスIDとクラスが定義されています。

図6.2.4 実行結果（各画素の値の範囲を確認）

```
# 2007_000032.png
seg_img_PIL values : [ 0  1  15 255]
seg_img_cv2 values : [ 0 128 192 224]
```

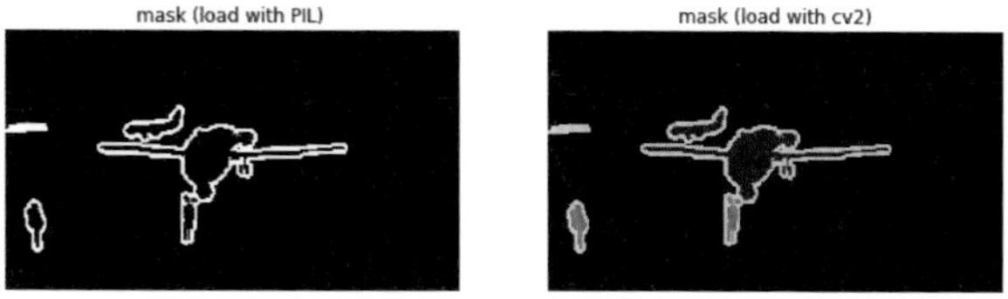


```
# 2007_000033.png
seg_img_PIL values : [ 0  1 255]
seg_img_cv2 values : [ 0 128 192 224]
```

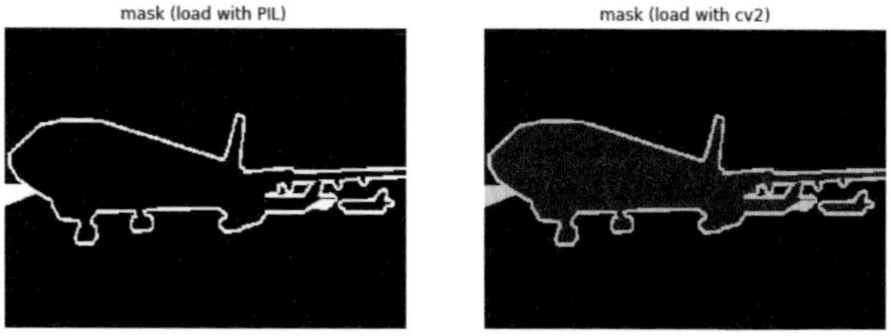


```
# 2007_000039.png
seg_img_PIL values : [ 0  20 255]
seg_img_cv2 values : [ 0  64 128 192 224]
```

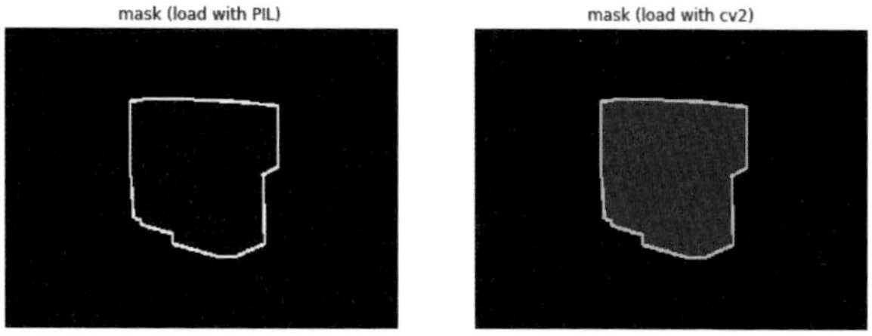


```
# 2007_000042.png
seg_img_PIL values : [ 0  19 255]
seg_img_cv2 values : [ 0 128 192 224]
```

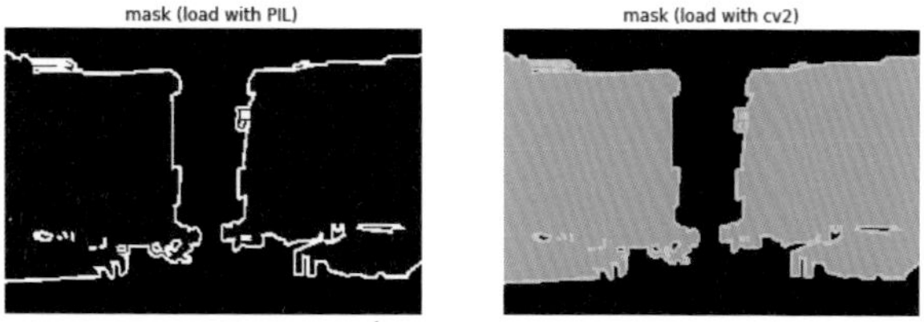


```
# 2007_000061.png
seg_img_PIL values : [ 0  4 255]
seg_img_cv2 values : [ 0 128 192 224]
```

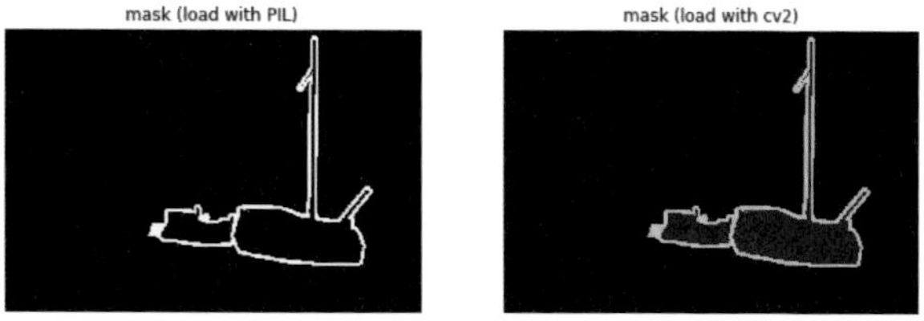

第6章

表6.2.1　Pascal VOCのクラスIDとクラス一覧

クラスID	クラス
0	背景
1	飛行機
2	自転車
3	鳥
4	ボート
5	ビン
6	バス
7	自動車
8	猫
9	椅子
10	牛
11	テーブル
12	犬
13	馬
14	バイク
15	人
16	鉢植え
17	羊
18	ソファー
19	電車
20	テレビ

今回は一部のクラスに絞って実験をします。

対象データの準備と確認

今回対象とするクラスは、人、犬、猫の3クラスとします。Pascal VOCのセグメンテーションデータから、対象となるクラスが入った画像のみを抜き出して学習データとします。表6.2.1の表とインデックスマップを利用して、リスト6.2.5のように対象データを抜き出します。

リスト6.2.5　学習対象データの抜き出し処理(サンプル内のlist6-2-5.pyを参照)

```
import shutil

TARGET_DIR = os.path.join('.', 'target_data')

ID_PERSON = 15
ID_CAT = 8
ID_DOG = 12

cls_counters = {}
for seg_file in segs:
    seg_img_PIL = np.array(Image.open(seg_file))

    copy_to = ''
    if np.any(seg_img_PIL == ID_PERSON):
        copy_to += 'person_'
    if np.any(seg_img_PIL == ID_CAT):
        copy_to += 'cat_'
    if np.any(seg_img_PIL == ID_DOG):
        copy_to += 'dog_'

    if copy_to == '':
        continue
    if not copy_to in cls_counters.keys():
            cls_counters[copy_to] = 0
    cls_counters[copy_to] += 1

    copy_path = os.path.join(TARGET_DIR, copy_to)
    if not os.path.exists(copy_path):
        os.makedirs(copy_path)
    shutil.copy(seg_file, copy_path)

print(cls_counters)
```

この処理により、作業ディレクトリの「target_data」ディレクトリに学習対象データがコピーされます。学習時の利便性を考えて、クラスの組み合わせごとに分けて保存します。さらに図6.2.5の実行結果から、クラスの組み合わせごとにいくつデータが存在するかを確認できます。今回は人、犬、猫の3クラスすべてが入ったデータは存在しないことが分かります。

図6.2.5　実行結果(クラス毎のデータ数)

```
{'person_': 818, 'dog_': 190, 'cat_': 225, 'person_cat_': 18, 'person_dog_': 52, 'cat_dog_': 7}
```

扱うデータの数やその内容を確認しておくことは重要です。この情報をもとに、プロジェクトの進め方やさらなるデータの準備を行うべきかどうかを決めます。今回のように半自動的に集めたデータであっても、可能な限りデータを確認し、その特徴をExcelなどにまとめておくことをお勧めします。こうした情報は、仕事で求められるような学習の結果に関する理由や原因の調査、今後の方針の提案などに生かされます。

今回は現状のデータで学習へと進みます。振り分けたデータには、対象とするクラス以外の情報も含まれるものがありますが、学習時に処理するため問題ありません。「target_data」以下のデータはすべて見ておきましょう。

6.3 学習

大量のデータを学習に使う場合、リソースの制約でまとめて読み込めない場合があります。こうした状況で利用する、バッチ毎にデータを読み込む手法を学びましょう。また、学習が進まなくなった際の対策についても解説します。

学習用データと検証用データの分離

「target_data」を、さらに学習用データと検証用データに8:2の割合で分離します。本来であればランダムに分離します。しかし、ここではなるべく同じ状態で解説するため、本書のサンプルファイルに含まれる「6-3-1_valid.csv」に書かれたデータを検証用データとして使用します。

公開されているソースコードには、学習用ソースコードで学習用データと検証用データをランダムに分離する実装が多くあります。しかし、こういった実装は商用やPoCではお勧めできません。後から分析できるように、どのデータで学習し、どのデータで検証したのかが分かるようにすることが重要です。本書では、学習用データを「train」ディレクトリ、検証用データを「valid」ディレクトリに保存し、学習時に読み込みます。リスト6.3.1を実行して、データを分離しましょう。

リスト6.3.1　trainデータとvalidデータの作成処理(サンプル内のlist6-3-1.pyを参照)

```
import csv

DATA_BASE_DIR = os.path.join('.', 'data')
TRAIN_BASE_DIR = os.path.join(DATA_BASE_DIR, 'train')
VALID_BASE_DIR = os.path.join(DATA_BASE_DIR, 'valid')

VALID_FILES_CSV = os.path.join('.', '6-3-1_valid.csv')

reader = csv.reader(open(VALID_FILES_CSV))
valid_files = np.array(list(reader))[:, 0]

for d in os.listdir(TARGET_DIR):
    if not os.path.isdir(os.path.join(TARGET_DIR, d)):
        continue
    train_dir = os.path.join(TRAIN_BASE_DIR, d)
    if not os.path.exists(train_dir):
        os.makedirs(train_dir)

    valid_dir = os.path.join(VALID_BASE_DIR, d)
    if not os.path.exists(valid_dir):
        os.makedirs(valid_dir)

    files = glob.glob(os.path.join(TARGET_DIR, d, '*.png'))
    for f in files:
        move_to_dir = train_dir
        if os.path.basename(f) in valid_files:
            move_to_dir = valid_dir
        shutil.move(f, move_to_dir)

print('all done.')
```

データジェネレータの実装

分離したデータを学習時に読み込む、データジェネレータを実装します。第3章で使用したKerasのデータジェネレータと同じように使えるよう実装します(リスト6.3.2)。

リスト6.3.2　データジェネレータクラス(utils/segmentation_data_generator.py)

```
import os
import glob
import cv2
import random

import numpy as np
from PIL import Image
```

次ページへ続く

第6章

```
from tqdm import tqdm
from keras.utils import np_utils


class SegmentationDataGenerator():
    def __init__(self, input_dir, teacher_dir, image_shape,
                 target_class_ids=None, num_classes=None):
        self.__input_dir = input_dir
        self.__teacher_dir = teacher_dir
        self.__image_shape = image_shape
        self.__target_class_ids = target_class_ids
        self.__num_classes = num_classes
        if self.__target_class_ids is not None:
            self.__num_classes = len(self.__target_class_ids) + 1
        if self.__num_classes is None:
            self.__print_err('Number of target classes is unknown')
        self.__update_data_names()


    def __update_data_names(self):
        files = glob.glob(os.path.join(self.__teacher_dir, '*', '*.png'))
        files.sort()
        self.__data_names = []
        for file in files:
            name = os.path.basename(file)
            sub_dir = os.path.basename(os.path.dirname(file))
            input_path = os.path.join(self.__input_dir, sub_dir, name)
            if not os.path.exists(input_path):
                continue
            self.__data_names.append(os.path.join(sub_dir, name))


    def data_size(self):
        return len(self.__data_names)


    def generate_data(self):
        if self.__num_classes is None:
            self.__print_err('Number of target classes is unknown')
            return None, None

        input_list = []
        teacher_list = []
        random.shuffle(self.__data_names)

        pbar = tqdm(total=len(self.v_data_names), desc="Generate", unit=" data")
        for name in self.__data_names:
            input_img, teacher_img = self.__load_data(name)
            if input_img is None or teacher_img is None:
```

次ページへ続く

```
                continue

            input_list.append(input_img)
            teacher_list.append(teacher_img)
            pbar.update(1)
        pbar.close()

        inputs = np.array(input_list)
        teachers = np.array(teacher_list)

        return inputs, teachers


    def generator(self, batch_size=None):
        if self.__num_classes is None:
            self.__print_err('Number of target classes is unknown')
            return None

        if batch_size is None:
            batch_size = self.data_size()

        input_list = []
        teacher_list = []
        while True:
            random.shuffle(self.__data_names)

            for name in self.__data_names:
                if len(input_list) >= batch_size:
                    input_list = []
                    teacher_list = []

                input_img, teacher_img = self.__load_data(name)
                if input_img is None or teacher_img is None:
                    continue

                input_list.append(input_img)
                teacher_list.append(teacher_img)

                if len(input_list) >= batch_size:
                    inputs = [np.array(input_list)]
                    teachers = [np.array(teacher_list)]

                    yield inputs, teachers


    def __load_data(self, name):
        input_path = os.path.join(self.__input_dir, name)
        input_img = cv2.imread(input_path)
        if input_img is None:
```

次ページへ続く

```
106             return None, None
107         input_img = cv2.resize(input_img, self.__image_shape)
108         input_img = input_img / 255
109 
110         teacher_path = os.path.join(self.__teacher_dir, name)
111         teacher_img = Image.open(teacher_path)
112         teacher_img = teacher_img.resize(self.__image_shape)
113         teacher_img = np.array(teacher_img)
114 
115         if self.__target_class_ids is not None or self.__target_class_ids != []:
116             cond = np.logical_not(np.isin(teacher_img, self.__target_class_ids))
117             teacher_img[cond] = 0
118             teacher_img = teacher_img.astype(np.uint16)
119             teacher_img *= 100
120             for k, cls_id in enumerate(self.__target_class_ids):
121                 teacher_img[teacher_img == cls_id * 100] = k + 1
122         teacher_img = np_utils.to_categorical(teacher_img, num_classes=self.__num_classes)
123 
124         return input_img, teacher_img
125 
126 
127     def __print_err(self, err_str):
128         print('<SegmentationDataGenerator> Error : ', err_str)
```

コンストラクタと初期化用引数

コンストラクタ__init__では、いくつかの初期化用引数を受け取りプライベート変数として保存します（12〜24行目）。

input_dirは入力データのディレクトリ、teacher_dirは教師データ（セグメンテーション用のマスク画像）のディレクトリを指します。このデータジェネレータを使用する場合、input_dirに「data/train/inputs」または「data/valid/inputs」までの相対パスを、teacher_dirに「data/train/teachers」または「data/valid/teachers」までの相対パスを指定します。

引数image_shapeは、返してほしい画像データのサイズです。データを読み込んだ後、このサイズにリサイズして画像を返します。引数target_class_idsには、対象としたいクラスのID配列を指定します。この引数に指定された配列に含まれるクラス以外は、読み込み時に無視します[注6.2]。

最後のnum_classesは、target_class_idsが指定されなかった時に対象とするクラス数を受け取るための引数です。デフォルトはNoneで、Noneだった場合はtarget_class_idsで指定された配列の長さ（クラス数）に背景クラスを足した数とします[注6.3]。

注6.2　デフォルトではNoneが指定されており、とくに指定がなければすべてのクラスと対象とします。

注6.3　target_class_idsを指定した場合はnum_classesの指定は不要です。ただし、target_class_idsとnum_classesが両方とも指定されなかった場合は処理ができないため、エラーを出力します。ロガーかprint文で出力すると、後で異常が発生したときに特定しやすくなります。

データのリスト生成

__update_data_namesは、対象とするデータのリストを生成します(27〜37行目)。ここでは、input_dirとteacher_dirのディレクトリ構造が一致していて、サブディレクトリが1つ以上存在することを前提とします。読み込みやすいように、このサブディレクトリ名も一緒にデータ名として保存します。

データの生成

generate_data(44〜67行目)、generator(70〜99行目)が、データを生成する関数です。前者は一括でデータを読み込んでから学習を行う時に使用する関数、後者は学習時にジェネレータとして渡し、バッチごとにデータを読み込む関数です。generate_dataがすべてのデータを配列に追加してから返す点と、generatorが一部のデータしか読み込まずにyieldを利用して値を返している点が異なります。

両者ともはじめに、対象データのリストをシャッフルし、順番をランダムにします。その後、実際にファイルを読み込んで入力データと教師データ(マスク画像)の配列に追加します。generator関数は、読み込む途中でバッチサイズ分のデータがたまった場合にyieldで値を返します。また、generatorとgenerate_dataが値を返す前に配列をNumpy配列に変換します。

入力データと教師データの読み込み

__load_dataは、入力データと教師データを1つだけ読み込む関数です(102〜124行目)。generate_dataとgeneratorから呼び出されます。

まず、コンストラクタで保存したinput_dirとサブディレクトリ名、ファイル名から入力データのパスを生成し、cv2で画像を読み込みます。入力データはimage_shapeに合わせてリサイズして0〜1の値に正規化を行います。画像の各画素は0〜255の値を取るため255で割ることで0〜1に正規化できます。

次に、teacher_dirとサブディレクトリ名、ファイル名から教師データのパスを生成し画像を読み込みます。この後の教師データ作成のために、インデックスマップとして読み込めるPILで読み込みます。まず、読み込んだインデックスマップをリサイズします。PILでリサイズすると、インデックス値が変更されません。一方、cv2でリサイズを行うと、デフォルトでは値が補間されるためインデックスの値ではなくなってしまいます。これは、**リスト6.3.3**の実験で確認できます(**図6.3.1**)。

リスト6.3.3　PILとcv2でのリサイズの違いの確認（サンプル内のlist6-3-3.pyを参照）

```
chk_data = os.path.join('data', 'train', 'cat_dog_', '2007_001763.png')

img = Image.open(chk_data)

img_arr = np.array(img)
print('original unique : ', np.unique(img_arr))
print('---------------------------------------------------')

pil_resize = img.resize((1000, 1000))
pil_resize_arr = np.array(pil_resize)
print('PIL resized unique : ', np.unique(pil_resize_arr))
print('---------------------------------------------------')

cv2_resize = cv2.resize(img_arr, (1000, 1000))
print('cv2 resized unique : ', np.unique(cv2_resize))
```

図6.3.1　実行結果（PILとcv2でのリサイズの違い）

```
original unique : [ 0   8  12  18  20 255]
---------------------------------------------------
PIL resized unique : [ 0   8  12  18  20 255]
---------------------------------------------------
cv2 resized unique : [ 0   4   8   9  10  11  12  13  14  15  16  17  18  19  20  21  22  23
  24  27  28  29  30  31  32  33  35  36  38  39  41  42  43  44  45  46
  47  48  49  50  51  52  53  54  56  57  58  59  60  61  62  64  65  66
  67  68  69  70  71  73  75  76  77  79  80  81  84  85  88  89  90  91
  92  93  95  96  99 100 104 107 108 109 110 111 112 113 114 115 116 117
 118 119 122 123 124 125 127 128 130 131 133 134 135 136 137 138 139 140
 141 142 143 147 149 151 152 155 156 157 158 159 160 161 162 170 171 172
 174 175 177 178 179 181 182 183 184 185 186 188 191 193 194 195 196 197
 198 199 200 203 205 206 207 209 210 211 212 213 214 219 220 221 222 227
 228 229 235 236 237 239 240 243 244 251 255]
```

PILによってリサイズしたら、この後の処理のためにNumpy配列にします。対象ではないクラスのインデックスを0にして、対象とするクラスのインデックスを1からの連番に変えます。上書きされないように、最初に100をかけて値を退避します。ただし、配列がuint8で最大255までの値しか取れないため、uint16に変換します。

背景と対象クラスのインデックスを連番にすることでOne-Hotベクトル（one hot vector）を作成するNumpyの関数to_categoricalを使えるようになります。この時、to_categoricalを呼びだすとデフォルトでその配列の最大値をOne-Hotベクトルの長さにするため、num_classesを渡してOne-Hotベクトルの長さを調整します。これでデータジェネレータの実装は完了です。

学習の実装と実行

学習部分の実装

メインとなる学習部分の実装を行いましょう（リスト6.3.4）。

リスト6.3.4 U-Netの学習の実装（train.py）

```
import os
import math

from keras.callbacks import TensorBoard

from models import UNet
from utils import SegmentationDataGenerator


def print_log(*log_str):
    print('<train> Log : ', *log_str)

DATA_DIR = 'data'
TRAIN_BASE_DIR = os.path.join(DATA_DIR, 'train')
TRAIN_INPUTS_DIR = os.path.join(TRAIN_BASE_DIR, 'inputs')
TRAIN_TEACHERS_DIR = os.path.join(TRAIN_BASE_DIR, 'teachers')
VALID_BASE_DIR = os.path.join(DATA_DIR, 'valid')
VALID_INPUTS_DIR = os.path.join(VALID_BASE_DIR, 'inputs')
VALID_TEACHER_DIR = os.path.join(VALID_BASE_DIR, 'teachers')
LOGS_DIR = os.path.join('logs', 'unet')
MODEL_FILENAME = os.path.join('results', 'unet_100epoch_lr0.01.h5')

ID_PERSON = 15
ID_CAT = 8
ID_DOG = 12
TARGET_CLASS_IDS = [ID_PERSON, ID_CAT, ID_DOG]

GPU_NUM = 8
BATCH_SIZE = 600
EPOCHS = 100

model = UNet(len(TARGET_CLASS_IDS) + 1, gpu_num=GPU_NUM)
input_shape = tuple(model.input.shape[1:3])

train_generator = SegmentationDataGenerator(
    TRAIN_INPUTS_DIR,
    TRAIN_TEACHERS_DIR,
    input_shape,
    target_class_ids=TARGET_CLASS_IDS
)

```

次ページへ続く

第6章

```
42 valid_generator = SegmentationDataGenerator(
43     VALID_INPUTS_DIR,
44     VALID_TEACHER_DIR,
45     input_shape,
46     target_class_ids=TARGET_CLASS_IDS
47 )
48 
49 print_log('train_generator.data_size() : ', train_generator.data_size())
50 print_log('valid_generator.data_size() : ', valid_generator.data_size())
51 
52 tensorboard_callback = TensorBoard(log_dir=LOGS_DIR)
53 
54 model.fit_generator(
55     train_generator.generator(batch_size=BATCH_SIZE),
56     steps_per_epoch=math.ceil(train_generator.data_size() / BATCH_SIZE),
57     validation_data=valid_generator.generator(batch_size=BATCH_SIZE),
58     validation_steps=math.ceil(valid_generator.data_size() / BATCH_SIZE),
59     epochs=EPOCHS,
60     use_multiprocessing=True,
61     callbacks=[tensorboard_callback]
62 )
63 
64 model.save(MODEL_FILENAME)
```

使用するディレクトリやファイル名を定義します（13〜21行目）。ディレクトリ構成は、図6.3.2を前提とします。

図6.3.2 学習に関わるディレクトリとファイルの構成

```
/
├ train.py
├ models/
│ ├ __init__.py
│ └ unet.py
├ utils/
│ ├ __init__.py
│ └ segmentation_data_generator.py
├ data/
│ ├ train/
│ │ ├ inputs/
│ │ │ ├ cat_
│ │ │ │ ├ xxx.png
│ │ │ │ ⋮
│ │ │ ├ dog_
│ │ │ ⋮
│ │ └ teachers/
│ │   ├ cat_
│ │   │ ├ xxx.png
│ │   │ ⋮
│ │   ├ dog_
│ │   ⋮
│ └ valid/
│   ├ inputs/
│   │ ├ cat_
│   │ │ ├ xxx.png
│   │ │ ⋮
│   │ ├ dog_
│   │ ⋮
│   └ teachers/
│     ├ cat_
│     │ ├ xxx.png
│     │ ⋮
│     ├ dog_
│     ⋮
├ logs/
│ └ unet/
│   └ xxx.events      学習が開始されるとTensorboardによって作成される
└ results/
  └ unet_100epoch_lr0.01.h5      このファイルが学習後に作成される
```

対象とするクラスIDを定義し（23～26行目）、設定値を定義します（28～30行目）。これらの値は直接ソースコード中に記載するより、定数として冒頭で定義すると後からの変更が楽になります。なお、筆者の環境における値なので、GPU_NUMとBATCH_SIZEなどは、実際の環境に合わせて定義してください。

「6.1　モデルの実装」で実装したU-Net（**リスト6.1.1**）を呼び出し（32行目）、モデルを生成します。第1引数のclass_numには、今回の対象とするクラス数＋1（背景）を指定します。gpu_numには、定数のGPU_NUMを指定します。後で入力の画像サイズが必要になるため、input layerのshapeから取得します（33行目）[注6.4]。さらに、後で扱いやすいようtupleに変換します。

学習用データと検証用データのためにデータジェネレータを生成します（35～47行目）。第1引数と第2引数には入力データと教師データのディレクトリのパス（13～21行目）を渡します。第3引数には、モデルネットワークのinput layerから取得した入力の画像サイズを渡します。最後に、今回は対象データを限定するためtarget_class_idsにTARGET_CLASS_IDS（26行目）を渡します。

データの数を学習時にコンソールに出力して（49～50行目）、学習状況の監視ができるTensorBoardを生成します（52行目）。

fit_generatorは、データジェネレータを使う学習用関数であるため、第1引数には学習用データのデータジェネレータtrain_generator（35行目）を渡します（54～62行目）。fit_generatorはデータ生成関数を期待しているため、train_generatorのgenerator関数を渡します。その際、generator関数のbatch_size引数にBATCH_SIZEを渡します。これで、学習時の必要なタイミングでtrain_generatorのgeneratorが呼び出されデータが生成されます。

steps_per_epoch引数には、学習用データ数をバッチサイズで割った数を切り上げて整数化し、渡します。これでfit_generator関数がEpoch数を数えられるようになります。validation_data引数には学習用データと同じように、valid_generatorのgenerator関数を渡します。すべてのデータを読み込む必要がありますが、この引数には入力データと教師データの配列を含むタプルを渡せます。

データジェネレータを指定したため、validation_steps引数を渡す必要があります。検証用データ数をバッチサイズで割った数を切り上げて整数化し渡します。epochs引数には、学習したいエポック数であるEPOCHS（30行目）を渡します。まずは、100Epochを指定しましょう。

最後に、callbacks引数に学習監視用のコールバックtensorboard_callback（52行目）を渡します[注6.5]。

学習後にはモデルの保存を行います（64行目）。model.saveには、保存パスとしてMODEL_FILENAME（21行目）を渡します。

注6.4　ネットワークのshapeは、データフォーマットがchannels_last([Batch, height, width, channel])であるため、2つ目と3つ目を取得しています。

注6.5　callbacks引数は、複数のコールバックを受け付けるため配列になってることに注意してください。

学習の実行

では、さっそく学習してみましょう。train.pyがあるディレクトリで`python train.py`を実行します。コンソールにいくつかのログが流れ、学習ログが表示され始めたら学習が始まっています[注6.6]。

学習が進み出したらTensorBoardを確認します。筆者の環境で100Epochの学習が終わったTensorBoardの出力が**図6.3.3**です。学習用データ（loss）と検証用データ（val_loss）のいずれもlossが高い位置で振動しており、下がっていません。学習は失敗です。同じような結果になったでしょうか？

図6.3.3　100エポック分の学習後のTensorBoard出力

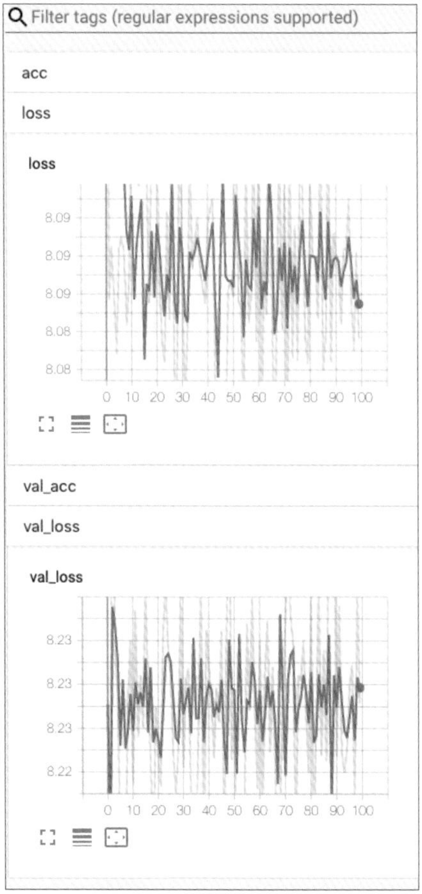

注6.6　学習が始まった時にOOM（Out Of Memory）が出る場合は、GPUのメモリが不足しているためバッチサイズを下げましょう。OOMが発生するかどうか確認するためにも、1Epochは学習するまで確認することをお勧めします。マルチGPU環境では、分散した学習のマージ時にOOMが発生することがあるため、2〜3Epochは確認すると良いでしょう。

ネットワークと学習の改良

BatchNormalizationの追加

画像データは複雑で、画像ごとのデータの違いが大きすぎる可能性が原因として挙げられます。対応策として、ネットワークにBatchNormalizationを入れてみます。

models/unet.pyを改良します。各Convolution層（Conv2D）の後にBatchNormalizationを追加します。ただし、BatchNormalizationを追加する位置は、畳み込みと活性化の間です。ところが、Conv2Dの中で活性化が行われるため、間にBatchNormalizationを追加できません。そのため、activation引数を渡さず、Conv2Dの後にBatchNormalizationとActivationを追加します。Activationのactivation引数には「relu」を渡します。

この変更を、最後の出力調整用のConv2D以外、すべてのConv2Dに対して行い実装は完了です。変更後の実装はリスト6.3.5です。

リスト6.3.5　BatchNormalizationを追加したU-Netの実装（models/unet_with_batchnorm.py）

```
from keras.utils import multi_gpu_model
from keras.models import Model
from keras.layers import Input, Conv2D, MaxPooling2D, UpSampling2D, Concatenate
from keras.layers import BatchNormalization, Activation
from keras.optimizers import Adam


def UNet(class_num, gpu_num=1):
    input_layer = Input(shape=(128, 128, 3))

    conv11 = Conv2D(64, (3, 3), padding='same')(input_layer)
    bn11 = BatchNormalization()(conv11)
    act11 = Activation(activation='relu')(bn11)
    conv12 = Conv2D(64, (3, 3), padding='same')(act11)
    bn12 = BatchNormalization()(conv12)
    act12 = Activation(activation='relu')(bn12)
    pool1 = MaxPooling2D()(act12)

    conv21 = Conv2D(128, (3, 3), padding='same')(pool1)
    bn21 = BatchNormalization()(conv21)
    act21 = Activation(activation='relu')(bn21)
    conv22 = Conv2D(128, (3, 3), padding='same')(act21)
    bn22 = BatchNormalization()(conv22)
    act22 = Activation(activation='relu')(bn22)
    pool2 = MaxPooling2D()(act22)

    conv31 = Conv2D(512, (3, 3), padding='same')(pool2)
    bn31 = BatchNormalization()(conv31)
```

次ページへ続く

```
    act31 = Activation(activation='relu')(bn31)
    conv32 = Conv2D(512, (3, 3), padding='same')(act31)
    bn32 = BatchNormalization()(conv32)
    act32 = Activation(activation='relu')(bn32)

    up1 = UpSampling2D()(act32)
    concat1 = Concatenate()([up1, act22])
    conv41 = Conv2D(128, (3, 3), padding='same')(concat1)
    bn41 = BatchNormalization()(conv41)
    act41 = Activation(activation='relu')(bn41)
    conv42 = Conv2D(128, (3, 3), padding='same')(act41)
    bn42 = BatchNormalization()(conv42)
    act42 = Activation(activation='relu')(bn42)

    up2 = UpSampling2D()(act42)
    concat2 = Concatenate()([up2, act12])
    conv51 = Conv2D(64, (3, 3), padding='same')(concat2)
    bn51 = BatchNormalization()(conv51)
    act51 = Activation(activation='relu')(bn51)
    conv52 = Conv2D(64, (3, 3), padding='same')(act51)
    bn52 = BatchNormalization()(conv52)
    act52 = Activation(activation='relu')(bn52)

    output_layer = Conv2D(class_num, (1, 1), activation='sigmoid', padding='same')(act52)

    model = Model(inputs=input_layer, outputs=output_layer)

    if gpu_num >= 2:
        model = multi_gpu_model(model, gpus=gpu_num)

    adam = Adam(lr=0.01)
    model.compile(optimizer=adam, loss='categorical_crossentropy', metrics=['acc'])

    return model
```

デコーダのConcatenateに指定する層を、Activation層に変更する必要がある点に注意しましょう。本書と同じように、改良した実装をunet_with_batchnorm.pyとした場合は、models/__init__.pyを**リスト6.3.6**のように変更します。

リスト6.3.6 models/__init__.pyのUNetインポート文の変更

```
#from .unet import UNet
from .unet_with_batchnorm import UNet
```

途中でのモデル保存の追加

学習の途中でモデルを保存するように改良します。学習が終了した時にしかモデルが保存されないと、途中で十分に学習ができても学習を止められず、時間とリソースが無駄になります。そこで、一定のEpochごとに保存することで、途中で学習を止められるようにします。これにより、十分に学習したら学習を止められるため、決めにくいEpoch数について、大きめに設定しても時間やリソースを節約できます。

ここでは、keras.callbacksで提供されるModelCheckpointを使用します。train.pyを**リスト6.3.7**のように変更します。

リスト6.3.7 ModelCheckpointを使用した学習の実装（train_with_checkpointcallback.py）

```
import os
import math

from keras.callbacks import TensorBoard, ModelCheckpoint

from models import UNet
from utils import SegmentationDataGenerator


def print_log(*log_str):
    print('<train> Log : ', *log_str)

DATA_DIR = 'data'
TRAIN_BASE_DIR = os.path.join(DATA_DIR, 'train')
TRAIN_INPUTS_DIR = os.path.join(TRAIN_BASE_DIR, 'inputs')
TRAIN_TEACHERS_DIR = os.path.join(TRAIN_BASE_DIR, 'teachers')
VALID_BASE_DIR = os.path.join(DATA_DIR, 'valid')
VALID_INPUTS_DIR = os.path.join(VALID_BASE_DIR, 'inputs')
VALID_TEACHER_DIR = os.path.join(VALID_BASE_DIR, 'teachers')
LOGS_DIR = os.path.join('logs', 'unet')
MODEL_NAME = 'unet_100epoch_lr0.01'
MODEL_FILENAME = os.path.join('results', MODEL_NAME + '.h5')
MODEL_FILENAME_BEST = os.path.join('results', MODEL_NAME + '_best.h5')

ID_PERSON = 15
ID_CAT = 8
ID_DOG = 12
TARGET_CLASS_IDS = [ID_PERSON, ID_CAT, ID_DOG]

GPU_NUM = 8
BATCH_SIZE = 600
EPOCHS = 500

model = UNet(len(TARGET_CLASS_IDS) + 1, gpu_num=GPU_NUM)
input_shape = tuple(model.input.shape[1:3])
```

次ページへ続く

```
36
37  train_generator = SegmentationDataGenerator(
38      TRAIN_INPUTS_DIR,
39      TRAIN_TEACHERS_DIR,
40      input_shape,
41      target_class_ids=TARGET_CLASS_IDS
42  )
43
44  valid_generator = SegmentationDataGenerator(
45      VALID_INPUTS_DIR,
46      VALID_TEACHER_DIR,
47      input_shape,
48      target_class_ids=TARGET_CLASS_IDS
49  )
50
51  print_log('train_generator.data_size() : ', train_generator.data_size())
52  print_log('valid_generator.data_size() : ', valid_generator.data_size())
53
54  tensorboard_callback = TensorBoard(log_dir=LOGS_DIR)
55  model_save_callback = ModelCheckpoint(filepath=MODEL_FILENAME_BEST,
56                                        verbose=1,
57                                        save_best_only=True,
58                                        period=5
59                                       )
60
61  model.fit_generator(
62      train_generator.generator(batch_size=BATCH_SIZE),
63      steps_per_epoch=math.ceil(train_generator.data_size() / BATCH_SIZE),
64      validation_data=valid_generator.generator(batch_size=BATCH_SIZE),
65      validation_steps=math.ceil(valid_generator.data_size() / BATCH_SIZE),
66      epochs=EPOCHS,
67      use_multiprocessing=True,
68      callbacks=[tensorboard_callback, model_save_callback]
69  )
70
71  model.save(MODEL_FILENAME)
```

ModelCheckpointのインポート文を追加し（4行目）、定数定義を変更します（21～23行目）。ModelCheckpointでは最小のLossを更新したモデル（ベストモデル）を保存できます。最後まで学習した際にモデルを上書き保存しないように、モデルのファイル名を変えます。ただし、ベース部分のみ別の定数とします。こうすることで、実験中に片方だけモデルのファイル名を変更し忘れるというミスを防げます。

ModelCheckpointを生成します（55～59行目）。生成時の引数として、filepath、verbose、save_best_only、periodを渡します（**表6.3.1**）。

第6章

表6.3.1　ModelCheckpoint生成時に指定した引数

filepath	保存するモデルファイル名。MODEL_FILENAME_BEST（23行目）を指定
verbose	実行時のコンソールログに保存したかどうかのログが流れるよう1を指定
save_best_only	ベストモデル保存をするかどうか。ここではTrueを渡す
period	何Epoch毎に保存を行うか。ここでは5を渡す

periodは、大きな値だと途中で止めにくくなります。逆に小さい値にすると、保存を頻繁に行うため学習に時間がかかります。

この改良により、途中での学習を止められるようになりました。そこで、学習Epoch数を多めに設定します。EPOCHS（32行目）を500にしましょう。

学習の実行

改良が完了したら、再度学習をかけます[注6.7]。筆者の環境で500Epoch学習した結果は、**図6.3.4**と**図6.3.5**のようになりました。

図6.3.4　TensorBoardで学習結果を確認（loss）

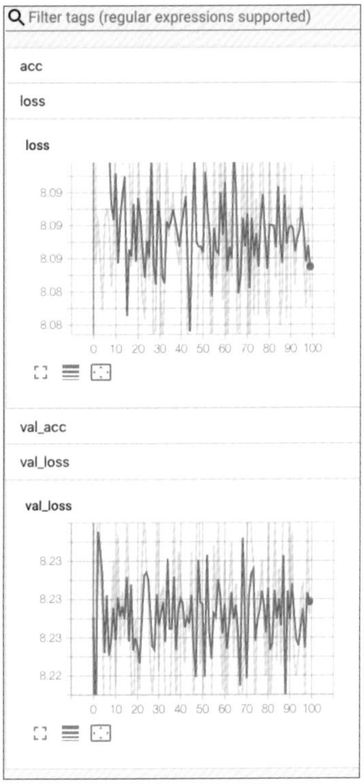

図6.3.5　TensorBoardで学習結果を確認（accuracy）

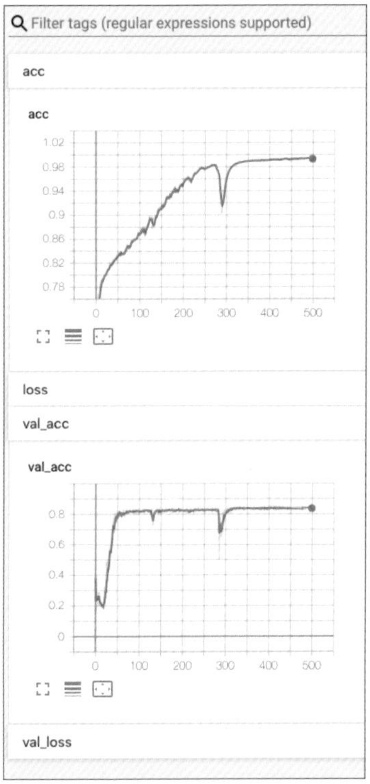

注6.7　改良によってメモリ使用量が増えるため、先程までは学習が進んでいたとしても、今回はOOMが発生する可能性があります。OOMが発生した場合は、バッチサイズを下げるなどの対応をしましょう。

今度は、学習用データのlossが下がり、loss曲線として収束し始めています。accuracyも上がっており、順調に学習しているようです。検証用データに関しても、accuracyが上がりlossが下がりました。しかし、途中から過学習が始まっているのか、lossが上昇傾向にあります。過学習が発生しているように見えます。

途中でモデルを保存するため、検証用データに対するlossが最小になった時のモデルが保存されました。次の章では、このモデルによる出力を確認します。

Column

もっと知りたい データサイズ調整およびTransposed Convolution実装について

6章の本文では、**リスト6.1.1**（P.222参照）の実装を使って解説を進めていきました。このコラムでは、より実践的な補足情報として、データサイズを調整する必要がある場合の実装と、TransposedConvolution層を使った実装について解説します。

Skip Connection時のデータサイズ調整の実装

リスト6.1.1のデコーダ側では、Skip Connectionでとくに何も処理を行わず結合（Concatnate）しました。これは、入力の縦横サイズをそれぞれ2の乗数にし、各Convolution Blockで半分ずつ（÷2）にして、Transposed Convolution Blockで2倍（×2）にすることで、結合するデータのサイズを同じにしていたためです。このような条件でない場合は、元の論文と同様に、結合する前にデータサイズを合わせる処理が必要です[注6.8]。

❶エンコーダ側のデータを切り取る手法（Crop）

データサイズを合わせる主な方法は2つあります。1つ目は、エンコーダ側のデータを切り取る（Crop）方法です（図6.3.6）。元論文で使用されている方法でもあります。**リスト6.3.8**のような形で実装します。

図6.3.6 Cropのイメージ

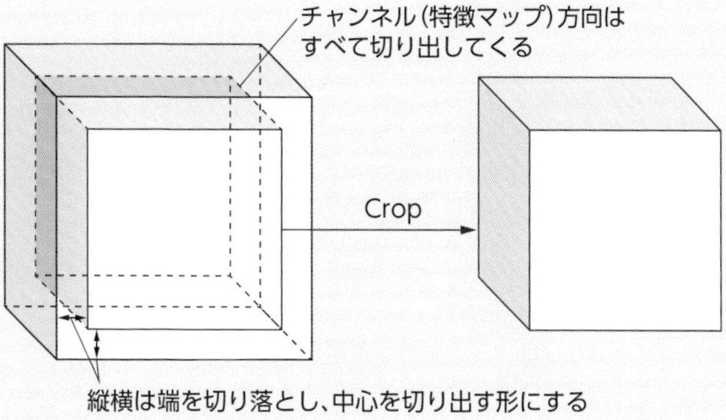

注6.8 基本的には、各Convolution Blockで半分にしてTransposed Convolution Blockで2倍にするという部分は変わることがないため、入力サイズが2の乗数ではない場合はズレが生じます。

リスト6.3.8 切り取り後に結合する層(models/layers/cropped_concatenate.py)

```
1   import math
2   from keras.layers import Cropping2D, Concatenate
3
4
5   class CroppedConcatenate():
6       def __init__(self):
7           pass
8
9
10      def __call__(self, inputs):
11          if len(inputs) != 2:
12              return inputs
13
14          layer_1, layer_2 = inputs
15          h_1, w_1 = layer_1.get_shape().as_list()[1:3]
16          h_2, w_2 = layer_2.get_shape().as_list()[1:3]
17
18          crop_hs = self.__get_crop_size(h_1, h_2)
19          if h_1 < h_2:
20              layer_2 = Cropping2D(cropping=(crop_hs, (0, 0)))(layer_2)
21          elif h_1 > h_2:
22              layer_1 = Cropping2D(cropping=(crop_hs, (0, 0)))(layer_1)
23
24          crop_ws = self.__get_crop_size(w_1, w_2)
25          if w_1 < w_2:
26              layer_2 = Cropping2D(cropping=((0, 0), crop_ws))(layer_2)
27          elif w_1 > w_2:
28              layer_1 = Cropping2D(cropping=((0, 0), crop_ws))(layer_1)
29
30          concat = Concatenate()([layer_1, layer_2])
31          return concat
32
33
34      def __get_crop_size(self, target_1, target_2):
35          crop = abs((target_2 - target_1) / 2)
36          crop_size = (int(crop), int(crop))
37          if crop != int(crop):
38              crop_size = (math.ceil(crop), int(crop))
39          return crop_size
```

他のKeras Layerと同じように、functionalで呼び出せるように実装してみました。Keras.Layerを継承するのが本来の流れですが、すでにあるLayerを組み合わせた高級Layerを作る場合、この実装のようにcallableなクラスとして実装すると簡単です。

今回は、切り取った(Crop)後に結合(Concatenate)する処理を1つのLayerとしましょう。クラス初期化用の値は不要なので、コンストラクタ(6〜7行目)は空にします。

__call__関数（10～31行目）にLayerの中身を書きます。まずは、受け取ったinputsを確認します。このLayerは、2つのLayerを受け取った時のみ実行できるので、それ以外の場合は何も処理せずに返します。2つのLayerが渡された場合は、片方をlayer_1、もう一方をlayer_2として後の処理に回します。それぞれのサイズを取得し、サイズの大きいほうを小さいほうに合わせるために調整すべきサイズを__get_crop_size関数（34～39行目）で計算します。真ん中を切り取るため、縦横の差分をそれぞれ半分にします。この値を使い、大きいほうのLayerをCropping2Dにかけて切り取るのです（20、22、26、28行目）。

最後に、layer_1とlayer_2を再度配列に束ねた後、Concatenateにかけて結合します。

これと次の__init__.pyをmodels/layersディレクトリに配置し、models/unet.pyの中でimportします。そして、もともとConcatenateを実行していた箇所を、ここで作成したCropped Concatenateに変更します（**リスト6.3.9**、**リスト6.3.10**）。check_unet.pyを実行しましょう。

リスト6.3.9　models/layers/__init__.pyへのCroppedConcatenateのimport文追加

```
from .cropped_concatenate import CroppedConcatenate
```

第6章

リスト6.3.10　CroppedConcatenateを使用したU-Netの実装(models/unet_crop.py)

```
from keras.utils import multi_gpu_model
from keras.models import Model
from keras.optimizers import Adam
from keras.layers import Input, Conv2D, MaxPooling2D, UpSampling2D

from .layers import CroppedConcatenate


def UNet(class_num, gpu_num=1):
    input_layer = Input(shape=(129, 129, 3))

    conv11 = Conv2D(64, (3, 3), activation='relu', padding='same')(input_layer)
    conv12 = Conv2D(64, (3, 3), activation='relu', padding='same')(conv11)
    pool1 = MaxPooling2D()(conv12)

    conv21 = Conv2D(128, (3, 3), activation='relu', padding='same')(pool1)
    conv22 = Conv2D(128, (3, 3), activation='relu', padding='same')(conv21)
    pool2 = MaxPooling2D()(conv22)

    conv31 = Conv2D(512, (3, 3), activation='relu', padding='same')(pool2)
    conv32 = Conv2D(512, (3, 3), activation='relu', padding='same')(conv31)

    up1 = UpSampling2D()(conv32)
    concat1 = CroppedConcatenate()([up1, conv22])
    conv41 = Conv2D(128, (3, 3), activation='relu', padding='same')(concat1)
```

次ページへ続く

```
    conv42 = Conv2D(128, (3, 3), activation='relu', padding='same')(conv41)

    up2 = UpSampling2D()(conv42)
    concat2 = CroppedConcatenate()([up2, conv12])
    conv51 = Conv2D(64, (3, 3), activation='relu', padding='same')(concat2)
    conv52 = Conv2D(64, (3, 3), activation='relu', padding='same')(conv51)

    output_layer = Conv2D(class_num, (1, 1), activation='sigmoid',
                          padding='same')(conv52)

    model = Model(inputs=input_layer, outputs=output_layer)

    if gpu_num >= 2:
        model = multi_gpu_model(model, gpus=gpu_num)

    adam = Adam(lr=0.001)
    model.compile(optimizer=adam, loss='categorical_crossentropy', metrics=['acc'])

    return model
```

実行結果が、**リスト6.1.1** (P.222) の実装と変わらなければ成功です (今の入力サイズはCropが不要なサイズであるため)。次に、入力サイズを1大きく「(129, 129)」として実行してみましょう (**図6.3.7**)。結果が変わり、間で'Cropping2D'が行われていれば実装が完了です。

図6.3.7　U-Netサイズ調整(Crop)実装の確認結果

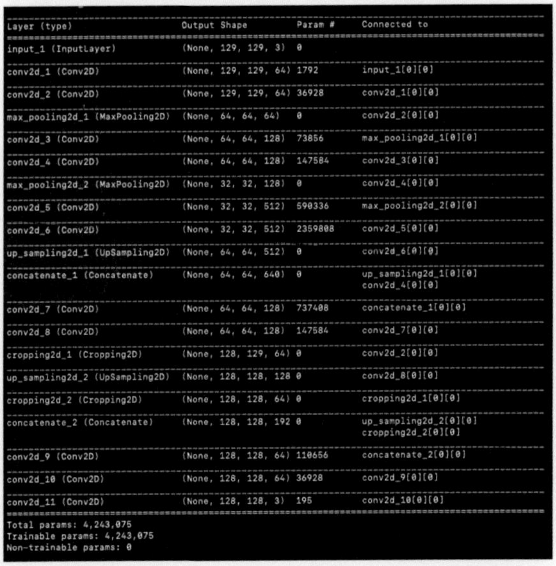

Layer (type)	Output Shape	Param #	Connected to
input_1 (InputLayer)	(None, 129, 129, 3)	0	
conv2d_1 (Conv2D)	(None, 129, 129, 64)	1792	input_1[0][0]
conv2d_2 (Conv2D)	(None, 129, 129, 64)	36928	conv2d_1[0][0]
max_pooling2d_1 (MaxPooling2D)	(None, 64, 64, 64)	0	conv2d_2[0][0]
conv2d_3 (Conv2D)	(None, 64, 64, 128)	73856	max_pooling2d_1[0][0]
conv2d_4 (Conv2D)	(None, 64, 64, 128)	147584	conv2d_3[0][0]
max_pooling2d_2 (MaxPooling2D)	(None, 32, 32, 128)	0	conv2d_4[0][0]
conv2d_5 (Conv2D)	(None, 32, 32, 512)	590336	max_pooling2d_2[0][0]
conv2d_6 (Conv2D)	(None, 32, 32, 512)	2359808	conv2d_5[0][0]
up_sampling2d_1 (UpSampling2D)	(None, 64, 64, 512)	0	conv2d_6[0][0]
concatenate_1 (Concatenate)	(None, 64, 64, 640)	0	up_sampling2d_1[0][0] conv2d_4[0][0]
conv2d_7 (Conv2D)	(None, 64, 64, 128)	737408	concatenate_1[0][0]
conv2d_8 (Conv2D)	(None, 64, 64, 128)	147584	conv2d_7[0][0]
cropping2d_1 (Cropping2D)	(None, 128, 129, 64)	0	conv2d_2[0][0]
up_sampling2d_2 (UpSampling2D)	(None, 128, 128, 128	0	conv2d_8[0][0]
cropping2d_2 (Cropping2D)	(None, 128, 128, 64)	0	cropping2d_1[0][0]
concatenate_2 (Concatenate)	(None, 128, 128, 192	0	up_sampling2d_2[0][0] cropping2d_2[0][0]
conv2d_9 (Conv2D)	(None, 128, 128, 64)	110656	concatenate_2[0][0]
conv2d_10 (Conv2D)	(None, 128, 128, 64)	36928	conv2d_9[0][0]
conv2d_11 (Conv2D)	(None, 128, 128, 3)	195	conv2d_10[0][0]

Total params: 4,243,075
Trainable params: 4,243,075
Non-trainable params: 0

❷デコーダ側のデータを0埋めする手法（Zero-Padding）

2つ目は、デコーダ側のデータを0埋め（Zero-Padding）する方法です（図6.3.8）。リスト6.3.11のように実装します。

図6.3.8 Zero-Paddingのイメージ

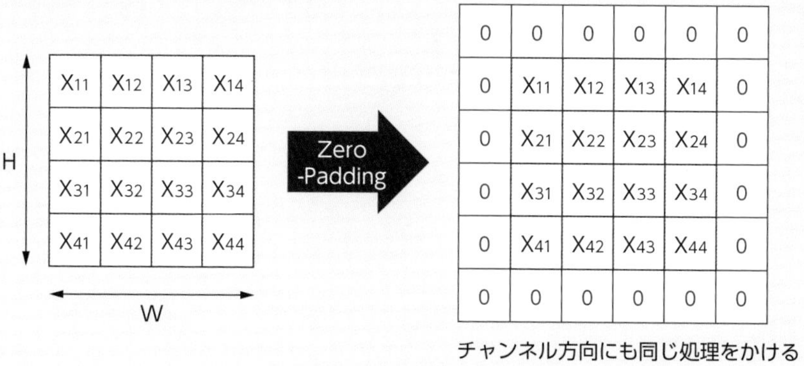

リスト6.3.11 Zero-Padding後に結合する層（models/layers/padded_concatenate.py）

```
import math
from keras.layers import ZeroPadding2D, Concatenate


class PaddedConcatenate():
    def __init__(self):
        pass


    def __call__(self, inputs):
        if len(inputs) != 2:
            return inputs

        layer_1, layer_2 = inputs
        h_1, w_1 = layer_1.get_shape().as_list()[1:3]
        h_2, w_2 = layer_2.get_shape().as_list()[1:3]

        pad_hs = self.__get_pad_size(h_1, h_2)
        if h_1 < h_2:
            layer_1 = ZeroPadding2D(padding=(pad_hs, (0, 0)))(layer_1)
        elif h_1 > h_2:
            layer_2 = ZeroPadding2D(padding=(pad_hs, (0, 0)))(layer_2)

        pad_ws = self.__get_pad_size(w_1, w_2)
        if w_1 < w_2:
```

次ページへ続く

```
26                layer_1 = ZeroPadding2D(padding=((0, 0), pad_ws))(layer_1)
27            elif w_1 > w_2:
28                layer_2 = ZeroPadding2D(padding=((0, 0), pad_ws))(layer_2)
29
30            concat = Concatenate()([layer_1, layer_2])
31            return concat
32
33
34        def __get_pad_size(self, target_1, target_2):
35            pad = abs((target_2 - target_1) / 2)
36            pad_size = (int(pad), int(pad))
37            if pad != int(pad):
38                pad_size = (math.ceil(pad), int(pad))
39            return pad_size
```

実装は、ほぼ**リスト6.3.8**のCroppedConcatenateクラスと同じです。CroppedConcatenateクラスではCropping2DでCropしていたところを、ZeroPadding2DでPaddingします。Cropの対象はサイズが大きいほうですが、Paddingの対象はサイズが小さいほうという点に注意してください。小さいほうのLayerをZeroPadding2Dにかけます（20、22、26、28行目）。最後のConcatenateはまったく同じ処理です。

この手法でも、次の__init__.pyをmodels/layersディレクトリに配置し、models/unet.pyの中でimportします。そして、もともとConcatenateを実行していた箇所を、このPadded Concatenateに変更します。入力サイズをサイズ調整が必要になる「(129, 129)」に変更してcheck_unet.py（P.226）を実行しましょう（**リスト6.3.12**、**リスト6.3.13**）。**図6.3.9**のように結果が変わり、間でZeroPadding2Dが行われていれば実装が完了です。

リスト6.3.12　models/layers/__init__.pyへのPaddedConcatenateのインポート文追加

```
from .padded_concatenate import PaddedConcatenate
```

リスト6.3.13　PaddedConcatenateを使用したUNetの実装(models/unet_pad.py)

```
from keras.utils import multi_gpu_model
from keras.models import Model
from keras.optimizers import Adam
from keras.layers import Input, Conv2D, MaxPooling2D, UpSampling2D

from .layers import PaddedConcatenate


def UNet(class_num, gpu_num=1):
    input_layer = Input(shape=(129, 129, 3))
```

次ページへ続く

```
    conv11 = Conv2D(64, (3, 3), activation='relu', padding='same')(input_layer)
    conv12 = Conv2D(64, (3, 3), activation='relu', padding='same')(conv11)
    pool1 = MaxPooling2D()(conv12)

    conv21 = Conv2D(128, (3, 3), activation='relu', padding='same')(pool1)
    conv22 = Conv2D(128, (3, 3), activation='relu', padding='same')(conv21)
    pool2 = MaxPooling2D()(conv22)

    conv31 = Conv2D(512, (3, 3), activation='relu', padding='same')(pool2)
    conv32 = Conv2D(512, (3, 3), activation='relu', padding='same')(conv31)

    up1 = UpSampling2D()(conv32)
    concat1 = PaddedConcatenate()([up1, conv22])
    conv41 = Conv2D(128, (3, 3), activation='relu', padding='same')(concat1)
    conv42 = Conv2D(128, (3, 3), activation='relu', padding='same')(conv41)

    up2 = UpSampling2D()(conv42)
    concat2 = PaddedConcatenate()([up2, conv12])
    conv51 = Conv2D(64, (3, 3), activation='relu', padding='same')(concat2)
    conv52 = Conv2D(64, (3, 3), activation='relu', padding='same')(conv51)

    output_layer = Conv2D(class_num, (1, 1), activation='sigmoid',
                          padding='same')(conv52)

    model = Model(inputs=input_layer, outputs=output_layer)

    if gpu_num >= 2:
        model = multi_gpu_model(model, gpus=gpu_num)

    adam = Adam(lr=0.001)
    model.compile(optimizer=adam, loss='categorical_crossentropy', metrics=['acc'])

    return model
```

第6章

図6.3.9　U-Netサイズ調整(Zero-Padding)実装の確認結果

```
________________________________________________________________________________
Layer (type)                    Output Shape         Param #     Connected to
================================================================================
input_1 (InputLayer)            (None, 129, 129, 3)  0
________________________________________________________________________________
conv2d_1 (Conv2D)               (None, 129, 129, 64) 1792        input_1[0][0]
________________________________________________________________________________
conv2d_2 (Conv2D)               (None, 129, 129, 64) 36928       conv2d_1[0][0]
________________________________________________________________________________
max_pooling2d_1 (MaxPooling2D)  (None, 64, 64, 64)   0           conv2d_2[0][0]
________________________________________________________________________________
conv2d_3 (Conv2D)               (None, 64, 64, 128)  73856       max_pooling2d_1[0][0]
________________________________________________________________________________
conv2d_4 (Conv2D)               (None, 64, 64, 128)  147584      conv2d_3[0][0]
________________________________________________________________________________
max_pooling2d_2 (MaxPooling2D)  (None, 32, 32, 128)  0           conv2d_4[0][0]
________________________________________________________________________________
conv2d_5 (Conv2D)               (None, 32, 32, 512)  590336      max_pooling2d_2[0][0]
________________________________________________________________________________
conv2d_6 (Conv2D)               (None, 32, 32, 512)  2359808     conv2d_5[0][0]
________________________________________________________________________________
up_sampling2d_1 (UpSampling2D)  (None, 64, 64, 512)  0           conv2d_6[0][0]
________________________________________________________________________________
concatenate_1 (Concatenate)     (None, 64, 64, 640)  0           up_sampling2d_1[0][0]
                                                                 conv2d_4[0][0]
________________________________________________________________________________
conv2d_7 (Conv2D)               (None, 64, 64, 128)  737408      concatenate_1[0][0]
________________________________________________________________________________
conv2d_8 (Conv2D)               (None, 64, 64, 128)  147584      conv2d_7[0][0]
________________________________________________________________________________
up_sampling2d_2 (UpSampling2D)  (None, 128, 128, 128 0           conv2d_8[0][0]
________________________________________________________________________________
zero_padding2d_1 (ZeroPadding2D (None, 129, 128, 128 0           up_sampling2d_2[0][0]
________________________________________________________________________________
zero_padding2d_2 (ZeroPadding2D (None, 129, 129, 128 0           zero_padding2d_1[0][0]
________________________________________________________________________________
concatenate_2 (Concatenate)     (None, 129, 129, 192 0           zero_padding2d_2[0][0]
                                                                 conv2d_2[0][0]
________________________________________________________________________________
conv2d_9 (Conv2D)               (None, 129, 129, 64) 110656      concatenate_2[0][0]
________________________________________________________________________________
conv2d_10 (Conv2D)              (None, 129, 129, 64) 36928       conv2d_9[0][0]
________________________________________________________________________________
conv2d_11 (Conv2D)              (None, 129, 129, 3)  195         conv2d_10[0][0]
================================================================================
Total params: 4,243,075
Trainable params: 4,243,075
Non-trainable params: 0
________________________________________________________________________________
```

◆◆◆

どちらのサイズ調整方法を使っても大丈夫ですが、情報が破棄されないPaddingによるサイズ調整が好まれているようです。

Transposed Convolution Blockの変更

6章の解説では、デコーダ側のTransposed Convolution BlockではUpSamplingを使用しましたが、このBlockの実装にはもう1つの方法が存在します。それは、Blockの名前の通りTransposedConvolutionを使用する方法です（図6.3.10）。UpSampling + Convolutionを行ったのと同じような処理を一括で行うイメージです。

図6.3.10　TransposedConvolutionのイメージ

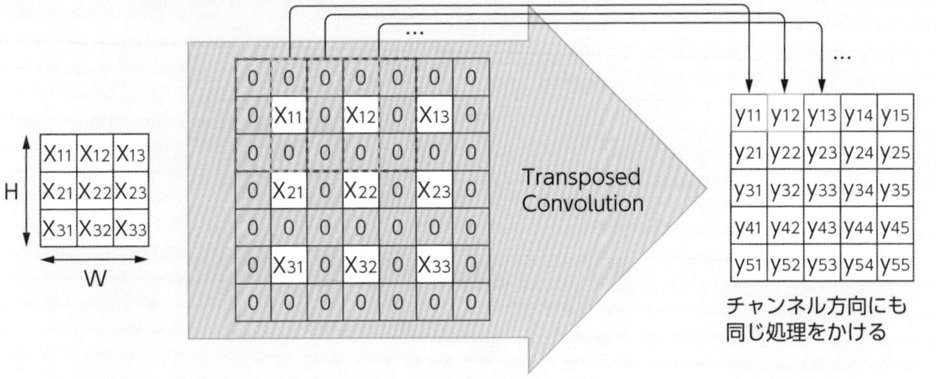

元論文では、本書と同じくUpSamplingで実装しています。また近年の研究では、Transposed Convolutionでは格子状の特徴が出てしまいやすく、UpSamplingを行うほうが結果が良くなるといった実験結果も出ており、UpSamplingを使った手法が好まれています。

実装はリスト6.3.14のようになります。

リスト6.3.14 TransposedConvolutionを使用したU-Netの実装(models/unet_transconv.py)

```
from keras.utils import multi_gpu_model
from keras.models import Model
from keras.optimizers import Adam
from keras.layers import Input, Conv2D, MaxPooling2D, Concatenate, Conv2DTranspose


def UNet(class_num, gpu_num=1):
    input_layer = Input(shape=(128, 128, 3))

    conv11 = Conv2D(64, (3, 3), activation='relu', padding='same')(input_layer)
    conv12 = Conv2D(64, (3, 3), activation='relu', padding='same')(conv11)
    pool1 = MaxPooling2D()(conv12)

    conv21 = Conv2D(128, (3, 3), activation='relu', padding='same')(pool1)
    conv22 = Conv2D(128, (3, 3), activation='relu', padding='same')(conv21)
    pool2 = MaxPooling2D()(conv22)

    conv31 = Conv2D(512, (3, 3), activation='relu', padding='same')(pool2)
    conv32 = Conv2D(512, (3, 3), activation='relu', padding='same')(conv31)

    trans1 = Conv2DTranspose(128, (2, 2), strides=(2, 2), activation='relu')(conv32)
    concat1 = Concatenate()([trans1, conv22])
    conv42 = Conv2D(128, (3, 3), activation='relu', padding='same')(concat1)

    trans2 = Conv2DTranspose(64, (2, 2), strides=(2, 2), activation='relu')(conv42)
    concat2 = Concatenate()([trans2, conv12])
    conv52 = Conv2D(64, (3, 3), activation='relu', padding='same')(concat2)

    output_layer = Conv2D(class_num, (1, 1), activation='sigmoid',
                          padding='same')(conv52)

    model = Model(inputs=input_layer, outputs=output_layer)

    if gpu_num >= 2:
        model = multi_gpu_model(model, gpus=gpu_num)

    adam = Adam(lr=0.001)
    model.compile(optimizer=adam, loss='categorical_crossentropy', metrics=['acc'])

    return model
```

後半のデコーダ側に注目してください。models/unet.pyではUpSampling→Concatenate→Conv→Convとしたところを、Conv2DTranspose→Concatenate→Convに変更します。Conv2DTransposeでは、filtersの指定はmodels/unet.pyのブロック1つ目のConv2Dの指定と同じにします。kernel_sizeとstridesは、Upsamplingと同じにするため「(2, 2)」を指定します。また、Conv2Dでは指定していたpaddingをなくし、デフォルトのvalidで実行します。これは、このConv2DTransposeで画像サイズを大きくするためです。

__init__.pyで、今回実装したU-Netをimportできるようにして、check_unet.py (P.226)を実行しましょう。図6.3.11のように、Conv2DTransというLayer情報が出力され、すべてのLayerが正しく繋がっていれば実装は成功です。

図6.3.11　U-Netサイズ調整(TransposedConvolution)実装の確認結果

```
Layer (type)                    Output Shape         Param #     Connected to
==================================================================================================
input_1 (InputLayer)            (None, 128, 128, 3)  0
__________________________________________________________________________________________________
conv2d_1 (Conv2D)               (None, 128, 128, 64) 1792        input_1[0][0]
__________________________________________________________________________________________________
conv2d_2 (Conv2D)               (None, 128, 128, 64) 36928       conv2d_1[0][0]
__________________________________________________________________________________________________
max_pooling2d_1 (MaxPooling2D)  (None, 64, 64, 64)   0           conv2d_2[0][0]
__________________________________________________________________________________________________
conv2d_3 (Conv2D)               (None, 64, 64, 128)  73856       max_pooling2d_1[0][0]
__________________________________________________________________________________________________
conv2d_4 (Conv2D)               (None, 64, 64, 128)  147584      conv2d_3[0][0]
__________________________________________________________________________________________________
max_pooling2d_2 (MaxPooling2D)  (None, 32, 32, 128)  0           conv2d_4[0][0]
__________________________________________________________________________________________________
conv2d_5 (Conv2D)               (None, 32, 32, 512)  590336      max_pooling2d_2[0][0]
__________________________________________________________________________________________________
conv2d_6 (Conv2D)               (None, 32, 32, 512)  2359808     conv2d_5[0][0]
__________________________________________________________________________________________________
conv2d_transpose_1 (Conv2DTrans (None, 64, 64, 128)  262272      conv2d_6[0][0]
__________________________________________________________________________________________________
concatenate_1 (Concatenate)     (None, 64, 64, 256)  0           conv2d_transpose_1[0][0]
                                                                 conv2d_4[0][0]
__________________________________________________________________________________________________
conv2d_7 (Conv2D)               (None, 64, 64, 128)  295040      concatenate_1[0][0]
__________________________________________________________________________________________________
conv2d_transpose_2 (Conv2DTrans (None, 128, 128, 64) 32832       conv2d_7[0][0]
__________________________________________________________________________________________________
concatenate_2 (Concatenate)     (None, 128, 128, 128 0           conv2d_transpose_2[0][0]
                                                                 conv2d_2[0][0]
__________________________________________________________________________________________________
conv2d_8 (Conv2D)               (None, 128, 128, 64) 73792       concatenate_2[0][0]
__________________________________________________________________________________________________
conv2d_9 (Conv2D)               (None, 128, 128, 3)  195         conv2d_8[0][0]
==================================================================================================
Total params: 3,874,435
Trainable params: 3,874,435
Non-trainable params: 0
__________________________________________________________________________________________________
```

第7章

U-Netによる画像からの領域検出［評価～性能向上～まとめ］

画像からの領域検出をU-Netを使用して実践します。
6章では、モデルの実装から学習までを解説しました。
本章では、評価と性能向上のプロセスを解説します。

7.1 評価

評価にはさまざまな指標が存在します。領域検出に使用できる指標をいくつか比べてみましょう。

推論の実装

学習したモデルの評価を行うために、まずは推論用ソースコードの実装を行います（リスト7.1.1）。

リスト7.1.1　U-Netの推論の実装（predict.py）

```
import os
import cv2
import numpy as np
from keras.models import load_model

from utils import SegmentationDataGenerator, ColorMap


DATA_DIR = 'data'
TRAIN_BASE_DIR = os.path.join(DATA_DIR, 'train_org')
TRAIN_INPUTS_DIR = os.path.join(TRAIN_BASE_DIR, 'inputs')
TRAIN_TEACHERS_DIR = os.path.join(TRAIN_BASE_DIR, 'teachers')
VALID_BASE_DIR = os.path.join(DATA_DIR, 'valid')
VALID_INPUTS_DIR = os.path.join(VALID_BASE_DIR, 'inputs')
VALID_TEACHER_DIR = os.path.join(VALID_BASE_DIR, 'teachers')
RESULT_BASE_DIR = os.path.join('.', 'results')

MODEL_FILE_NAME = 'unet_200epoch_lr0.01.h5'
MODEL_FILE_PATH = os.path.join(RESULT_BASE_DIR, MODEL_FILE_NAME)

ID_PERSON = 15
ID_CAT = 8
ID_DOG = 12

TARGET_CLASS_IDS = [ID_PERSON, ID_CAT, ID_DOG]



def print_log(*log_str):
    print('<predict> Log : ', *log_str)


```

次ページへ続く

```
def prepare_dir(dir_path):
    if not os.path.exists(dir_path):
        os.makedirs(dir_path)
    return dir_path


def output_results(inputs, preds, fnames, save_dir=RESULT_BASE_DIR, color_map=None):
    for image, pred, fname in zip(inputs, preds, fnames):
        h, w = np.shape(pred)[:2]
        pred_argmax = np.argmax(pred, axis=2)
        if color_map is None:
            color_map = ColorMap(n=len(TARGET_CLASS_IDS)).get_list()
        pred_color = np.zeros((h, w, 3), dtype=np.uint8)
        for i, _ in enumerate(TARGET_CLASS_IDS):
            pred_color[pred_argmax==(i+1)] = color_map[i % len(color_map)]

        save_predict_path = prepare_dir(os.path.join(save_dir, 'predict_outputs'))
        save_overlay_path = prepare_dir(os.path.join(save_dir, 'overlay_outputs'))
        save_argmax_path = prepare_dir(os.path.join(save_dir, 'argmax_outputs'))

        org_img = (image * 255).astype(np.uint8)
        ovry = cv2.addWeighted(org_img, 1, pred_color, 0.6, 0)

        cv2.imwrite(os.path.join(save_predict_path, fname), pred_color)
        cv2.imwrite(os.path.join(save_overlay_path, fname), ovry)
        cv2.imwrite(os.path.join(save_argmax_path, fname), pred_argmax)

    print_log('predicts save to ', save_dir)


model = load_model(MODEL_FILE_PATH)
input_shape = tuple(model.input.shape[1:3])

train_generator = SegmentationDataGenerator(
    TRAIN_INPUTS_DIR,
    TRAIN_TEACHERS_DIR,
    input_shape,
    target_class_ids=TARGET_CLASS_IDS
)

valid_generator = SegmentationDataGenerator(
    VALID_INPUTS_DIR,
    VALID_TEACHER_DIR,
    input_shape,
    target_class_ids=TARGET_CLASS_IDS
)

t_inputs, t_teachers, t_fnames = train_generator.generate_data()
v_inputs, v_teachers, v_fnames = valid_generator.generate_data()
```

次ページへ続く

```
81  color_map = [(255, 0, 0), (0, 255, 0), (0, 0, 255)]
82
83  output_results(t_inputs, model.predict(t_inputs), t_fnames,
84                 save_dir=os.path.join(RESULT_BASE_DIR, 'train_predicts'),
85                 color_map=color_map)
86  output_results(v_inputs, model.predict(v_inputs), v_fnames,
87                 save_dir=os.path.join(RESULT_BASE_DIR, 'valid_predicts'),
88                 color_map=color_map)
89
90  output_results(t_inputs, t_teachers, t_fnames,
91                 save_dir=os.path.join(RESULT_BASE_DIR, 'train_teachers'),
92                 color_map=color_map)
93  output_results(v_inputs, v_teachers, v_fnames,
94                 save_dir=os.path.join(RESULT_BASE_DIR, 'valid_teachers'),
95                 color_map=color_map)
```

定数を宣言します(9～25行目)[注7.1]。推論に使用するモデルのパスを定義します(16、18、19行目)[注7.2]。

print_logはログ出力用の関数（28～29行目）、prepare_dirは指定ディレクトリを作成する関数（32～35行目）です。結果の出力時、指定したディレクトリが存在しない場合は作成します。

output_results関数の処理

output_resultsは推論の後処理です（38～58行目）。汎用性を高くするために、入力データと推論結果の配列をinputsとpredsとして受け取ります。こうすることで、推論したデータだけでなく、推論結果と同じ教師データでも後処理ができます。fnamesとsave_dirは、処理結果の保存用引数です。引数のinputs、preds、fnamesの中のデータの並びが同じであるとし、inputsとpredsとfnamesをzipでまとめて1セットずつ処理を行います。

セットごとにまずは、One-Hotベクトルであるモデルの出力結果をクラスIDに変換します（41行目）。この処理には、画像データにおけるチャンネル軸（2）をaxisに渡してNumpyのargmaxを呼び出します。次に、color_mapで指定されたカラーマップをもとにクラスIDをカラー画像に変換します（42～44行目）。color_mapが指定されなかった場合（Noneだった場合）、デフォルトのカラーマップ（**リスト7.1.2**）を使用します[注7.3]。

注7.1　学習用ソースコードをimportすることで定数は参照できますが、使用するモデルが学習した時と定数が異なる可能性があるため、本書では推論用ソースコードでも定数を定義します。

注7.2　実行時引数としてモデル名を受け取ると、どのモデルを使って推論したかわからなくなり、ミスが起きやすくなります。

注7.3　デフォルトのカラーマップの実装color_map.pyは、utilsディレクトリに含まれています。

リスト7.1.2 デフォルトのColorMapクラス(utils/color_map.py)

```
import colorsys

class ColorMap():
    def __init__(self, n=5):
        self.__color_map = self.__create(n)


    def __create(self, n):
        rgb_colors = []
        for i in range(n):
            hsv = i/n, 0.8, 1.0
            rgb = colorsys.hsv_to_rgb(*hsv)
            rgb = tuple((int(val * 255) for val in rgb))
            rgb_colors.append(rgb)
        return rgb_colors


    def get(self, k):
        k_ = k % len(self.__color_map)
        return self.__color_map[k_]


    def get_list(self):
        return self.__color_map
```


utils/__init__.pyに、リスト7.1.3の1文を追加します。

リスト7.1.3 utils/__init__.pyへのColorMapのインポート文追加

```
from .color_map import ColorMap
```

推論用ソースコード(リスト7.1.1)の解説に戻りましょう。可視化した画像の保存パスを作成します(48〜50行目)。この関数で作成される画像は3種類あります。

1つ目は、クラスごとに色を付けたカラーマスク画像です(42〜44行目)。

2つ目は、入力に1つ目のカラーマスクを重ねた画像です。正規化された入力画像を0-255に戻して(52行目)重ねています(53行目)。カラーマスク画像を半透明にして入力画像に重ねることで、入力画像のどこをどのクラスと判定したのかがわかりやすくなります。

3つ目はクラスIDのインデックスマップです。これは、モデルの生の出力に似ていて、実験で活用するために出力します(55〜57行目)。以上が、output_results関数の処理となります。

推論と出力処理

推論と可視化を行います（62行目以降）。まずモデルを読み込みます（62行目）。ここでは、重みとネットワーク構造を保存したモデルファイルを想定しています。

推論するデータを準備します（65～80行目）。ここでは、学習用データと検証用データを使用します[注7.4]。本来は評価用データを使用するべきですが、Pascal VOCの評価用データ（test）にはセマンティックセグメンテーション用のデータがないため、検証用データで評価を行います。データの源泉[注7.5]が学習用データと異なるため評価に使用できます。

学習用データと検証用データの読み込みは、実装したデータジェネレータを使用します。学習用ソースコードでは、順次データを読み込むgenerator関数を使いましたが、ここではまとめて読み込むgenerate_data関数を使用します。今回は読み込んだデータを保存するため、ファイル名を返すようにutils/segmentaion_data_generator.pyのgenerate_data関数を**リスト7.1.4**のように変更します。

このgenerate_data関数を呼び出し、入力データと教師データ、ファイル名の配列を取得します。カラーマップは、3クラスなのでレッド・グリーン・ブルーにします（81行目）。

推論した結果をoutput_results関数で可視化して保存します（83～88行目）。output_results関数の第1引数には、generate_data関数で取得した入力データを渡し、第2引数には、推論結果を渡します。

推論は、KerasのModelクラスの推論関数predictを使用します。save_dir引数には、resultsディレクトリ内のtrain_predictsディレクトリとvalid_predictsディレクトリを渡し、color_map引数には、作成したカラーマップcolor_map（81行目）を渡します。そして、教師データの可視化を行います（90～95行目）。第1引数は推論結果の可視化と同じですが、第2引数にgenerate_data関数で取得した教師データを渡します。save_dir引数には、保存先ディレクトリとして学習用データにtrain_teachersディレクトリ、検証用データにvalid_teachersディレクトリを指定します。

これで、推論predict.pyの実装が完了しました。この推論では、**図7.1.1**のようなディレクトリ構造を前提とします。

注7.4　学習したデータに対してどこまで反応でき、検証用データではどこが反応できないかを確認するために、学習用データでも推論を行います。学習がうまく進んでいるか確認するために、評価用データだけでなく学習用データの推論結果も確認しましょう。

注7.5　データの源泉とはデータの生成元を示します。たとえば動画から画像を抜き出した場合、元の動画を抜き出した画像の源泉と呼びます。同じ動画内から学習用データと検証用データを作成した場合、評価に影響が出てしまい検証用データを評価に使えません。Pascal VOCはインターネット上で集められた関連のない画像であるため、評価に使用できます。

リスト7.1.4 generate_data関数の変更(utils/segmentaion_data_generator.pyから抜粋)

```
def generate_data(self):
    if self.__num_classes is None:
        self.__print_err('Number of target classes is unknown')
        return None, None

    input_list = []
    teacher_list = []
    fname_list = []
    random.shuffle(self.__data_names)

    pbar = tqdm(total=len(self.__data_names), desc="Generate", unit=" data")
    for name in self.__data_names:
        input_img, teacher_img = self.__load_data(name)
        if input_img is None or teacher_img is None:
            continue

        input_list.append(input_img)
        teacher_list.append(teacher_img)
        fname_list.append(os.path.basename(name))
        pbar.update(1)
    pbar.close()

    inputs = np.array(input_list)
    teachers = np.array(teacher_list)

    return inputs, teachers, fname_list
```

図7.1.1　推論に関わるディレクトリとファイルの構成

```
/
├─ predict.py
├─ utils/
│   ├─ __init__.py
│   ├─ color_map.py
│   └─ segmentaion_data_generator.py
└─ results_001/
    ├─ unet_200epoch_lr0.01.h5    MODEL_FILE_NAMEで指定したモデル名のモデル
    ├─ train_predicts/    ここ以下が作成される
    │   ├─ predict_outputs/
    │   │   ├─ xxx.py
    │   │   ⋮
    │   ├─ overlay_outputs/
    │   │   ├─ xxx.py
    │   │   ⋮
    │   └─ argmax_outputs/
    │       ├─ xxx.py
    │       ⋮
    ├─ valid_predicts/    ここ以下が作成される
    │   ├─ predict_outputs/
    │   │   ├─ xxx.py
    │   │   ⋮
    │   ├─ overlay_outputs/
    │   │   ├─ xxx.py
    │   │   ⋮
    │   └─ argmax_outputs/
    │       ├─ xxx.py
    │       ⋮
    ├─ train_teachers/    ここ以下が作成される
    │   ├─ predict_outputs/
    │   │   ├─ xxx.py
    │   │   ⋮
    │   ├─ overlay_outputs/
    │   │   ├─ xxx.py
    │   │   ⋮
    │   └─ argmax_outputs/
    │       ├─ xxx.py
    │       ⋮
    └─ valid_teachers/    ここ以下が作成される
        ├─ predict_outputs/
        │   ├─ xxx.py
        │   ⋮
        ├─ overlay_outputs/
        │   ├─ xxx.py
        │   ⋮
        └─ argmax_outputs/
            ├─ xxx.py
            ⋮
eval.ipynb    この章で作成・使用していくJupyter Notebook
```

実装が完了したため実行します。結果が出力されたら、Jupyter Notebookを使って出力を見ましょう。

IoU

まずは、よくある指標であるIoUを算出します。Jupyter Notebookで**リスト7.1.5**のコードを実行します。

リスト7.1.5 IoUの計算処理(サンプル内のlist7-1-5.pyを参照)

```
RESULT_NAME_1 = 'results_001'

RESULT_TYPE_MASK = 'predict_outputs'
RESULT_TYPE_ARGMAX = 'argmax_outputs'
RESULT_TYPE_OVERLAY = 'overlay_outputs'

DATATYPE_TRAIN = 'train'
DATATYPE_VALID = 'valid'

def DATATYPE_PREDICTS(data_type):
    return data_type + '_predicts'

def DATATYPE_TEACHERS(data_type):
    return data_type + '_teachers'

IDX_CLASS_PERSON = 0
IDX_CLASS_CAT = 1
IDX_CLASS_DOG = 2
IDXES = [IDX_CLASS_PERSON, IDX_CLASS_CAT, IDX_CLASS_DOG]

def RESULTS_DIR(result_name, data_type, result_type):
    return os.path.join(result_name, data_type, result_type)


def eval_iou(result_name, data_type):
    pred_mask_dir = RESULTS_DIR(result_name, DATATYPE_PREDICTS(data_type), RESULT_TYPE_MASK)
    teacher_mask_dir = RESULTS_DIR(result_name, DATATYPE_TEACHERS(data_type), RESULT_TYPE_MASK)
    if not os.path.exists(teacher_mask_dir):
        print('teachers dir is not found. : ', teacher_mask_dir)
        return False

    print('target pred dir : ', pred_mask_dir)

    pred_mask_files = glob.glob(os.path.join(pred_mask_dir, '*.png'))
    pred_mask_files.sort()

```

次ページへ続く

```
    all_ious = {}
    for target_idx in IDXES:
        all_ious[target_idx] = []

    if len(pred_mask_files) < 1:
        print('pred_mask_files is []')

    for p_mask_file in pred_mask_files:
        fname = os.path.basename(p_mask_file)
        t_mask_file = os.path.join(teacher_mask_dir, fname)
        if not os.path.exists(t_mask_file):
            print('teacher mask is not found.')
            continue

        p_masks = cv2.imread(p_mask_file)
        t_masks = cv2.imread(t_mask_file)

        iou_print = ':'
        for target_idx in IDXES:
            p_mask = p_masks[:, :, target_idx]
            t_mask = t_masks[:, :, target_idx]
            iou = calculate_iou(p_mask, t_mask)
            iou_print += '%.3f, ' % iou
            if np.isnan(iou):
                continue
            all_ious[target_idx].append(iou)

        print(fname, iou_print)

    mean_iou_print = 'mean:'
    for target_idx in IDXES:
        mean_iou = np.average(np.array(all_ious[target_idx]))
        mean_iou_print += '%.3f, ' % mean_iou
    print('')
    print(mean_iou_print)


def calculate_iou(p_mask, t_mask):
    p_mask = to_binary(p_mask)
    t_mask = to_binary(t_mask)

    if np.sum(t_mask) == 0:
        return np.nan

    overlap = np.sum(p_mask * t_mask)
    union = np.sum(to_binary(p_mask + t_mask))

    return overlap / union

```

次ページへ続く

```
86
87 def to_binary(mask, val=1):
88     mask[mask > 0] = val
89     return mask
```

ソースコード解説

データが入ったディレクトリや対象とするクラス、インデックス等、必要な定数を定義します（1～22行目）。定数として使う関数で、引数で受け取ったデータの種類に対応した推論結果や教師データのディレクトリ名を返します（10～14行目、21～22行目）。

eval_iou関数

eval_iouは第1引数で結果名を、第2引数でデータの種類を受け取り評価を行います（25～71行目）。データの種類は文字列で受け取り、その文字列と後ろに_teachersが付いたディレクトリがあることを前提とします。たとえばデータの種類にtrainを受け取った場合、trainディレクトリとtrain_teachersディレクトリがある前提となります。

まず、指定されたデータ種類の推論結果（マスク画像）が入ってるディレクトリから、globを使って画像ファイルのパス一覧を取得します。次に、クラスごとの平均IoUを最後に算出するためにIoUを辞書に保存します（37～39行目）。辞書のキーにはクラスに対応したインデックス（16～19行目）を使用します。

データに対してループで処理を行います（44～64行目）。まず、推論結果と教師データのマスク画像を読み込みます（45～52行目）。

クラスごとにIoUを計算します（55～62行目）。マスク画像を出力データから取り出して、calculate_iou関数でIoUを計算します。計算したIoUはコンソール出力用の文字列iou_printと平均IoUを求めるための辞書all_iousに追加します。ただし、存在しないクラスのIoUは計算できないため辞書に追加しません。

全クラス処理したら、一度IoUをコンソールに出力します。これを繰り返して、全データ分のIoUの処理が済んだら、クラスごとに平均IoUを計算します（67～69行目）。平均IoUもコンソールに出力します。

calculate_iou関数

calculate_iouは、2つのマスク画像を受け取りIoUを計算する関数です（74～84行目）。まず、受け取ったマスク画像を0、1に二値化します。教師マスク（教師データのマスク画像）がすべて0になった場合、そのクラスは存在しないため、IoUは計算せずnanを返します。

重なる部分overlapを計算します（81行目）。二値化したため、2つのマスクを乗算することで重なる部分だけが1のマスク画像が得られます。このマスク画像の合計が重なる部分の面積です。次に、いずれか一方が1となる部分union（和集合）を計算します（82行目）。ここでは2つのマスクを加算と二値化によりマスク画像を作成し、合計することで面積（union）を計算します。最後にこのoverlapとunionを使ってIoUを計算します。

to_binary関数

to_binaryは、マスクの二値化関数です（87～89行目）。0以外の数字をvalで指定された値にし、0とvalへの二値化を行います[注7.6]。

コードの実行と可視化

これを図7.1.2のように実行します。まずは、学習用データのみ見てみましょう（結果は図7.1.3）。

図7.1.2　学習データでのIoU計算実行

```
eval_iou(RESULT_NAME_1, DATATYPE_TRAIN)
```

図7.1.3　IoU評価の実行結果（trainのみ）

```
eval_iou(RESULT_NAME_01, DATATYPE_TRAIN)

    target pred dir : results_001/train_predicts/predict_outputs
    2007_000063.png :nan, nan, 0.000,
    2007_000129.png :0.170, nan, nan,
    2007_000170.png :0.237, nan, nan,
    2007_000323.png :0.005, nan, nan,
    2007_000346.png :0.343, nan, nan,
                    ...
    2011_003216.png :nan, 0.011, nan,
    2011_003238.png :0.000, nan, nan,
    2011_003255.png :0.005, nan, nan,
    2011_003256.png :nan, nan, 0.004,

    mean:0.065, 0.084, 0.030,
```

これらの結果をグラフにしてみましょう。この出力結果をテキストエディタに貼り付け、コロンとカンマをタブ文字に、nanを空文字に変換します（図7.1.4）。Excelに貼り付けると図7.1.5のようになるはずです。

注7.6　引数valにより汎用的に利用できる二値化関数としました。

図7.1.4 グラフにするために実行結果を変換(例)

●結果文字列(変換前)
```
2007_000063.png :nan, nan, 0.000,
```
↓

●結果文字列(変換後)
```
2007_000063.png\t\t\t0.000\t
```

図7.1.5 IoU評価をExcelシートに変換

	A	B	C	D	E
1					
2	2007_000063.png			0	
3	2007_000129.png	0.17			
4	2007_000170.png	0.237			
5	2007_000323.png	0.005			
6	2007_000346.png	0.343			
7	2007_000364.png	0.169			
8	2007_000515.png	0			
9	2007_000528.png		0.044		
10	2007_000549.png		0.002		
11	2007_000629.png	0			

列を選択して[挿入]タブ-[ヒストグラム]を選択するとクラス毎のIoUの分布ヒストグラムが描画されます。これを、Person(B列)、Cat(C列)、Dog(D列)それぞれ作成したのが図7.1.6です。

図7.1.6 IoU評価をExcelで可視化

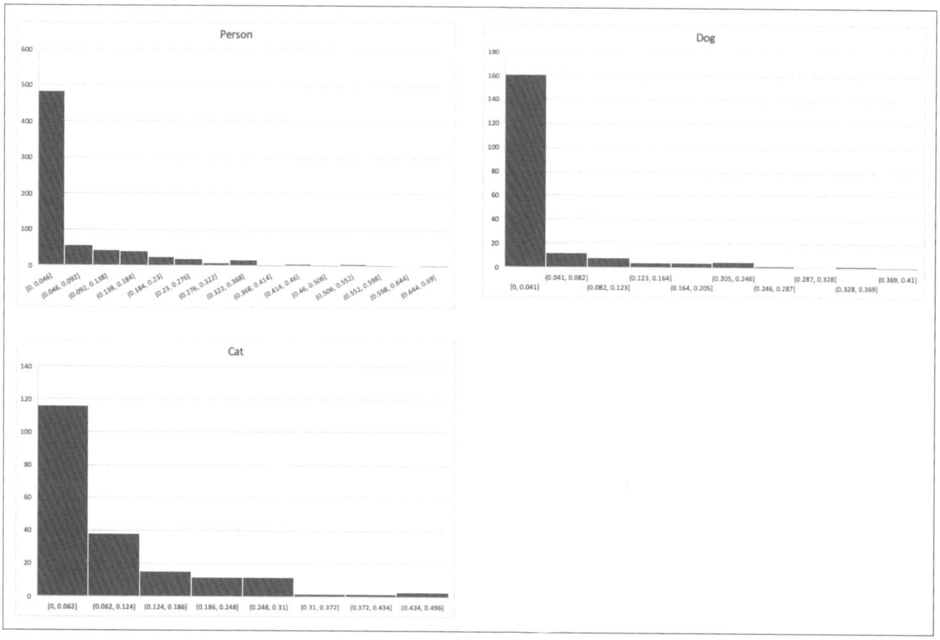

次に、横軸を合わせるように修正します。列ごとに0.1刻みで該当するデータ数を求めて棒グラフ化することで、横軸の揃ったヒストグラムを作成します（図7.1.7）。

図7.1.7　データを整形してIoU評価のヒストグラムを作成（Personクラス）

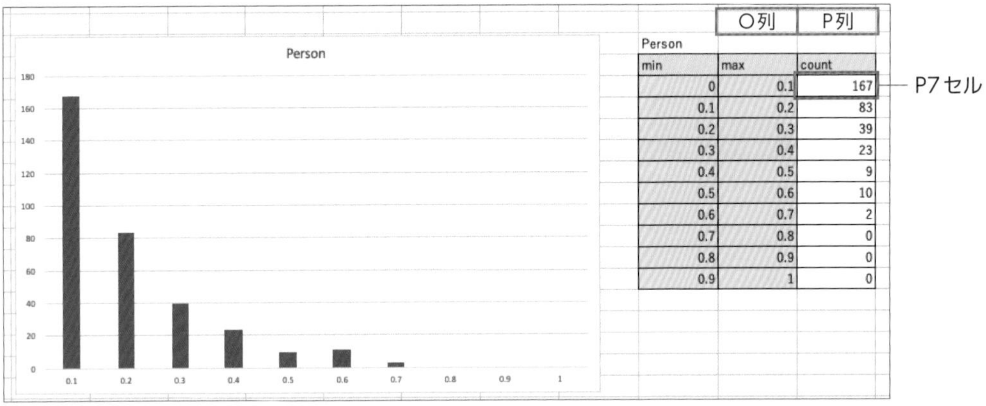

Person		
min	max	count
0	0.1	167
0.1	0.2	83
0.2	0.3	39
0.3	0.4	23
0.4	0.5	9
0.5	0.6	10
0.6	0.7	2
0.7	0.8	0
0.8	0.9	0
0.9	1	0

P7セルには`=COUNTIFS(B:B, ">"&N7,B:B,"<="&O7)`という数式を入力し、これをP16セルまでコピーします。P7〜P16セルを選択して［挿入］－［グラフ］－［棒グラフ］を実行し、［データの選択］から横軸の値を「O7〜O16」に指定します。すべてのクラスで行った結果が図7.1.8です。

図7.1.8　データを整形してIoU評価のヒストグラムを作成（全クラス）

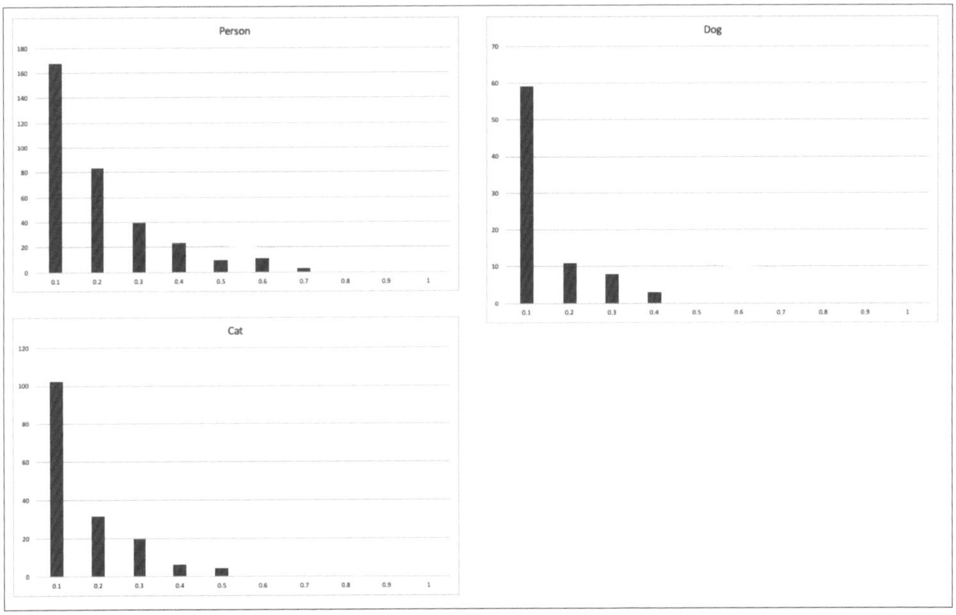

どのクラスを見ても[0,0.1]のビンが高く、山の中心は0付近です。理想は、[0.9,1]のビンが高く、0.9付近が山の中心になることです。学習に用いたデータに対する結果であることをふまえると、lossは下がったものの学習できていなかったと見て取れます。学習をし直す必要があります。

不足と過剰

IoUは、しばしば直感的ではない値となります。とくに、研究や機械学習に携わっていない顧客にとっては、直感的ではないでしょう。そこで、反応の**不足**と**過剰**を求めて評価しましょう。

不足とは、「反応すべき領域に対して反応できなかった部分」です。一方の過剰とは、「反応すべきでない領域に対して反応してしまった部分」です。

不足と過剰を求めるコード

実際に、不足と過剰を求めてみましょう。Jupyter Notebookで**リスト7.1.6**のコードを実行します。

リスト7.1.6　不足と過剰の算出処理(サンプル内のlist7-1-6.pyを参照)

```
from enum import Enum

EVAL_EXCESS_DIR = 'eval_excess'
EVAL_DEFICIENCY_DIR = 'eval_deficiency'
EVAL_EXCESS_AND_DEFICIENCY_DIR = 'eval_excess_and_deficiency'

CLASS_NAME_PERSON = 'Person'
CLASS_NAME_CAT = 'Cat'
CLASS_NAME_DOG = 'Dog'
CLASS_NAMES = [CLASS_NAME_PERSON, CLASS_NAME_CAT, CLASS_NAME_DOG]


class OutputType(Enum):
    TEXT = 0
    IMAGE = 1
    BOTH = 2


def prepare_dir(dir_path):
    if not os.path.exists(dir_path):
        os.makedirs(dir_path)
    return dir_path


def eval_excesses_and_deficiencies(result_name, data_type, output_type=OutputType.TEXT, with_save=False):
    pred_mask_dir = RESULTS_DIR(result_name, DATATYPE_PREDICTS(data_type), RESULT_TYPE_MASK)
    teacher_mask_dir = RESULTS_DIR(result_name, DATATYPE_TEACHERS(data_type), RESULT_TYPE_MASK)
```

次ページへ続く

```

    print('target pred dir : ', pred_mask_dir)

    pred_mask_files = glob.glob(os.path.join(pred_mask_dir, '*.png'))
    pred_mask_files.sort()

    all_excesses = {}
    all_deficiencies = {}
    all_deficiencies_to_teacher = {}
    count_teachers = {}

    for target_idx in IDXES:
        all_excesses[target_idx] = []
        all_deficiencies[target_idx] = []
        all_deficiencies_to_teacher[target_idx] = []
        count_teachers[target_idx] = 0


    if len(pred_mask_files) < 1:
        print('pred_mask_files is []')

    for k, p_mask_file in enumerate(pred_mask_files):
        fname = os.path.basename(p_mask_file)
        t_mask_file = os.path.join(teacher_mask_dir, fname)
        if not os.path.exists(t_mask_file):
            print('teacher mask is not found.')
            continue

        p_masks = cv2.imread(p_mask_file)
        t_masks = cv2.imread(t_mask_file)

        save_base_dir = RESULTS_DIR(result_name, model_type, data_type, '')
        eval_excess_and_deficiency(fname, p_masks, t_masks, all_excesses, all_deficiencies,
                    all_deficiencies_to_teacher, count_teachers,
                    output_type=output_type, with_save=with_save, save_base_dir=save_base_dir)

    if output_type == OutputType.TEXT or output_type == OutputType.BOTH:
        mean_excesses_print = ':'
        mean_deficiencies_print = ':'
        mean_deficiencies_to_teacher_print = ':'
        excesses_rate_print = ':'
        deficiencies_rate_print = ':'
        deficiencies_to_teacher_rate_print = ':'
        for target_idx in IDXES:
            mean_excesses = np.average(np.array(all_excesses[target_idx]))
            mean_deficiencies = np.average(np.array(all_deficiencies[target_idx]))
            mean_deficiencies_to_teacher = np.average(np.array(all_deficiencies_to_teacher[target_idx]))
            mean_excesses_print += '%.3f, ' % mean_excesses
            mean_deficiencies_print += '%.3f, ' % mean_deficiencies
```

次ページへ続く

```
            mean_deficiencies_to_teacher_print += '%.3f, ' % mean_deficiencies_to_teacher
            excesses_rate_print += '%.3f, ' % (len(all_excesses[target_idx]) / len(pred_mask_files))
            deficiencies_rate_print += '%.3f, ' % (len(all_deficiencies[target_idx]) / len(pred_mask_files))
            deficiencies_to_teacher_rate = 0
            if count_teachers[target_idx] != 0:
                deficiencies_to_teacher_rate = len(all_deficiencies[target_idx]) / count_teachers[target_idx]
            deficiencies_to_teacher_rate_print += '%.3f, ' % deficiencies_to_teacher_rate
        print('')
        print('rate:', excesses_rate_print, deficiencies_rate_print)
        print('mean:', mean_excesses_print, mean_deficiencies_print, mean_deficiencies_to_teacher_print)


def eval_excess_and_deficiency(fname, p_masks, t_masks, all_excesses, all_deficiencies,
                               all_deficiencies_to_teacher, count_teachers,
                               output_type=OutputType.TEXT, with_save=False, save_base_dir=''):
    img_h, img_w = np.shape(p_masks)[:2]
    img_size = img_h * img_w

    excesses_print = ':'
    deficiencies_print = ':'
    deficiencies_to_teacher_print = ':'
    image_plotter = ImageLinePlotter(plot_area_num=len(IDXES))
    for target_idx, cname in zip(IDXES, CLASS_NAMES):
        p_mask = to_binary(p_masks[:, :, target_idx])
        t_mask = to_binary(t_masks[:, :, target_idx])
        e_mask, d_mask, o_mask = make_excess_and_deficiency(p_mask, t_mask)
        excesses = np.sum(e_mask) / img_size
        deficiencies = np.sum(d_mask) / img_size
        if np.sum(t_mask) != 0:
            count_teachers[target_idx] += 1
            deficiencies_to_teacher = np.sum(d_mask) / np.sum(t_mask)
        else:
            deficiencies_to_teacher = 0
        excesses_print += '%.3f, ' % excesses
        deficiencies_print += '%.3f, ' % deficiencies
        deficiencies_to_teacher_print += '%.3f, ' % deficiencies_to_teacher
        if excesses != 0:
            all_excesses[target_idx].append(excesses)
        if deficiencies != 0:
            all_deficiencies[target_idx].append(deficiencies)
        if deficiencies_to_teacher != 0:
            all_deficiencies_to_teacher[target_idx].append(deficiencies_to_teacher)
        dummy_mask = np.zeros(np.shape(p_mask)[:2], dtype=np.uint8)
        eval_img = np.stack([d_mask * 255, o_mask * 120, e_mask * 255], axis=2)
        eval_img = eval_img.astype(np.uint8)
        image_plotter.add_image(eval_img, title=cname)
        if with_save:
            e_img = np.stack([dummy_mask, dummy_mask, e_mask * 255], axis=2)
            d_img = np.stack([d_mask * 255, dummy_mask, dummy_mask], axis=2)
```

次ページへ続く

```
126                 save_excess_dir = prepare_dir(os.path.join(save_base_dir, EVAL_EXCESS_DIR))
127                 save_deficiency_dir = prepare_dir(os.path.join(save_base_dir, EVAL_DEFICIENCY_DIR))
128                 save_excess_and_deficiency_dir = prepare_dir(os.path.join(save_base_dir, EVAL_EXCESS_AND_
    DEFICIENCY_DIR))
129                 cv2.imwrite(os.path.join(save_excess_dir, fname), e_img)
130                 cv2.imwrite(os.path.join(save_deficiency_dir, fname), d_img)
131                 cv2.imwrite(os.path.join(save_excess_and_deficiency_dir, fname), eval_img)
132 
133         if output_type == OutputType.TEXT or output_type == OutputType.BOTH:
134             print(fname, excesses_print, deficiencies_print, deficiencies_to_teacher_print)
135         else:
136             print(fname)
137 
138         if output_type == OutputType.IMAGE or output_type == OutputType.BOTH:
139             image_plotter.show_plot()
140 
141         return all_excesses, all_deficiencies, all_deficiencies_to_teacher, count_teachers
142 
143 
144     def make_excess_and_deficiency(p_mask, t_mask):
145         e_mask = (p_mask - t_mask).astype(np.int8)
146         e_mask[e_mask < 0] = 0
147         e_mask = e_mask.astype(np.uint8)
148 
149         d_mask = (t_mask - p_mask).astype(np.int8)
150         d_mask[d_mask < 0] = 0
151         d_mask = d_mask.astype(np.uint8)
152 
153         o_mask = p_mask * t_mask
154 
155         return e_mask, d_mask, o_mask
```

追加で必要な定数を定義します（3〜16行目）。大きくに分けて3種類の定数を定義します[注7.7]。prepare_dirは出力用ディレクトリの準備を行う関数です（19〜22行目）。

- 不足と過剰を可視化した画像の保存用パスに関連する定数
- 表示用のクラス名の定数
- 表示の方法を指定するEnum定数

eval_excesses_and_deficiencies関数

eval_excesses_and_deficienciesが、今回のメインとなる関数です（25〜86行目）。

注7.7 IoUでの評価コード（リスト7.1.5）の先頭の定数が定義されていることを前提としています。実行する際は、先に、そちらのセルを実行しておきましょう。

推論結果マスク（推論結果のマスク画像）を取得し、1つずつ評価します（31行目）。また、全体の平均を求めます。今回評価する項目は、「画像全体に対する過剰領域割合」「画像全体に対する不足領域割合」「教師領域に対する不足領域割合」の3つです。

さらに、3つの評価項目ごとに0より大きいデータ数の割合も求めます。

画像全体に対する過剰領域割合は、推論結果マスクから教師マスクを引いた過剰領域の面積を、画像のサイズで割った値です。IoUでは分からない過剰な反応を確認できます。画像内に存在しないクラスに反応する場合があるため、教師領域に対する割合は出せません。そのため、画像全体に対する割合で出します。

画像全体に対する不足領域割合は、教師マスクから推論結果マスクを引いた不足領域の面積を、画像のサイズで割った値です。また、教師領域に対する不足領域割合は、不足領域を教師マスクの領域で割った値です。不足は、教師マスクが必要なため、教師マスクに対する割合を求められます。しかし、もとにする量が同じでないと過剰と不足の割合を比較できないため、画像のサイズをもとにした割合も求めます。

これら3つの評価項目の平均値を求める際、全データの平均値は非常に小さくなるため、評価項目の値が0より大きいデータで平均を求めます。また、評価項目の値が0より大きいデータの割合も重要なため求めます。評価項目の平均を計算するため、変数を用意します（34～37行目）。評価項目をクラスごとに計算するため、辞書を用意します（39～43行目）。

eval_excesses_and_deficienciesは、推論結果マスクと教師マスクを読み込み、eval_excess_and_deficiencyを呼び出します（49～62行目）。全データの評価項目を求めたら、最後に平均値とデータ数の割合を求めます（64～86行目）。引数のoutput_typeに、OutputType.TEXTまたはOutputType.BOTHが指定されたときのみ、コンソールに出力します。

eval_excess_and_deficiency関数

eval_excess_and_deficiencyが、1データ毎の評価値計算を行う関数です（89～141行目）。この関数で、1データ分の評価値や評価の可視化画像の表示や保存を行います。引数のall_excesses、all_deficiencies、all_deficiencies_to_teacher、count_teachersの4つは、全体の評価のためにデータを追加するための配列辞書です。すでに定義した変数を渡します（34～37行目）[注7.8]。

クラスごとの計算を実装します（99～131行目）。推論結果マスクと教師マスクをクラスごとに抜き出します（100～101行目）。同時に、二値化するためにIoUの評価で定義したto_binary関数を呼び出します。そして、この2つのマスクをmake_excess_and_deficiencyに渡し、不足部分マスクと過剰部分マスクとオーバーラップ部分マスクを生成します[注7.9]。

注7.8　この評価でしか使用しないため利便性を重視しています。
注7.9　オーバーラップ部分マスクは、この後に生成する不足と過剰の可視化時に必要なため、ここで生成します。

画像全体に対する過剰領域割合（excesses）、画像全体に対する不足領域割合（deficiencies）、教師領域に対する不足領域割合（deficiencies_to_teacher）を計算します。この時、教師マスクに領域がない場合、deficiencies_to_teacherは0とします（103～109行目）。

引数で受け取った配列辞書にデータを追加します（113～118行目）。評価項目ごとに、値が0より大きい場合に追加します。不足と過剰の可視化を行います（119～122行目）。不足・過剰・オーバーラップの3種のため、ここではそれぞれをBGRに割り振り可視化します。不足を青（B）、オーバーラップ部分を緑（G）、過剰を赤（R）となるようチャンネル軸でマスク画像を結合します（122行目）。

引数with_saveが指定がされた場合に、過剰部分マスク、不足分マスク、結合した3色のマスクの3つを保存します（123～131行目）。推論結果マスクが入ったディレクトリと同じ階層に定義したディレクトリ（3～5行目）を作成し保存します。今回の構成では図7.1.9の通りです。

最後に引数output_typeに合わせた出力を行います（133～139行目）。OutputType.TEXTまたはOutputType.BOTHを受け取った場合は、3つの評価項目をコンソールに出力します。また、OutputType.IMAGEまたはOutputType.BOTHを受け取った場合は、クラスごとの過不足マスクを1列に出力します。以上が、eval_excess_and_deficiencyの実装です。

図7.1.9　評価に関わるディレクトリとファイルの構成

```
/
└ results/
   ├ train_predicts/    評価結果マスクディレクトリ
   │  ├ predict_outputs/
   │  │  ├ xxx.py
   │  │  ⋮
   │  ├ eval_excess/    過剰部分マスクディレクトリ
   │  │  ├ xxx.py
   │  │  ⋮
   │  ├ eval_deficiency/    不足部分マスクディレクトリ
   │  │  ├ xxx.py
   │  │  ⋮
   │  └ eval_excess_and_deficiency/    過不足マスクディレクトリ
   │     ├ xxx.py
   │     ⋮
   └ train_teachers/    教師マスクディレクトリ
      └ predict_outputs/
         ├ xxx.py
         ⋮
```

make_excess_and_deficiency関数

make_excess_and_deficiencyは、不足部分マスク（149〜151行目）と過剰部分マスク（145〜147行目）、オーバーラップ部分マスク（153行目）を作成する関数です（144〜155行目）。どちらも計算でマイナス値が発生するため、一度型をuint8からint8にすることで、マイナス値も計算できるようにします。計算後にマイナス値を0に置き換え、uint8に戻します。

評価の実行と結果の可視化

以上で、不足と過剰の評価の実装ができました。まずは、図7.1.10のように学習用データで値を見てみましょう（結果は図7.1.11）。

図7.1.10　学習データでの不足と過剰の評価実行

```
eval_excesses_and_deficiencies(RESULT_NAME_01, DATATYPE_TRAIN, output_type=OutputType.TEXT)
```

図7.1.11　実行結果（不足と過剰の評価）

```
eval_excesses_and_deficiencies(RESULT_NAME_01, DATATYPE_TRAIN, output_type=OutputType.TEXT, with_save=True)

    target pred dir : results_001/train_predicts/predict_outputs
    2007_000063.png :0.000, 0.010, 0.009,  :0.000, 0.000, 0.147,  :0.000, 0.000, 1.000,
    2007_000129.png :0.014, 0.000, 0.004,  :0.301, 0.000, 0.000,  :0.823, 0.000, 0.000,
    2007_000170.png :0.008, 0.003, 0.006,  :0.342, 0.000, 0.000,  :0.759, 0.000, 0.000,
    2007_000323.png :0.000, 0.111, 0.132,  :0.753, 0.000, 0.000,  :0.995, 0.000, 0.000,
    2007_000346.png :0.017, 0.021, 0.028,  :0.175, 0.000, 0.000,  :0.636, 0.000, 0.000,
                                        …
    2011_003216.png :0.000, 0.004, 0.000,  :0.000, 0.469, 0.000,  :0.000, 0.989, 0.000,
    2011_003238.png :0.000, 0.000, 0.000,  :0.138, 0.000, 0.000,  :1.000, 0.000, 0.000,
    2011_003255.png :0.000, 0.017, 0.003,  :0.451, 0.000, 0.000,  :0.995, 0.000, 0.000,
    2011_003256.png :0.000, 0.000, 0.000,  :0.000, 0.000, 0.121,  :0.000, 0.000, 0.996,

    rate: :0.405, 0.541, 0.413,  :0.679, 0.191, 0.190,
    mean: :0.022, 0.027, 0.013,  :0.146, 0.249, 0.189,  :0.919, 0.908, 0.969,
```

IoUと同様にExcelでグラフ化した結果が図7.1.12、図7.1.13、図7.1.14です。

図7.1.12　画像全体に対する過剰度合いの全ヒストグラム

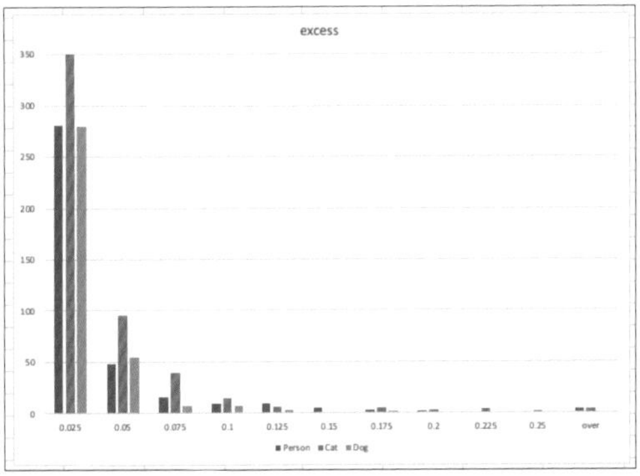

図7.1.13　画像全体に対する不足度合いの全ヒストグラム

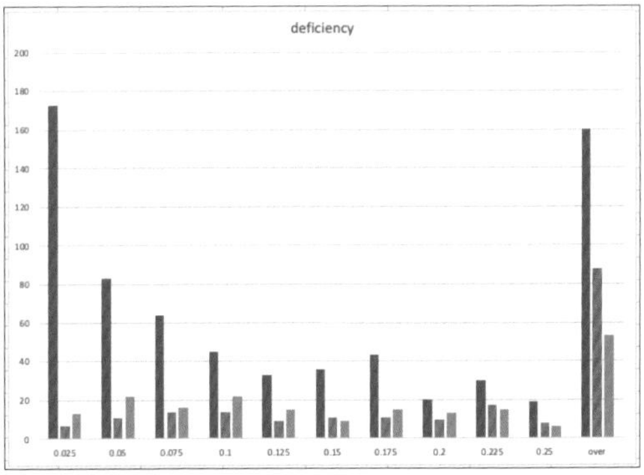

図7.1.14　教師に対する過剰度合いの全ヒストグラム

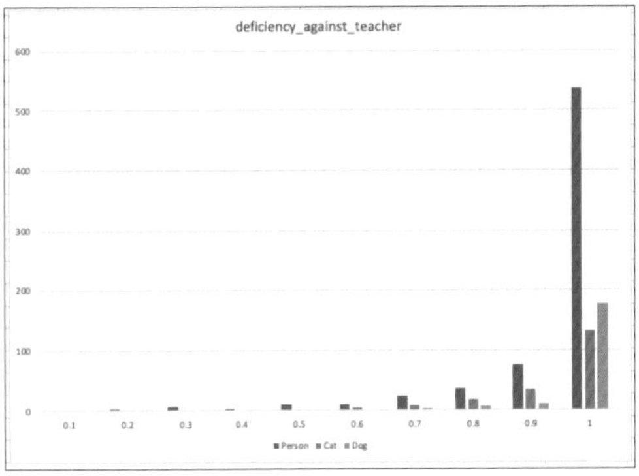

画像全体に対する過剰度合いと不足度合いは小さな値のため、0.025刻みでヒストグラムにしています。どちらも0が理想で、小さいほど良い評価となります。また、評価値が0のデータはヒストグラムに含まないため、このヒストグラムのデータ数が少ないほど良い評価となります。

過剰は、[0, 0.25]区間にほとんどのデータが存在し、山の中心もあります。しかし、0.025と0.25を画像にすると、図7.1.15のような大きな領域だと見て取れます。不足は、この0.25よりもさらに大きな不足が多数あり、正しく推論できていないことが分かります。

図7.1.15 領域サイズの例(0.025と0.25)

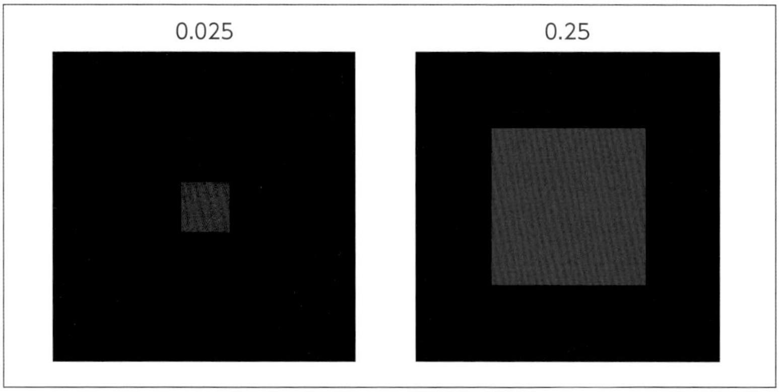

教師に対する過剰度合いの全ヒストグラムではよりはっきりと確認できます。うまく学習できた場合、このヒストグラムは0付近を中心に山ができます。しかし、1に多くのデータが存在し、1付近に山ができています。これは、正確に推論できていないことを示しています。

不足・過剰・オーバーラップの画像による評価

もう1つの評価情報で確認してみましょう。先程のeval_excesses_and_deficienciesを図7.1.16のように実行し、画像で確認します[注7.10]。すると、図7.1.17のような画像が表示されます。

図7.1.16 学習データでの不足と過剰の評価(結果保存付き)実行

```
eval_excesses_and_deficiencies(RESULT_NAME_01, DATATYPE_TRAIN, output_type=Output
Type.IMAGE, with_save=True)
```
(実際は1行)

横1列が同じデータの不足・過剰・オーバーラップを可視化した画像で、左から順に人、猫、犬について可視化した画像です。青は不足、赤は過剰、緑は教師と推論結果のオーバーラップ部分(正しく反応できた部分)です。

これを見るとオーバーラップが非常に少ないことが分かります。人は顔に限り一部反応できていますが、猫と犬はまったく反応できていません。過剰は、人の周辺に反応しています。この評価からうまく学習できていないと確認できました。

注7.10 後から再確認しやすいよう、with_save引数をTrueにしています。不要な場合はFalseに変更してください。

図7.1.17　不足・過剰・オーバーラップの画像例

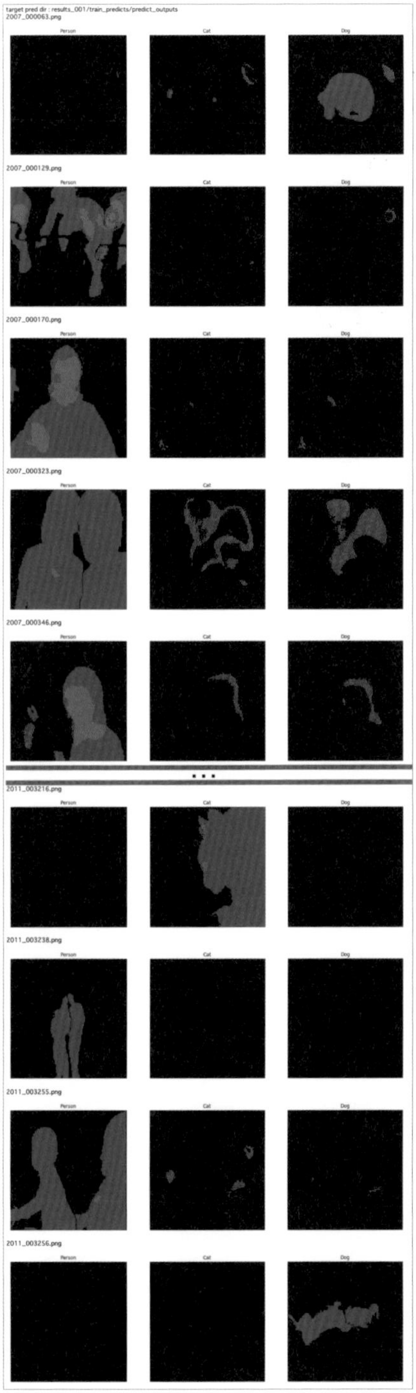

◆◆◆

評価をやめ、性能改善を図ります。性能改善・向上を行った後、この節で実装した評価方法を使って性能の違いを比べてみましょう。

7.2 性能向上

画像系の性能向上策としてよく使われるオーグメンテーションのうち、領域検出に使用できるものを実践してみましょう。また、損失関数を変更し、データの偏りに対応してみましょう。

オーグメンテーション―ランダムイレイズ／グレースケール化

学習前にオーグメンテーションを行い学習時に読み込みます。この方法の良いところは以下の通りです。

- データをロードする処理の変更が不要
- 学習部分に関わるソースの変更が不要
- オーグメンテーションされた画像を確認できる
- 良くないオーグメンテーション[注7.11]が行われていないか確認できる
- 実際に学習に使ったデータが残っているので追証しやすい

ただし、同じデータから生成されたものが学習に多く使われるため、過学習しやすくなります。また、オーグメンテーションするためストレージ容量が必要な点もデメリットです。

ランダムイレイズとグレースケール化の実装

今回はランダムイレイズとグレースケール化を行います。元データが少ないため、ランダムイレイズで形状のパターン増強を狙い、グレースケール化で色のパターン増強を狙います。実装は、**リスト7.2.1**の通りです。

注7.11 オーグメンテーション処理によって情報が消えたり、意味が変わったり、理解できなくなるものを指します。たとえば分類問題において、ランダムイレイズで対象のクラス物体が消えたり、空と地面のように位置関係が重要なデータに対してローテットを行ってしまうことを指します。

リスト7.2.1　オーグメンテーションの実装（augment.py）

```
import os
import glob
import random

import cv2
import numpy as np
from PIL import Image
from tqdm import tqdm


def augment(input_dir, teacher_dir, out_inputs_dir, out_teachers_dir,
            color_erase_num=2, gray_erase_num=2):
    files = glob.glob(os.path.join(teacher_dir, '*', '*.png'))
    files.sort()
    pbar = tqdm(total=len(files), desc="Augment", unit=" Files")
    for file in files:
        name = os.path.basename(file)
        sub_dir = os.path.basename(os.path.dirname(file))
        input_path = os.path.join(input_dir, sub_dir, name)
        if not os.path.exists(input_path):
            print('skip : ', input_path)
            pbar.update(1)
            continue
        out_input_dir = os.path.join(out_inputs_dir, sub_dir)
        out_teacher_dir = os.path.join(out_teachers_dir, sub_dir)

        input_img = cv2.imread(input_path)
        teacher_img = np.array(Image.open(file))
        for _ in range(1, color_erase_num):
            imgs, e_infos = random_erase(input_img, teacher_img)
            save_erase_imgs(name, out_input_dir, out_teacher_dir, imgs, e_infos)

        gray_input_img = convert_colorbgr2graybgr(input_img)
        gray_teacher_img = teacher_img
        for _ in range(1, gray_erase_num):
            imgs, e_infos = random_erase(gray_input_img, gray_teacher_img)
            save_erase_imgs(name, out_input_dir, out_teacher_dir, imgs, e_infos)

        pbar.update(1)
    pbar.close()


def random_erase(input_base_img, teacher_base_img,
                 erase_pos_min=10, erase_pos_max=400,
                 erase_size_min=120, erase_size_max=220):
    epos_h = random.randint(erase_pos_min, erase_pos_max)
    epos_w = random.randint(erase_pos_min, erase_pos_max)
    esize_h = random.randint(erase_size_min, erase_size_max)
```

次ページへ続く

```
    esize_w = random.randint(erase_size_min, erase_size_max)

    erase_teacher = teacher_base_img.copy()
    erase_input = input_base_img.copy()
    erase_teacher[epos_h:epos_h+esize_h, epos_w:epos_w+esize_w] = 0
    erase_input[epos_h:epos_h+esize_h, epos_w:epos_w+esize_w, :] = 0

    return (erase_input, erase_teacher), ((epos_h, epos_w), (esize_h, esize_w))


def save_erase_imgs(name, out_input_dir, out_teacher_dir, imgs, e_infos):
    erase_input, erase_teacher = imgs
    (epos_h, epos_w), _ = e_infos

    fname, ext = os.path.splitext(name)
    aug_fname = fname + '_h%03d_w%03d' % (epos_h, epos_w) + ext

    out_teacher_path = os.path.join(out_teacher_dir, aug_fname)
    if not os.path.exists(out_teacher_dir):
        os.makedirs(out_teacher_dir)

    out_input_path = os.path.join(out_input_dir, aug_fname)
    if not os.path.exists(out_input_dir):
        os.makedirs(out_input_dir)

    Image.fromarray(erase_teacher).save(out_teacher_path)
    cv2.imwrite(out_input_path, erase_input)


def convert_colorbgr2graybgr(img):
    gray_img = cv2.cvtColor(img, cv2.COLOR_BGR2GRAY)
    graybgr_img = cv2.cvtColor(gray_img, cv2.COLOR_GRAY2BGR)
    return graybgr_img


DATA_DIR = os.path.join('.', 'data')
def SRC_DIR(data_type):
    return os.path.join(DATA_DIR, 'train', data_type)
def DIST_DIR(data_type):
    return os.path.join(DATA_DIR, 'augmented_train', data_type)
INPUTS = 'inputs'
TEACHERS = 'teachers'

augment(SRC_DIR(INPUTS), SRC_DIR(TEACHERS), DIST_DIR(INPUTS), DIST_DIR(TEACHERS))
```

augument関数

augment関数がメイン処理の関数です（11～40行目）。引数として、元データの入力／教師データのディレクトリ、オーグメンテーション処理後の入力／教師データを保存するディレクトリを受け取ります。

元データとする教師データのディレクトリからpng画像の一覧を取得し、処理を行います（13行目）。tqdmは、コンソール上に擬似的なプログレスバーを表示できるモジュールです注7.12。まず、全体長をtotalに指定して初期化します（15行目）。そして、引数に更新する量を指定してupdate関数を呼び出し、プログレスバーを進めます（22、39行目）。最後にclose関数を呼び出して終了です。

教師データのパスから入力データのパスを解決します（17～19行目）。教師データのパスに結びつく入力データが存在しない場合は処理をスキップします（20～23行目）。input_dirとteacher_dirは「1階層だけ同じ名前のサブディレクトリを含む」ことが条件です。また、オーグメンテーション処理後の入力データと教師データを保存するディレクトリパスを作成します（24～25行目）。これもinput_dirやteacher_dirと同じ条件です。

カラー画像のランダムイレイズ処理を行います（27～31行目）。まず、cv2で元画像の入力データを、PILで教師データを読み込みます注7.13。その後、forループで指定回数ランダムイレイズした画像を生成します注7.14。カラー画像をランダムイレイズでオーグメンテーションする量は、color_erase_num引数で受け取り、ループの指定に使います。さらに、random_erase関数で処理した結果をsave_erase_imgs関数で保存します。

グレースケール画像のランダムイレイズを実装します（33～37行目、グレースケール化した画像もランダムイレイズでオーグメンテーションします）。グレースケール化は、convert_colorbgr2graybgr関数で行います（33行目）。入力データはグレースケール化を行いますが、教師データには行わない点に注意しましょう。教師データは、クラスIDのインデックスマップであるため、色情報の変更は不要です。ここまでが、1つのデータに対する今回の一連のオーグメンテーション処理になります。

random_erase関数

random_erase関数は、ランダムイレイズ処理関数です（43～56行目）。引数で、入力データと教師データを画像として受け取ります。erase_pos_min引数とerase_pos_max引数は位置の幅、erase_size_min引数とerase_size_max引数はサイズの幅の指定で、指定された数値内でランダムに位置とサイズを決定し消去します。画像における消去は、0で埋めることで実装します。入力デー

注7.12 多くの対象物があり処理に時間がかかる場合、どれくらい処理が終わっているかが視覚的に分かると便利です。
注7.13 教師データをインデックスマップとして読み込むためです。
注7.14 実際にランダムイレイズするのは、random_erase関数です。

タと同様に教師データも消去して返します。戻り値では、消去した際の位置とサイズも一緒に返します。

save_erase_imgs関数

save_erase_imgs関数は、ランダムイレイズした画像を保存する関数です（59〜75行目）。保存する際のファイル名、入力データの保存先、出力データの保存先を引数として受け取ります。第4引数はランダムイレイズ処理された入力データと教師データのタプルを指定し、第5引数は削除された位置とサイズを受け取ります[注7.15]。

第5引数のランダムイレイズ情報は、保存するファイル名に使用します。後でどのようなオーグメンテーションで生成したデータなのかがわかりやすく、同じデータから生成してもファイル名が被らないようにするためです。読み込み時と同じように、教師データはPILで保存します。ただし、処理はNumpyで行うため、fromarray関数でPILの画像にする必要があります。

convert_colorbgr2graybgr関数

convert_colorbgr2graybgr関数では、BGRのカラー画像からグレースケールの3チャンネル画像に変換する処理を行います（78〜81行目）。cv2のcvtColor関数でBGRからグレースケールに変換すると[height, width, ch]の3次元配列から[height, width]の2次元配列になってしまいます。これではカラー画像と同じように扱えません。配列の次元を減らさず、3チャンネルのままグレースケールにする必要があります。これに対応するため、一度グレースケールに変換してからBGRに戻します。

実行部

データのディレクトリなどの定数を定義しています（84〜90行目）。augment関数を呼び出して実行します（92行目）。なお、検証用データにオーグメンテーションをしても意味がないため、ここでは学習用データのみ実行します。今回は**図7.2.1**のようなディレクトリ構造で行います。

注7.15 これはrandom_erase関数の戻り値と同じです。

図7.2.1　オーグメンテーションに関わるディレクトリとファイルの構成

```
/
├─ augment.py
└─ data/
    ├─ train/
    │   ├─ inputs/
    │   │   ├─ cat_/
    │   │   │   ├─ xxx.py
    │   │   │   ⋮
    │   │   └─ cat_dog_/
    │   │       ├─ xxx.py
    │   │       ⋮
    │   │       ⋮
    │   └─ teachers/
    │       ├─ cat_/
    │       │   ├─ xxx.py
    │       │   ⋮
    │       └─ cat_dog_/
    │           ├─ xxx.py
    │           ⋮
    │           ⋮
    └─ augmented_train/      ここ以下が作成される
        ├─ inputs/
        │   ├─ cat_/
        │   │   ├─ xxx.py
        │   │   ⋮
        │   └─ cat_dog_/
        │       ├─ xxx.py
        │       ⋮
        │       ⋮
        └─ teachers/
            ├─ cat_/
            │   ├─ xxx.py
            │   ⋮
            └─ cat_dog_/
                ├─ xxx.py
                ⋮
                ⋮
```

オーグメンテーション実行とデータ確認

図7.2.1のディレクトリ構造で`python augment.py`を実行します。図7.2.2のようにtqdmのプログレスバーが表示され、動作すれば実装完了です。処理が終わるのを待ちましょう。

図7.2.2　オーグメンテーション処理の進行

```
Augment:   7%|        | 75/1049 [00:09<01:47,  9.08 Files/s]
```

```
Augment: 100%|        | 1049/1049 [01:57<00:00, 11.10 Files/s]
```

処理が完了したら、オーグメンテーションされたデータを確認しましょう。

❶入力データと教師データの処理が正しいかどうか
❷全データが問題なくオーグメンテーションされているかどうか

❷では、イレイズによってすべての対象クラスが画像から消えてしまっていないか、全体を通して特定のクラスが多く消えていないかに注意します。前者は、すべての対象が消えてしまったデータ数が少ない場合、その画像を削除して対応します。後者の場合は、再度オーグメンテーションを実行するか、ランダムイレイズの設定を変更して実行します。

学習と評価

学習と評価を行いましょう。学習用ソースコードで指定している学習用データのパスを、オーグメンテーションして作成したaugmented_trainに指定して学習を実行します。

評価では、オーグメンテーション後のデータはデータ数が多く同じデータから生成されたファイルがあるため、オーグメンテーション前の学習用データを評価に使います。また、Epoch数は学習時のlossが収束するよう適宜変えて実行してください。図7.2.3は、筆者環境での学習時の情報です。学習用データに対するlossは下がって収束しましたが、検証用データのlossは一度下がった後再度上昇しています。この状態で評価をしてみます。

図7.2.3　筆者の学習状態［オーグメンテーション実行後］

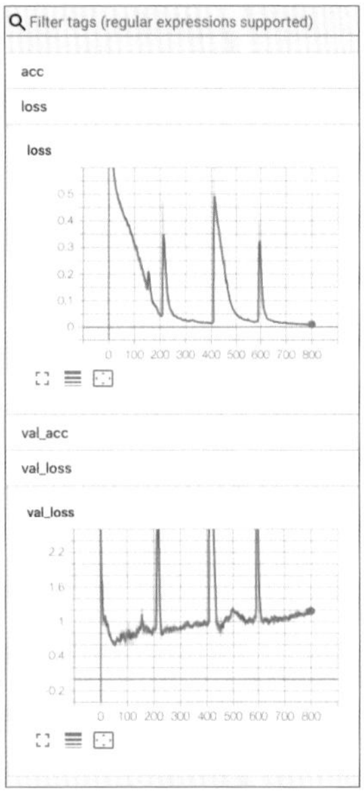

まずは、学習用データでのIoUのヒストグラムです（図7.2.4）。これを見ると改善しておらず、犬クラスはIoUが0以外なく、初期状態より悪くなっています。人クラスは、若干0.4～0.8のデータが増えたもののほぼ変わりがなく、オーグメンテーションはこの問題を解決する対策になりませんでした。検証用データのIoUヒストグラムは掲載しませんが、似たような形でした。

図7.2.4　学習用データのIoUヒストグラム（オーグメーテーション実行後）

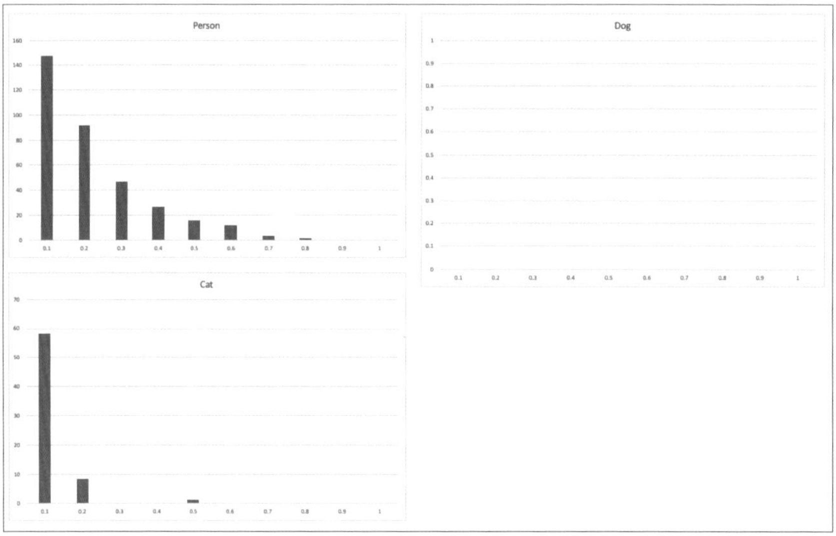

次は、過剰と不足のヒストグラムも見てみましょう（図7.2.5）。学習用、評価用ともに、猫クラスと犬クラスの過剰（excess）が大幅に減っていること以外は、初期状態での過剰と不足のヒストグラムと似たような形になりました。このグラフから、余分な反応が減ったというよりは、全体的に反応が減ったと予測できます。

図7.2.5　過剰と不足のヒストグラム（オーグメンテーション後、左：学習用、右：検証用）

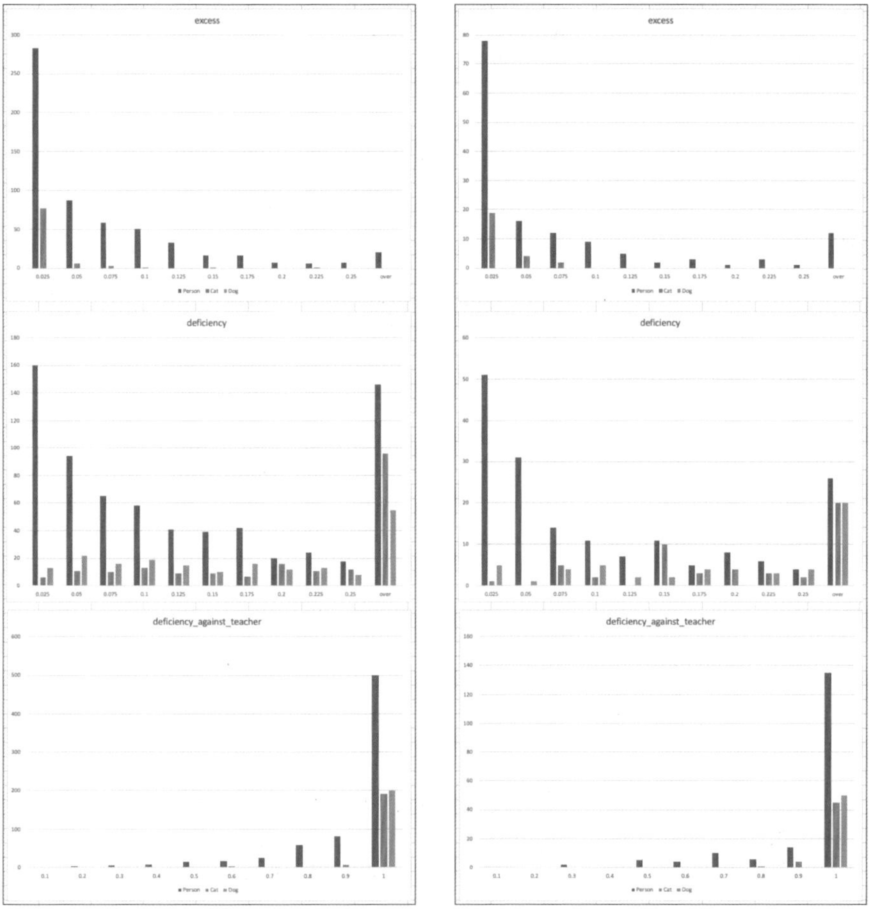

一部、過剰と不足を可視化してみましょう（図7.2.6）。過剰反応（赤）がかなり減っているように見えます。しかし、不足反応（青）はあまり変わらず、多くの範囲を占めています。人クラスは多少緑の領域が増えたように見えますが、反応できるようになったというよりも、過剰反応部分が重なったように見えます。改善したとは言えません。

図7.2.6　過不足の可視化（オーグメンテーション後、左：学習用、右：検証用）

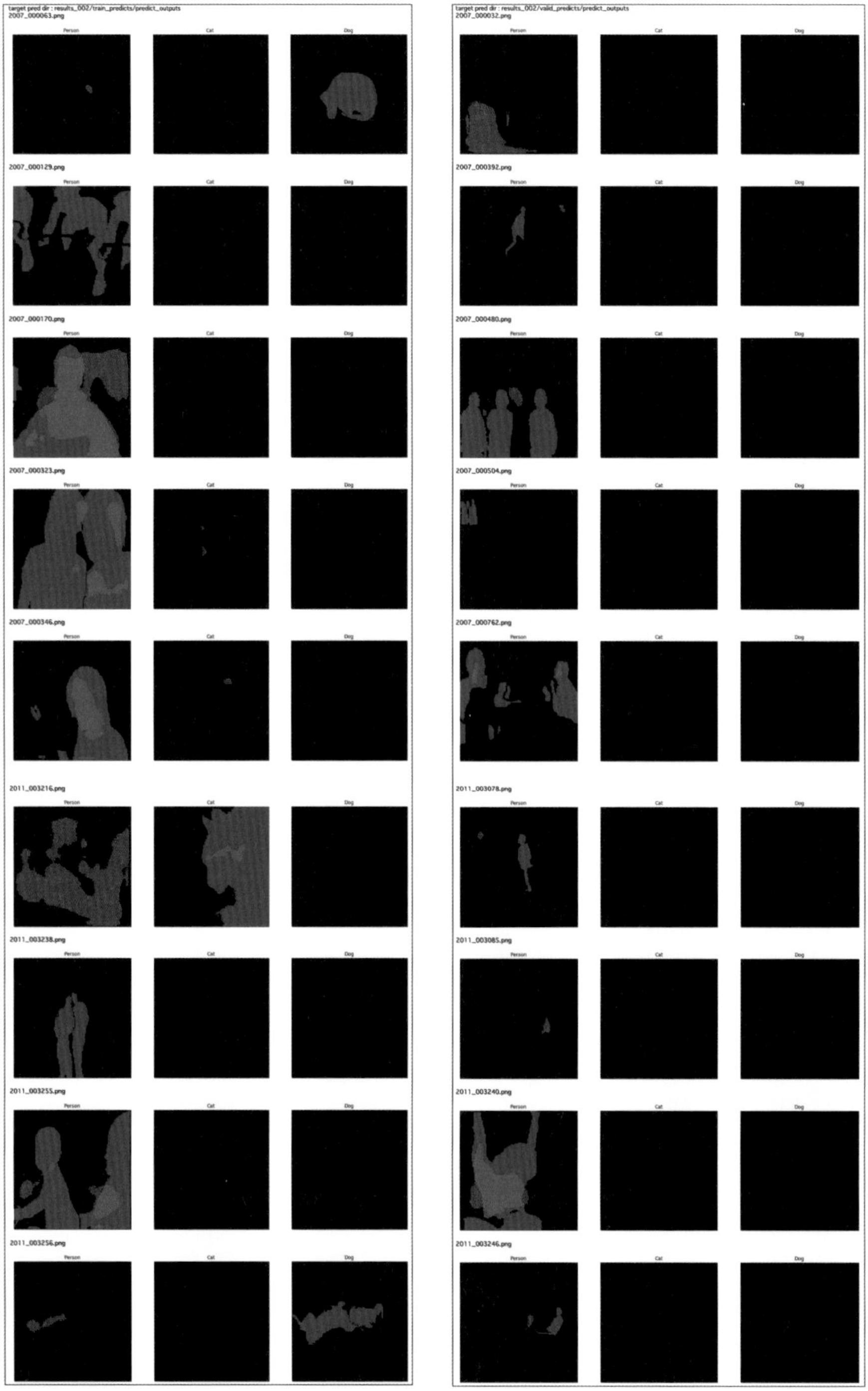

Loss関数の変更—Dice係数loss

データを工夫するオーグメンテーションの効果がなかったため、次は学習を工夫します。具体的にはLoss関数の変更を行います。もともとチャンネル軸でのクロスエントロピーでしたが、Dice係数を用いたLoss（以降、Dice係数loss）に変更します。Dice係数とは、2つの集合の類似度を示す係数です（図7.2.7）。2つの集合の類似度が高いほどDice係数は大きくなります。

図7.2.7　Dice係数

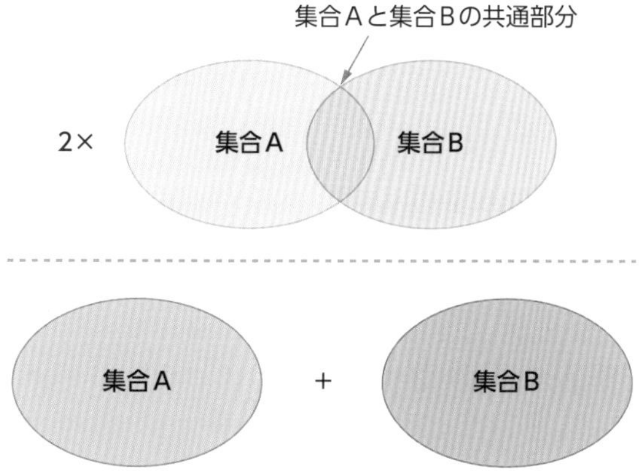

推論結果の領域と教師データの領域の2つの集合に対して、集合の類似度であるDice係数を計算しLossとするのがDice係数lossです。それでは実装してみましょう（リスト7.2.2）。

リスト7.2.2　Dice係数lossを使用したUNetの実装（models/unet_with_diceloss.py）

```
import tensorflow as tf
import keras.backend as KB
from keras.utils import multi_gpu_model
from keras.models import Model
from keras.layers import Input, Conv2D, MaxPooling2D, UpSampling2D, Concatenate
from keras.layers import BatchNormalization, Activation
from keras.optimizers import Adam


def UNet(class_num, gpu_num=1):
    input_layer = Input(shape=(128, 128, 3))

    conv11 = Conv2D(64, (3, 3), padding='same')(input_layer)
    bn11 = BatchNormalization()(conv11)
    act11 = Activation(activation='relu')(bn11)
    conv12 = Conv2D(64, (3, 3), padding='same')(act11)
```

次ページへ続く

```
    bn12 = BatchNormalization()(conv12)
    act12 = Activation(activation='relu')(bn12)
    pool1 = MaxPooling2D()(act12)

    conv21 = Conv2D(128, (3, 3), padding='same')(pool1)
    bn21 = BatchNormalization()(conv21)
    act21 = Activation(activation='relu')(bn21)
    conv22 = Conv2D(128, (3, 3), padding='same')(act21)
    bn22 = BatchNormalization()(conv22)
    act22 = Activation(activation='relu')(bn22)
    pool2 = MaxPooling2D()(act22)

    conv31 = Conv2D(512, (3, 3), padding='same')(pool2)
    bn31 = BatchNormalization()(conv31)
    act31 = Activation(activation='relu')(bn31)
    conv32 = Conv2D(512, (3, 3), padding='same')(act31)
    bn32 = BatchNormalization()(conv32)
    act32 = Activation(activation='relu')(bn32)

    up1 = UpSampling2D()(act32)
    concat1 = Concatenate()([up1, act22])
    conv41 = Conv2D(128, (3, 3), padding='same')(concat1)
    bn41 = BatchNormalization()(conv41)
    act41 = Activation(activation='relu')(bn41)
    conv42 = Conv2D(128, (3, 3), padding='same')(act41)
    bn42 = BatchNormalization()(conv42)
    act42 = Activation(activation='relu')(bn42)

    up2 = UpSampling2D()(act42)
    concat2 = Concatenate()([up2, act12])
    conv51 = Conv2D(64, (3, 3), padding='same')(concat2)
    bn51 = BatchNormalization()(conv51)
    act51 = Activation(activation='relu')(bn51)
    conv52 = Conv2D(64, (3, 3), padding='same')(act51)
    bn52 = BatchNormalization()(conv52)
    act52 = Activation(activation='relu')(bn52)

    output_layer = Conv2D(class_num, (1, 1), activation='sigmoid', padding='same')(act52)

    model = Model(inputs=input_layer, outputs=output_layer)

    if gpu_num >= 2:
        model = multi_gpu_model(model, gpus=gpu_num)

    adam = Adam(lr=0.01)
    dice_loss = DiceLossByClass(input_layer.shape[1:3], class_num).dice_coef_loss
    model.compile(optimizer=adam, loss=dice_loss, metrics=['acc'])

    return model
```

次ページへ続く

```
66
67
68 class DiceLossByClass():
69     def __init__(self, input_shape, class_num, ratios=None):
70         self.__input_h = input_shape[0]
71         self.__input_w = input_shape[1]
72         self.__class_num = class_num
73         self.__ratios = ratios
74         if self.__ratios is None:
75             self.__ratios = [3] * len(class_num)
76
77
78     def dice_coef_loss(self, y_true, y_pred):
79         y_trues = self.__separate_by_class(y_true)
80         y_preds = self.__separate_by_class(y_pred)
81
82         losses = []
83         for y_t, y_p, ratio in zip(y_trues, y_preds, self.__ratios):
84             losses.append((1 - self.__dice_coef(y_t, y_p))*ratio)
85
86         return tf.reduce_sum(tf.stack(losses))
87
88
89     def __separate_by_class(self, y):
90         y_res = tf.reshape(y, (-1, self.__input_h, self.__input_w, self.__class_num))
91         ys = tf.unstack(y_res, axis=3)
92         return ys
93
94
95     def __dice_coef(self, y_true, y_pred):
96         y_true = KB.flatten(y_true)
97         y_pred = KB.flatten(y_pred)
98         intersection = KB.sum(y_true * y_pred)
99         denominator = KB.sum(y_true) + KB.sum(y_pred)
100        if denominator == 0:
101            return 1
102        if intersection == 0:
103            return 1 / (denominator + 1)
104        return (2.0 * intersection) / denominator
```

ソースコード解説

ネットワーク部分（10〜59行目）はmodels/unet_with_batchnorm.py（**リスト6.3.5**）と同じため省略します。変更点は、モデルのコンパイル部分（61〜63行目）と、DiceLossByClassクラス部分（68行目以降）です。

メイン部分であるDiceLossByClassクラスを見ていきます（68行目以降）。このクラスは、対象とするクラスごとにデータを分離してDice係数を計算した後、合算する関数を提供します。

コンストラクタ

コンストラクタ（69～75行目）では、データの分離に必要な情報として、入力データのサイズと対象のクラス数を受け取ります。さらにratiosとして、クラスごとに重みを付けられるようにします[注7.16]。

dice_coef_loss関数

dice_coef_loss関数がLoss関数のメインです（78～86行目）。Loss関数にはこの関数を渡します。Loss関数のため、教師データと推論結果をそれぞれ'y_true'と'y_pred'として受け取ります。

はじめに、クラスごとの情報に分離します（実際の処理は__separate_by_class関数）。その後、Dice係数を計算します（83～84行目）。実際の計算は、__dice_coef関数で行います。類似度が高くなる（正解に近づく）ほどDice係数は1に近づきます。これをlossの条件に合わせるため、Dice係数を1から引いた値をLossとします。クラスごとにLossを求めたら合計して全体のLossとして返します。

__separate_by_class関数

__separate_by_class関数は、データをクラスごとの情報に分離する関数です（89～92行目）。チャンネル軸でunstackを行いますが、Loss関数に渡されたデータはフラットな配列のため、入力サイズとクラス数からリシェイプします。

__dice_coef関数

__dice_coef関数は、Dice係数による損失を計算する関数です（95～104行目）。まずは、1クラスのデータをフラットにします。対象のデータは、チャンネル方向にクラス確率として入ってるデータなので、値は[0-1]区間です。また、教師データでは正解領域には1が入っており、それ以外には0が入っています。つまり重なり具合intersectionは、教師データと推論結果の掛け算で求められます。これをDice係数の分子に使います。

また、Dice係数の分母である集合全体は、教師データと推論結果の領域の合計です。ただし分母も分子も0になる可能性があるため、分母が0になった場合は損失を最大の1とします。推論結果がない場合、intersectionは0になります。教師データがない場合、「0÷(0＋推論結果x)＝0」となり、これを1から引いて、lossは最大の1になります。これは、推論結果がどのような状態でも成り立ってしまうため不都合です。そのため、教師データと推論結果の領域合計が0に近づくほど、全体が1に近づくように式を立てます。

注7.16 指定されていない場合、デフォルトの重みを設定します。

DiceLossByClassクラスはモデルのコンパイル時に指定して使用します(62〜63行目)。

学習と評価

実際にDice係数で学習を行ってみましょう。まず、オーグメンテーションなしの学習用データを使用して学習します。

図7.2.8は筆者環境での学習時の情報です。収束までのEpoch数が増えていますが、学習用データに対するlossは下がって収束しています。また、検証用データに対するlossも下がって収束しています。これまでの実験と同様に評価してみます。

図7.2.8　筆者の学習状態(Dice係数loss使用、誌面の都合で横に並べて掲載)

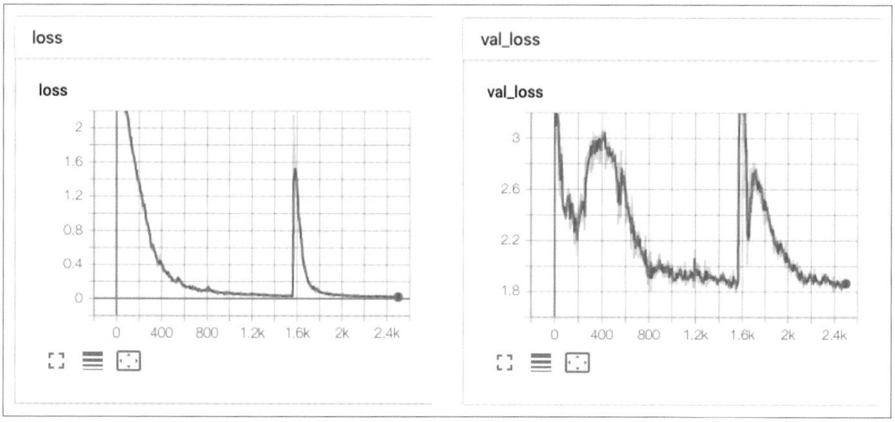

図7.2.9が学習用データ(左)と検証用データ(右)のIoUヒストグラムです。学習用データに対しては、今までの実験と大きく異なり、ほとんどのデータが0.9〜1の範囲に入っています。それ以外のデータも、0.9〜1の部分を中心に山になっています。検証用データに対しては、学習用データのようにはなっておらず、まだ0.5以下に偏っています。ただし、0.5以降のビンにまんべんなく分布しており、今までの実験結果より改善しました。

図7.2.9　IoUヒストグラム（Dice係数loss使用、左：学習用、右：検証用）

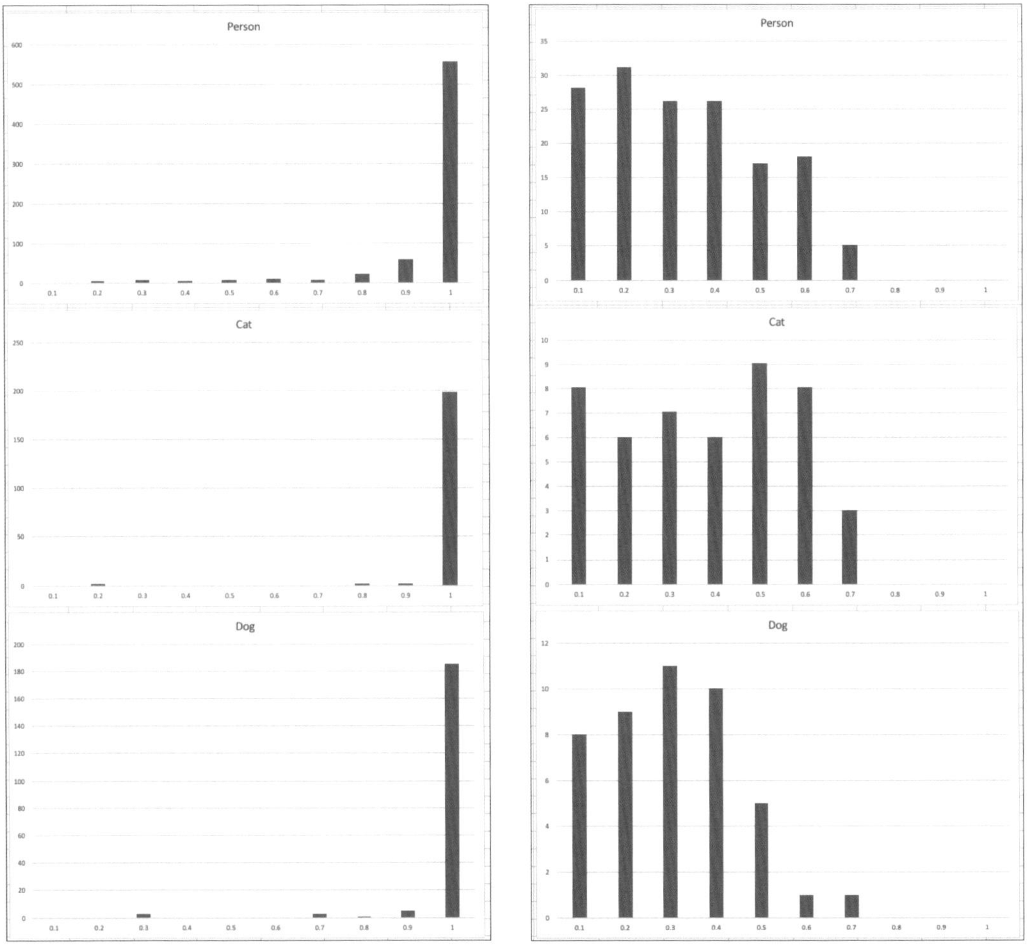

過剰と不足を見てみましょう（**図7.2.10**）。学習用データに対する過剰と不足は理想的な形です。学習はうまくいっており、学習データの記憶は確実にできていそうです。一方、検証用データに関してはうまくいっておらず、とくに不足に関してはまばらです。

図7.2.10　過剰と不足(Dice係数loss使用、左：学習用、右：検証用)

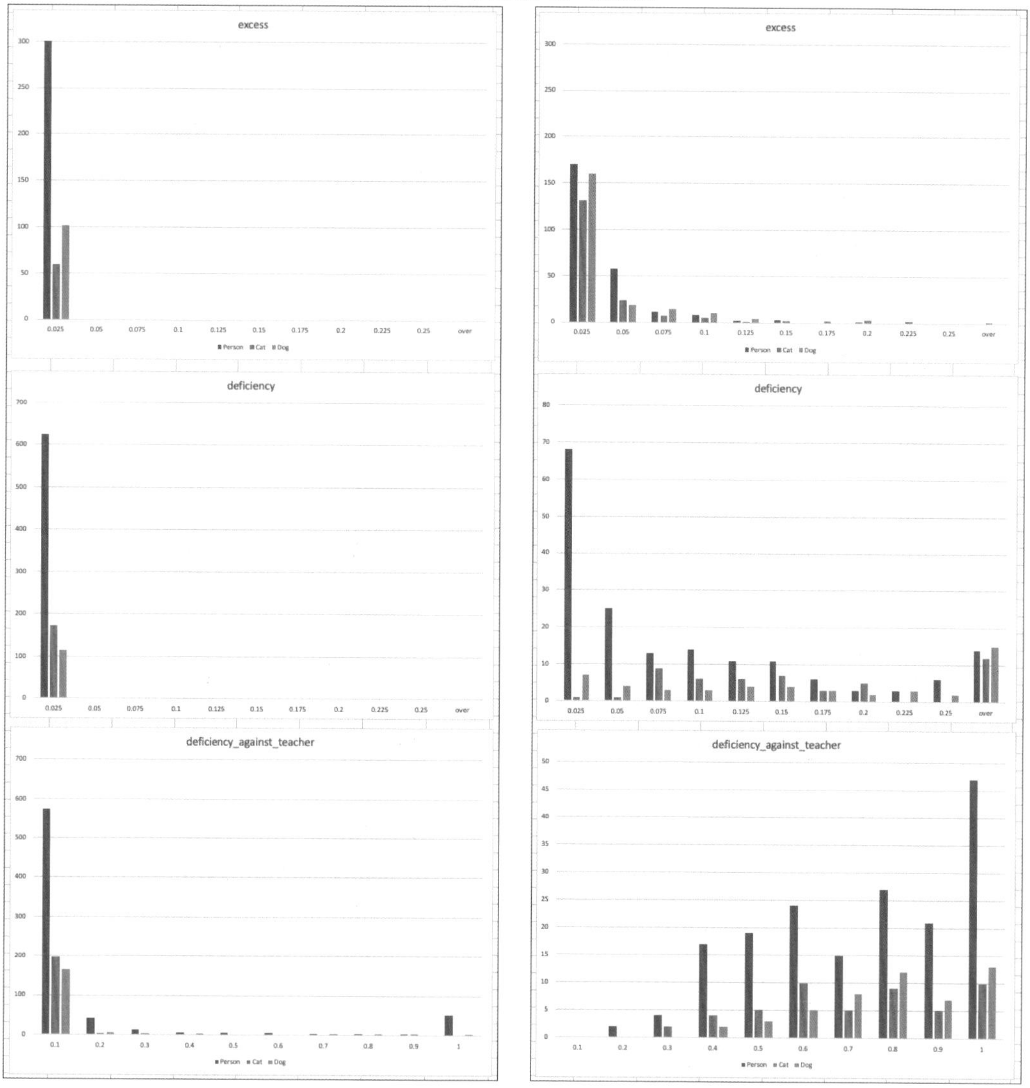

一部のデータを可視化してみましょう(**図7.2.11**)。学習用データを見ると、ほとんどが正しく検出できた緑になっています。検証用データは一部緑になっている部分があり、少しは特徴を取れるようになったと見えます。

図7.2.11　過剰と不足の可視化（Dice係数loss使用、左：学習用、右：検証用）

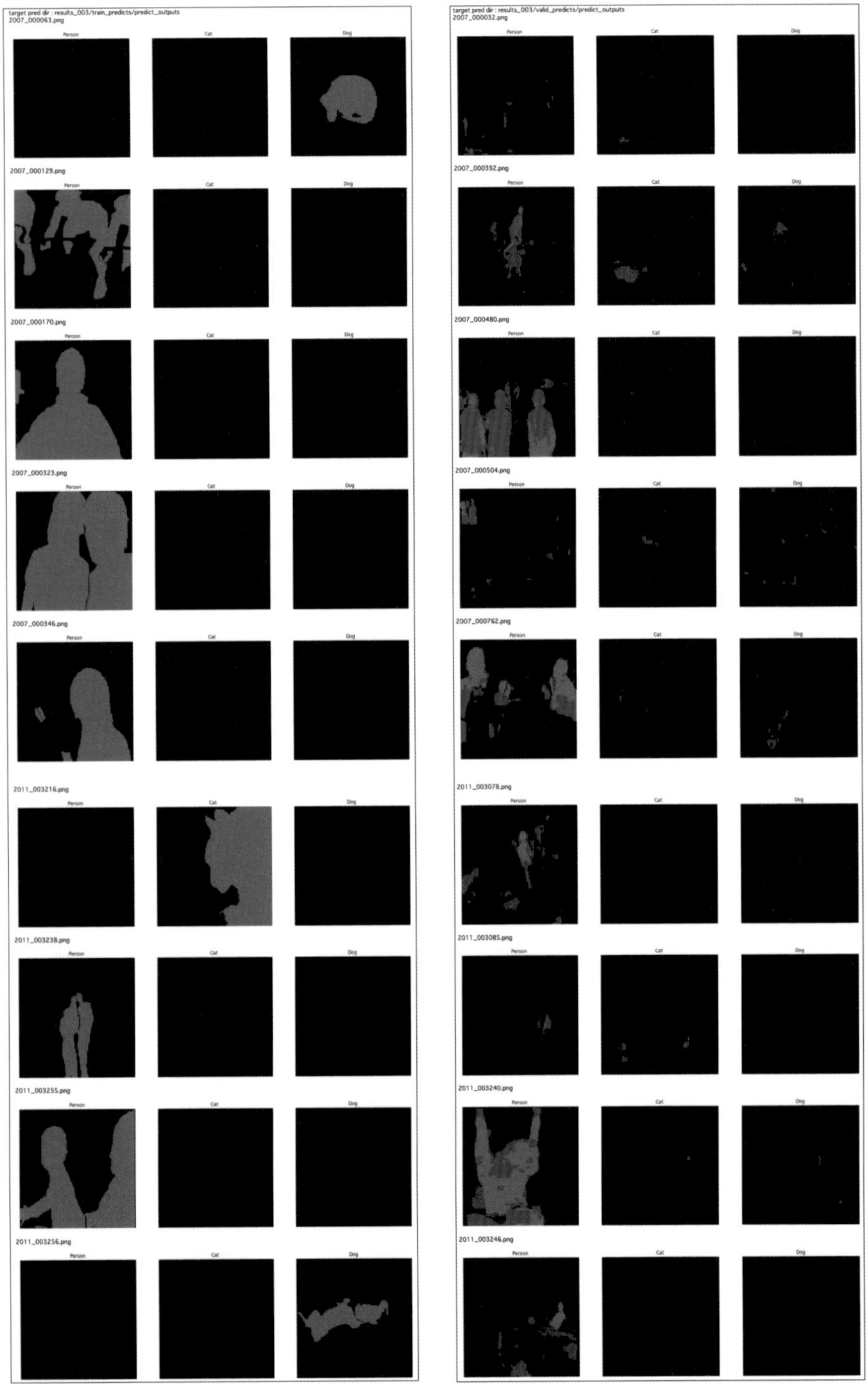

以上から、このLoss関数の変更は精度改善に大きく寄与していることが確認できました。ただし、学習用データへの反応が大半で、バリエーションへの対応が足りないと考察できます。

オーグメンテーション後のデータで学習・評価

ここでオーグメンテーションを加えてみましょう。学習用データのパスをaugmented_trainに変更して学習してみます(**図7.2.12**)。先ほどと同様にlossが収束しており、学習はうまく進んだようです。最後に大きくなっていますが、ベストモデル保存をしているため問題ありません。

図7.2.12 筆者の学習状態(Dice係数loss＋オーグメンテーション、誌面の都合で横に並べて掲載)

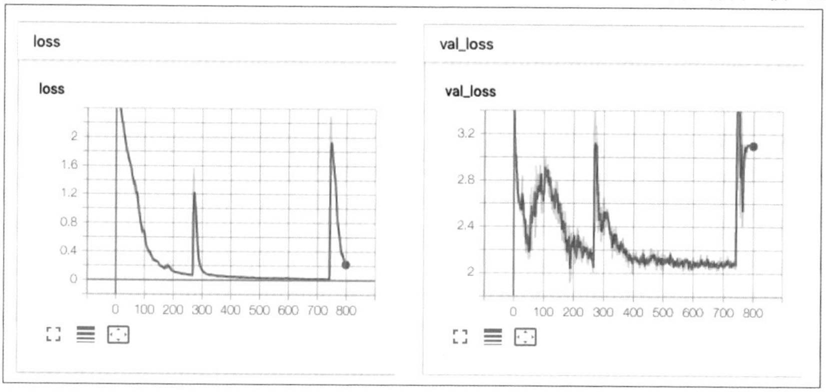

IoUのヒストグラムを見ると、前回より悪くなったように見えます(**図7.2.13**)。とくに学習用データに関しては、0.9〜1のビンを中心にしているものの散らばっています。一方、検証用データに関しては、今回のデータが若干良いビンが高くなっています。とくに人クラスに関しては、0.8〜0.9のビンまで立っています。このことから、若干ではあるものの汎化性能が上がっていると考察できます。

図7.2.13　IoUヒストグラム（Dice係数loss＋オーグメンテーション、左：学習用、右：検証用）

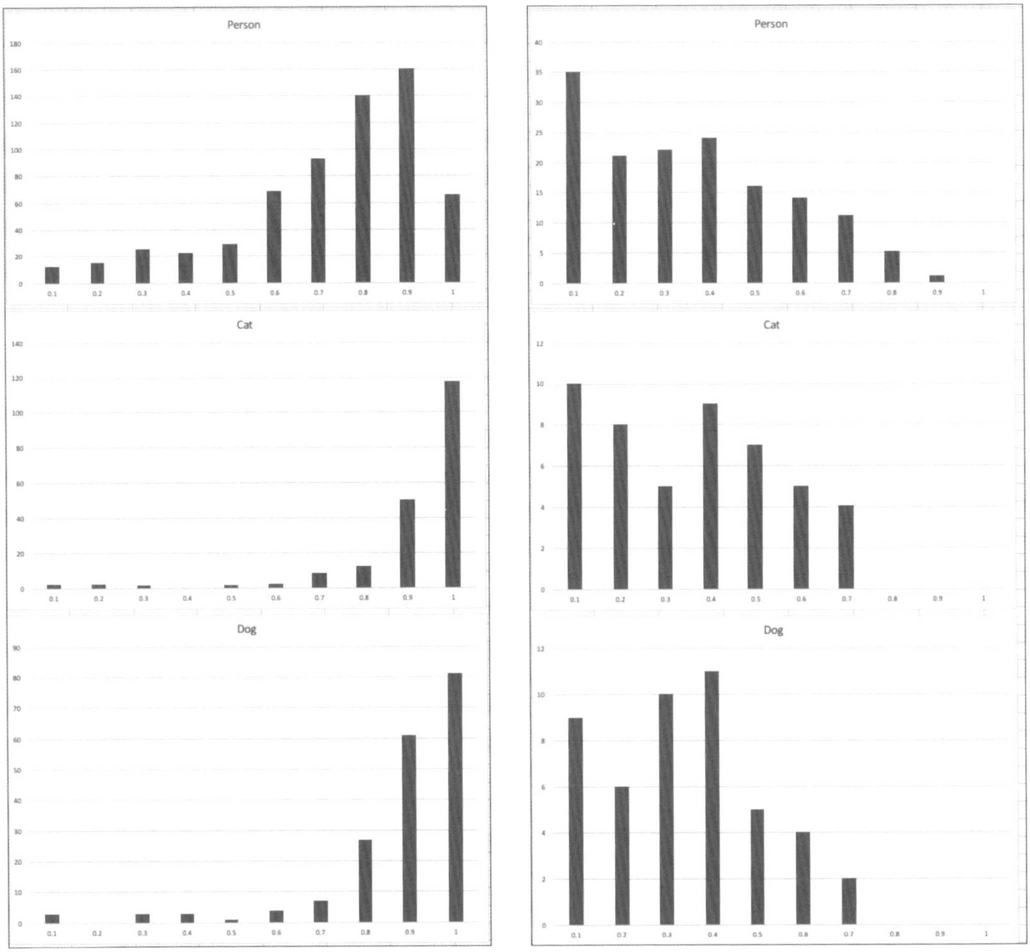

過剰と不足は**図7.2.14**になります。IoUと同様、前回と似ているものの、学習用データに対しては悪くなったように見えます。検証用データに対しては、不足分の0.15のビン周辺が若干減り、0.025ビンが伸びたように見え、良くなったように見て取れます。

図7.2.14　過剰と不足（Dice係数loss＋オーグメンテーション、左：学習用、右：検証用）

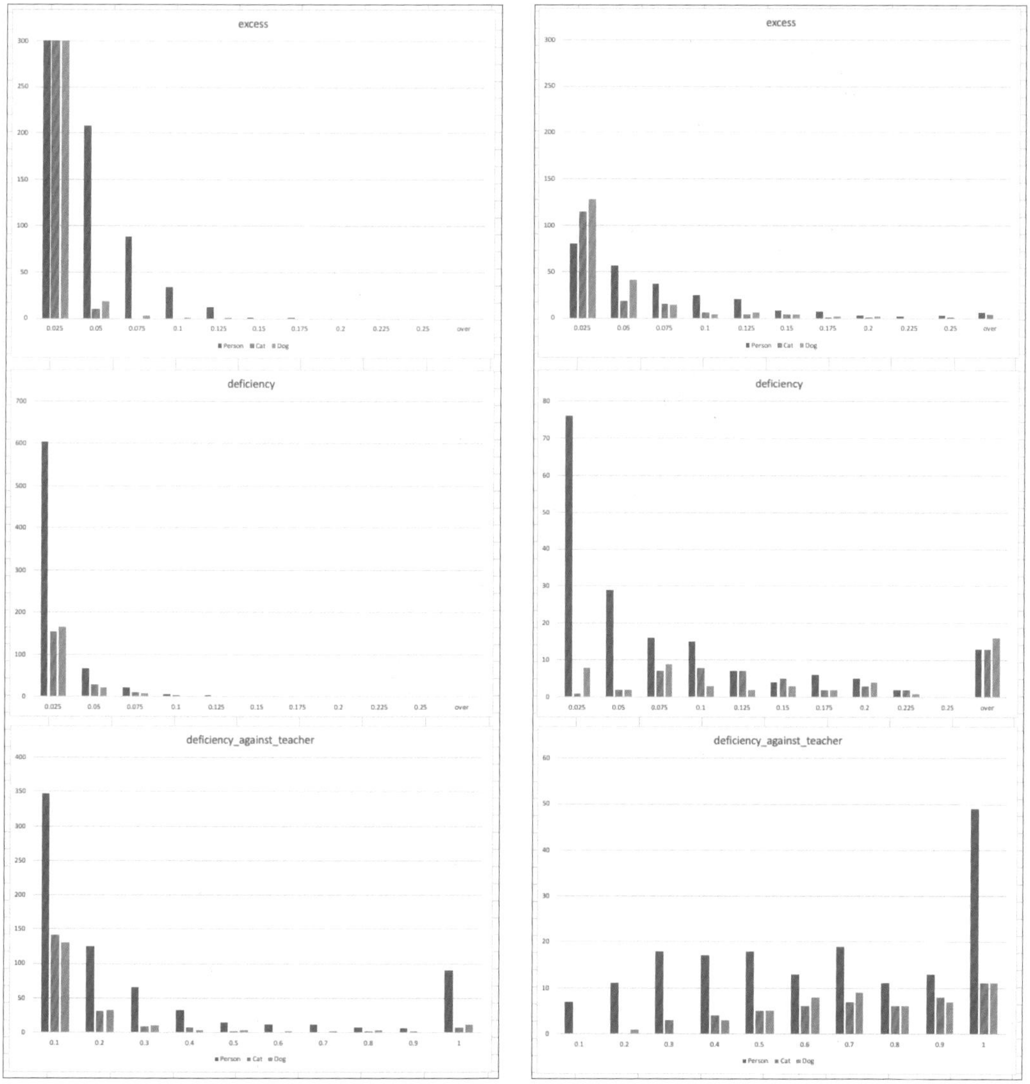

実際に一部を可視化してみましょう（図7.2.15）。可視化した画像で見ても、学習用データは悪くなっており、緑以外に青赤が確認できます。検証用データは綺麗ではありませんが、前回よりも人クラスの緑が増え精度が上がったように見て取れます。

図7.2.15　過剰と不足の可視化（Dice係数loss＋オーグメンテーション、左：学習用、右：検証用）

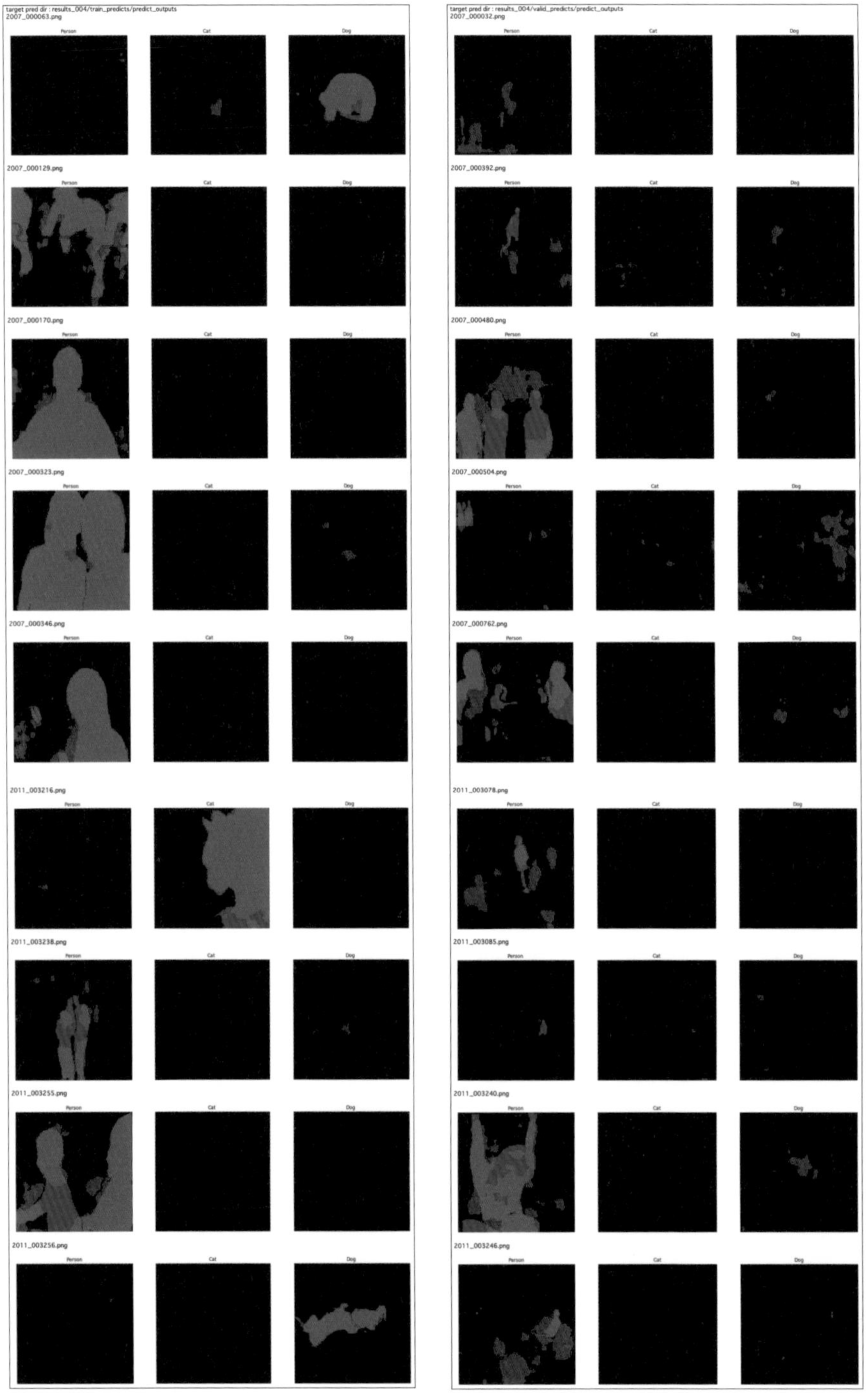

7.3 実験のまとめ

□ **本書での精度向上はここまでです。最後に、4種の実験の結果をまとめてみましょう。**

図7.3.1は、IoUと過不足のそれぞれの平均などを一覧にしたものです。

図7.3.1　6～7章の実験のまとめ[平均一覧]

Excess rate

Train	Person	Cat	Dog
初期状態	0.405	0.541	0.413
オーグメンテーション	0.605	0.100	0.000
Dice loss	0.617	0.178	0.192
Dice loss + オーグメンテーション	0.872	0.442	0.672

Valid	Person	Cat	Dog
初期状態	0.375	0.552	0.410
オーグメンテーション	0.575	0.107	0.000
Dice loss	0.985	0.828	0.904
Dice loss + オーグメンテーション	0.981	0.743	0.866

Excess

Train	Person	Cat	Dog
初期状態	0.022	0.027	0.013
オーグメンテーション	0.054	0.013	nan
Dice loss	0.002	0.001	0.001
Dice loss + オーグメンテーション	0.025	0.004	0.005

Valid	Person	Cat	Dog
初期状態	0.019	0.029	0.014
オーグメンテーション	0.067	0.014	nan
Dice loss	0.023	0.022	0.017
Dice loss + オーグメンテーション	0.060	0.030	0.026

deficiencies rate

Train	Person	Cat	Dog
初期状態	0.679	0.191	0.190
オーグメンテーション	0.679	0.191	0.190
Dice loss	0.676	0.191	0.183
Dice loss + オーグメンテーション	0.672	0.191	0.189

Valid	Person	Cat	Dog
初期状態	0.674	0.192	0.192
オーグメンテーション	0.674	0.192	0.192
Dice loss	0.674	0.192	0.192
Dice loss + オーグメンテーション	0.674	0.192	0.192

deficiencies

Train	Person	Cat	Dog
初期状態	0.146	0.249	0.189
オーグメンテーション	0.137	0.270	0.198
Dice loss	0.003	0.002	0.002
Dice loss + オーグメンテーション	0.014	0.019	0.014

Valid	Person	Cat	Dog
初期状態	0.133	0.240	0.230
オーグメンテーション	0.122	0.265	0.245
Dice loss	0.086	0.171	0.182
Dice loss + オーグメンテーション	0.070	0.177	0.174

deficiency against teacher

Train	Person	Cat	Dog
初期状態	0.919	0.908	0.969
オーグメンテーション	0.909	0.984	1.000
Dice loss	0.125	0.014	0.039
Dice loss + オーグメンテーション	0.255	0.125	0.154

Valid	Person	Cat	Dog
初期状態	0.942	0.897	0.953
オーグメンテーション	0.917	0.978	1.000
Dice loss	0.696	0.671	0.760
Dice loss + オーグメンテーション	0.610	0.678	0.695

数値が良いほど赤くなるようカラースケール化しています。

学習用データに関しては、3つ目の「Dice loss」が一番高い精度となっていますが、検証用データでは4つ目の「Dice loss＋オーグメンテーション」の精度が高くなっています。実際に使用することを考えると、学習用データより検証用データに対する精度が重要なため、今回の実験では4つ目の「Dice loss＋オーグメンテーション」が一番良いと考察できます。ただし、この段階ではまだ実用レベルではないため、さらなる精度向上が必要となります。

今回の実験では、オーグメンテーションは「(カラー・グレースケールの2種)×ランダムイレイズ2パターン」の4倍しか行っていないため、さらに増やせば精度が上がると予想できます。また、全体的に人クラスの精度が高く、学習用データのクラス割合を見ると圧倒的に人クラスが多いことから、Dice係数lossでクラスの重みを調整すると、精度を向上できると予測します。

他にも、クラス数を合わせるようにデータを増やす・減らすという対策もあります。さまざまな実験から情報を集め、不審な点や気になった点を解決することで、精度向上を行っていきましょう。

著者プロフィール

井上 大樹（いのうえ だいき）

Automagi株式会社でディープラーニングを活用した機械学習モデルの開発、AWS上でのAIシステムの設計・実装を担当。SageMakerをはじめとしたAWSの最新サービスをキャッチアップし、信頼性や保守性の高いアーキテクチャ設計に取り組んでいる。小学生からプログラミングを始め、大学では情報科学を専攻。機械学習を用いた複数の研究に貢献した。

佐藤 峻（さとう たかし）

名古屋のソフトウェア会社に5年間勤め、複数のプロジェクトを担当し、言語を問わずフロントからサーバまで一貫して開発を行う。2016年頃からディープラーニングを使ったプロジェクトに関わり、2018年にAutomagi株式会社に転職。以降、機械学習プロジェクト（とくに画像系）に従事。休日にも、開発や実験を行う技術好きの趣味エンジニアで、社内で技術を広めるための勉強会をよく開いている。

参考文献

書籍

- 『ゼロから作るDeep Learning ―Pythonで学ぶディープラーニングの理論と実装』
  斎藤康毅［著］／オライリージャパン／ISBN978-4-87311-758-4／2016年
  https://www.oreilly.co.jp/books/9784873117584/
- 『イラストで学ぶ ディープラーニング（KS情報科学専門書）』
  山下隆義［著］／講談社／ISBN978-4-06-153825-2／2016年
  https://bookclub.kodansha.co.jp/product?item=0000148215

ウェブサイト

- OpenCV-Python チュートリアル
  http://labs.eecs.tottori-u.ac.jp/sd/Member/oyamada/OpenCV/html/index.html
- Keras Documentation
  https://keras.io/ja/
- Semantic Image Segmentation with DeepLab in TensorFlow（Google AI Blog）
  https://ai.googleblog.com/2018/03/semantic-image-segmentation-with.html
- 物体検出、セグメンテーションをMask R-CNNで理解してみる（初心者）（Qiita）
  https://qiita.com/shtmr/items/4283c851bc3d9721ed96
- Non-Maximum Suppressionを世界一わかりやすく解説する（meideru blog）
  https://meideru.com/archives/3538
- オートエンコーダ（Wikipedia）
  https://ja.wikipedia.org/wiki/%E3%82%AA%E3%83%BC%E3%83%88%E3%82%A8%E3%83%B3%E3%82%B3%E3%83%BC%E3%83%80
- 様々なオートエンコーダによる異常検知（sinyblog）
  https://sinyblog.com/deaplearning/auto_encoder_001/
- Batch Normalization：ニューラルネットワークの学習を加速させる汎用的で強力な手法（DeepAge）
  https://deepage.net/deep_learning/2016/10/26/batch_normalization.html
- Understanding the backward pass through Batch Normalization Layer（Flair of Machine Learning）
  https://kratzert.github.io/2016/02/12/understanding-the-gradient-flow-through-the-batch-normalization-layer.html

論文

・SSD: Single Shot MultiBox Detector ／ Wei Liu, Dragomir Anguelov, Dumitru Erhan, Christian Szegedy, Scott Reed, Cheng-Yang Fu, Alexander C. Berg
https://arxiv.org/abs/1512.02325

・Faster R-CNN: Towards Real-Time Object Detection with Region Proposal Networks／Shaoqing Ren, Kaiming He, Ross Girshick, Jian Sun
https://arxiv.org/abs/1506.01497

・You Only Look Once: Unified, Real-Time Object Detection／Joseph Redmon, Santosh Divvala, Ross Girshick, Ali Farhadi
https://arxiv.org/abs/1506.02640

・Very Deep Convolutional Networks for Large-Scale Image Recognition ／ Karen Simonyan, Andrew Zisserman
https://arxiv.org/abs/1409.1556

・Deep Residual Learning for Image Recognition／Kaiming He, Xiangyu Zhang, Shaoqing Ren, Jian Sun
https://arxiv.org/abs/1512.03385

・Unsupervised Anomaly Detection with Generative Adversarial Networks to Guide Marker Discovery／Thomas Schlegl, Philipp Seeböck, Sebastian M. Waldstein, Ursula Schmidt-Erfurth, Georg Langs
https://arxiv.org/abs/1703.05921

・U-Net: Convolutional Networks for Biomedical Image Segmentation／Olaf Ronneberger, Philipp Fischer, Thomas Brox
https://arxiv.org/abs/1505.04597

・Pyramid Scene Parsing Network ／ Hengshuang Zhao, Jianping Shi, Xiaojuan Qi, Xiaogang Wang, Jiaya Jia
https://arxiv.org/abs/1612.01105

・Encoder-Decoder with Atrous Separable Convolution for Semantic Image Segmentation ／Liang-Chieh Chen, Yukun Zhu, George Papandreou, Florian Schroff, Hartwig Adam
https://arxiv.org/abs/1802.02611

・Mask R-CNN／Kaiming He, Georgia Gkioxari, Piotr Dollár, Ross Girshick
https://arxiv.org/abs/1703.06870

・Unpaired Image-to-Image Translation using Cycle-Consistent Adversarial Networks／Jun-Yan Zhu, Taesung Park, Phillip Isola, Alexei A. Efros
https://arxiv.org/abs/1703.10593

索引

た行

な行

は行

ま行

ら行

カバーデザイン　岡崎 善保(株式会社志岐デザイン事務所)
本文デザイン／DTP　株式会社マップス
編集　鷹見 成一郎

即戦力《そくせんりょく》になるための ディープラーニング開発《かいはつ》 実践《じっせん》ハンズオン

2021年4月30日　初版 第1刷　発行

著　者　井上《いのうえ》 大樹《だいき》、佐藤《さとう》 峻《たかし》
発行者　片岡 巌
発行所　株式会社技術評論社
東京都新宿区市谷左内町21-13
電話　03-3513-6150　販売促進部
03-3513-6177　雑誌編集部
印刷所　図書印刷株式会社

ISBN978-4-297-11942-3 C3055
Printed in Japan

■お問い合わせについて

本書に関するご質問については、本書に記載されている内容に関するもののみとさせていただきます。本書の内容と関係のないご質問につきましては、一切お答えできませんので、あらかじめご了承ください。また、電話でのご質問は受け付けておりませんので、FAX、書面、またはサポートページの「お問い合わせ」よりお送りください。

<問い合わせ先>
〒162-0846　東京都新宿区市谷左内町21-13
株式会社技術評論社　雑誌編集部
「即戦力になるための
ディープラーニング開発 実践ハンズオン」係
FAX:03-3513-6173

なお、ご質問の際には、書名と該当ページ、返信先を明記してくださいますよう、お願いいたします。お送りいただいたご質問には、できる限り迅速にお答えできるよう努力いたしておりますが、場合によってはお答えするまでに時間がかかることがあります。また、回答の期日をご指定なさっても、ご希望にお応えできるとは限りません。あらかじめご了承くださいますよう、お願いいたします。

▶本書サポートページ
https://gihyo.jp/book/2021/978-4-297-11942-3
本書記載の情報の修正・訂正・補足については、当該Webページで行います。